现代农业生态工程研究丛书

U0344273

Typical agro-ecological engineering and comprehensive evaluation

典型农业生态工程及综合评价

孙建鸿　邱　凌　邱洪臣　编著

西北农林科技大学出版社

图书在版编目（CIP）数据

典型农业生态工程及综合评价/孙建鸿，邱凌，邱洪臣编著. —杨凌：西北农林科技大学出版社，2019.10

ISBN 978-7-5683-0742-0

Ⅰ.①典…　Ⅱ.①孙…②邱…③邱…　Ⅲ.①农业生态学—研究　Ⅳ.①S181

中国版本图书馆CIP数据核字（2019）第220233号

典型农业生态工程及综合评价

孙建鸿　邱 凌　邱洪臣　**编著**

出版发行	西北农林科技大学出版社
地　　址	陕西杨凌杨武路3号　　　邮　编：712100
电　　话	办公室：029-87093105　发行部：029-87093302
电子邮箱	press0809@163.com
印　　刷	西安浩轩印务有限公司
版　　次	2019年10月第1版
印　　次	2019年10月第1次印刷
开　　本	787 mm×1092 mm　1/16
印　　张	17.5　　　　　　　插　页　6
字　　数	223千字

ISBN 978-7-5683-0742-0

定价：98.00元

本书如有印装质量问题，请与本社联系

《典型农业生态工程及综合评价》
撰写委员会

主 任

邱 凌

副主任

孙建鸿　　邱洪臣　　张丛光

委 员

（按姓氏笔画排序）

马俊怡	邓媛方	王玉莹	王梦一	王 飞
王 超	朱铭强	孙国涛	成 嘉	曲 强
刘 珍	邵志江	陈枫奋	杨选民	周勤勤
张天乐	张倩如	姚义清	黄金芝	郝 伟
郭晓慧	郭 超	康 康	谢 腾	薛帅星

序

　　看到《典型农业生态工程及综合评价》一书，让我想起马世骏院士主编的《中国的农业生态工程》（1987，科学出版社）。自从我国这本关于农业生态工程的专著出版以来，国家的社会经济与自然环境状况都发生了巨大的变化。在改革开放之初，有识之士高瞻远瞩，深谋远虑，十分关注中国的农业可持续发展，主张积极探索农业生态工程方法，发展生态农业。今天，国家已经确立了生态文明发展战略，国民经济已经从重视数量发展转向重视质量发展的新阶段，农业绿色发展已经成为社会共识。农业的生态转型已经从20世纪70年代末80年代初的认识驱动阶段进入到了今天的需求驱动阶段。在需求驱动阶段，无论是国家、省区、县市各级政府，还是各类农业经营主体，从农田到餐桌的农产品运输、加工、销售到消费人群，都十分关注食品安全、环境质量、生态保育、资源平衡。《典型农业生态工程及综合评价》在这个时候的出版，契合了时代的需求，十分可喜！

　　自从80年代至今，我国累积了大量的农业生态工程及其评价工作的经验。这本专著及时总结了这些经验，在介绍了农业生态工程的基本概念与原理之后，分别从两条主线展开：第一条主线是归纳总结目前行之有效的优良农业生态工程与技术，第二条主线是对农业生态工程进行不同类型的评估和评价。为了方便读者查阅，作者在农业生态工程部分就安全食品、环境治理、庭院整治、观光旅游、区域布局、都市农业的模式与技术体系进行了逐一介绍。在农业生态工程评价部分，作者分别介绍了社会经济评价、环境影响评价、可持续发展评价的具体方法。作者自己开展的研究案例，通过归纳总结和凝练提升，做到既有概念原理，类型归纳，又有具体实践案例描述和丰富的经验总结。本书不仅适合希望系统学习相关知识的学生或者学者，也适合带着具体农业发展问题，试图从著作中获得启示与指引的农业从业者与农业管理者。

2018年国家出台了《关于创新体制机制推进农业绿色发展的意见》，表明国家计划通过体制机制的构建，引导农业绿色发展成为全社会普遍的行动。农业绿色发展体制机制的核心是辨别和界定农村生产、生活、生态的模式与行为是否符合农业绿色发展要求，并制定相应的生态友好补偿措施和环境损害惩罚措施。本书介绍的各类综合评价方法可以为政府制定相关政策服务。

本著的出版将有助于我国农业的生态转型与绿色发展，值得祝贺！

中国生态学会副理事长

农业农村部生态农业项目组长

华南农业大学原校长、教授、博导

2019年6月15日

前　言

　　改革开放40年来，中国的农业发展取得了非凡的成就，用世界上7％的耕地养活了22％的人口。党的十八大将生态文明建设纳入"五位一体"总体布局，党的十九大进一步提出要推进绿色发展，解决突出环境问题。习近平总书记更是多次在不同场合强调，要加强生态环境保护，提出"绿水青山就是金山银山"的科学论断。农业是生态文明建设的重要组成部分。深入研究并整合农业生态工程与技术的应用，综合评价生态农业的发展效率，可为我国生态农业建设和发展助力。

　　中国的生态农业有别于西方发达国家的生态农业，是建立在具体国情基础上的。中国生态农业强调综合、整体、协调发展。即强调发挥农业生态系统的整体功能，以发展大农业为出发点，按"整体、协调、循环、再生"的原则，全面规划、调整和优化农业结构，使农、林、牧、副、渔各业和农村一、二、三产业综合发展，并使各业之间相互支持，相得益彰，提高综合生产能力，追求的是一种以发展为主要目标的生态农业，即以传统农业技术与现代先进科学技术相结合，应用生态学原理和系统科学方法建立起来的一种能实现生态、经济、社会三种效益协调统一的新型农业生产体系，它能较好地适应农业生产的资源环境现状和经济技术水平。发展具有中国特色的生态农业，是解决目前中国农业发展过程中所面临的诸多问题的正确途径。

　　在全面实行乡村振兴战略的新形势下，对农业生产的技术与手段都提出了更高的要求，正是在这种发展态势下，本书结合目前中国生态农业最新技术集成，从介绍农业生态系统、生态工程的理论着手（第1章和第2章），重点介绍了农林牧副渔复合型农业生态工程（第3章）；作为农业生态工程生产的最终产品，介绍了绿色、有机食品生态工程模式（第4章）；围绕农村环境治理和美丽乡村建设，介绍了环境综合治理农业生态工程和农村庭院生态工程（第5章与第6章）；为了体现农村和农业的社会化服务，介绍了乡村旅游生态工程（第7章）；为了体现生态农业技术整合效应，从规模尺度上，介绍了县域和集约农业生态工程和都市农业生态工程（第8章和第9章）；结合作者团队在陕西、山西两省黄土高原以沼气为纽带的生态果园模式和系统研究及实践，对生态农业工程系统的经济社会、环境影响和可持续性进行了综合评价研究与分析（第10章、第11章和第12章）。

　　本书是西北农林科技大学生物能源与生态农业研究团队在20多年的研究和实践的基础上，通过调研、试验、研究和总结完成的。农业农村部农业生态与资源保护总站环境保护处副处长孙建鸿提出该书的结构和框架，并进行了认真凝练；邱洪臣博士、张丛光博士、姚义清教授、杨选民工程师、孙国涛博士后、朱铭强副研究员、康康博士后、郭晓慧博士等团队骨干和研究生在参考张丛光、刘娟娟等团队研究生学位论文的基础上，共同编著完成；全书由邱凌教授统编、修改和定稿。本书可以作为大专院校的教学辅助材料，也可以作为农林技术人员的参考用书。

　　本书研究和出版得到农业农村部农业生态环境专项、农业农村部农村能源科技专项、陕西省农业专项、农业农村部生态总站专项的支持，编著本书，参阅和引用了众多的参考文献、出版资料和生态农业示范县成果，在此表示衷心的感谢！希望本书的出版，对推动我国的农业生态工程与技术的发展发挥其应有的作用。

　　然而，由于农业生态工程与技术涉及面广、综合性强，加之作者的水平和掌握的资料有限，本书的缺点与不足在所难免，恳请读者不吝批评指正，以便进一步修正和完善。

编著者
2019年6月

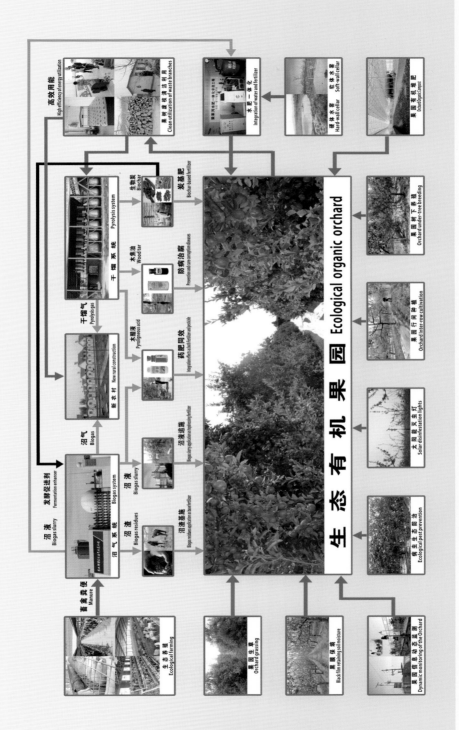

农林废弃物厌氧发酵与热解炭化耦合的农林牧复合农业生态系统

陕西省延川县梁家河果沼畜生态农业研究基地

果园套种三叶草与基施沼渣炭基肥

沼液醋基水溶肥水肥一体化系统

陕西省延川县梁家河果沼畜模式研究基地沼气工程

山西吉县东城果沼畜生态农业研究基地

沼液醋基水溶肥追施与黑膜覆盖保墒

用沼肥种植的又大又甜的生态有机苹果

梁家河环线万亩农业生态工程发展规划

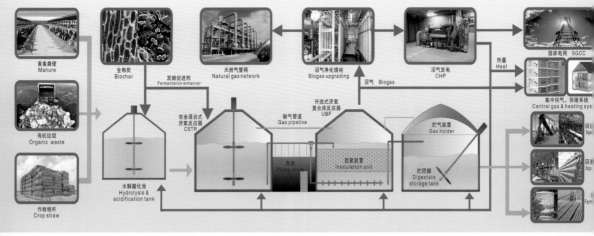

有机废弃物厌氧发酵与深度利用技术模式

有机废弃物CSTR和UBF厌氧发酵装置

农林废弃物干馏冷却一体化装置

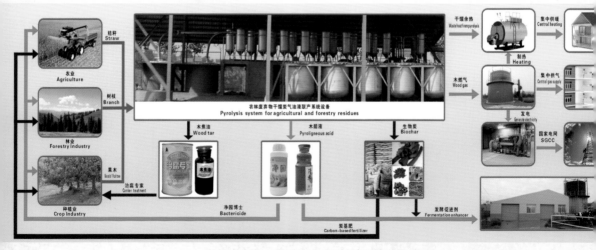

农林废弃物热解炭化与深度利用技术模式

目　录

第1章 农业生态工程概论

农业生态工程是利用生态学原理、经济学原理及系统工程的方法,对农业生态系统进行规划、设计、改造、重建、评价和诊断,以协调农业的社会效益、经济效益和生态效益为目的,使农业生态系统具有强大的自然再生产和社会再生产能力,从而实现农业可持续发展。

1.1 农业生态系统

农业生态系统是一个具有一般系统特征的人工系统,它是人们利用农业生物与非生物环境之间以及生物种群之间的相互作用建立的,并按照人类需求进行物质生产的有机整体。其实质是人类利用农业生物来固定、转化太阳能,以获取一系列社会必需的生活和生产资料。农业生态系统与自然生态系统的本质区别即在于农业生态系统是以人类需要的农产品生产为中心内容,并叠加了社会与经济技术的作用。农业生态系统是自然生态系统演变而来,并在人类的活动影响下形成的,它是人类驯化了的自然生态系统。因此,不仅受自然生态规律的支配,还受社会经济规律的调节。因此,农业生态工程其实就是农业生态系统的一种具体体现。

1.1.1 农业生态系统的组成

农业生态系统与自然生态系统一样,也是由生物与环境两大部分组成的一个相互制约、共生共存的整体。生物组分包括人类驯化栽培的农作物、家畜、家禽等为主,还包括微生物,在农业生态系统中的生物组分中增加了人这样一个大型消费者,人同时又是环境的调控者;环境也是部分受到人工控制或是全部经过人工改造的环境。

农业生态系统利用食物链(网)和共生生态关系,把绿色植物的生产,食草、食肉动物的饲养和微生物的转换有机地串联起来,使物质多次循环利用,能量高效率利用(图1-1),形成一个布局合理,环境优美的生产、生活两用基地,并能获取较高的经济效益和生态效益。

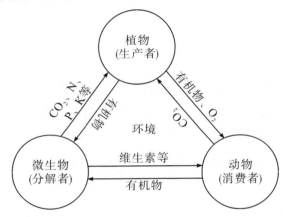

图1-1 农业生态系统物质能量循环利用示意图

1.1.1.1 农业生物组分

农业生态系统中的生物主要包括以绿色植物为主的生产者、以动物为主的消费者、以微生物为主的分解者和建构农业生态系统的人类。

(1)生产者

生产者是由绿色植物和化能营养细菌等组成,主要包括:粮食作物(稻谷、麦类、豆类、薯类等)、经济作物(棉花、甘蔗、油料作物、药材、果树、蔬菜等)、饲料作物、肥料作物、农田杂草及部分人工林带等。光合细菌、藻类、地衣等低等生物也是农田生物组分中的一个重要组成单元。

农业生态系统的生产者具有以下特点:

①种群结构单一,基因型相对纯合;②生物的第一性净生产力较高;③抗逆性较差;④高度受人类的调控与影响。

（2）消费者

主要指一切依靠其他生物产品,包括林下的植物、昆虫、鸟类、哺乳动物、土壤动物等。此外,还包括淡水人工养殖业的鱼类及浮游生物,底栖动物、微生物、农作物的害虫、天敌、病原菌等。

（3）分解者

主要指将动植物残体等复杂有机物质分解成简单的无机物质加以吸收利用的异养生物,主要是微生物和腐食动物等。包括真菌、细菌、放线菌等微生物和甲虫、蠕虫、白蚁、蚯蚓等。

（4）人类

人是农业生态系统中最积极、最重要的组成成分,是整个农业生产的组织者和管理者,也是最大的消费者。

1.1.1.2　环境组分

农业生物生活的环境是由自然环境和人工环境复合而成的。而在这种复合环境中,土地(土壤、水环境)对于农业生物的生长发育具有重要的制约作用,特别是人工环境对于自然环境的改造与修饰,在满足农业生物的反季节、新的生产项目活动中有着强大的功能作用。

（1）土壤环境:包括土壤生物、土壤微生物、土壤有机质、土壤矿物质、土壤水分和土壤空气。

（2）太阳和大气环境:太阳辐射能是作物生长所需能量的最主要来源,也是农业生态系统能量的主要来源,是不可缺少的重要环境之一。

（3）生物环境:在农业生态系统中,人工生物成分以外的一切生物均可称为环境生物,视为系统的生物环境。

（4）地质地理环境:一切地球表生带的地质地理因素和过程,都影响和制约着农业生态系统的质量和效率,是系统的重要环境条件。

1.1.2　农业生态系统的特点

农业生态系统是在人类控制下发展起来的,由于受人类社会活动的影响,它与自然生态系统相比有明显不同。

1.1.2.1　农业生态系统具有人工性

与自然生态系统不同,农业生态系统作为一种人工生态系统,强烈受到人类干预,目的是为了获取更多的农畜产品以满足人类的需要。由于大量农畜产品的输出,使原先在系统循环的营养物质离开了系统,为了维持农业生态系统的养分平衡,提高系统的生产力,农业生态系统就必须从系统外投入较多的辅助能,如化肥、农药、机械、水分排灌、人畜力等。

1.1.2.2　农业生态系统具有高产性

农业生态系统是在人类的干预下发展的。而人类干预的目的是为了从系统取得尽可能多的产物,以满足自身的需要。由于农业生态系统的生物物种是人工培育与选择的结果,经济价值较高,因而,同自然生态系统下生物种群的自然演化不同,一些符合人类需要的生物种群可以提供远远高于自然条件下的产量。如自然条件下绿色植物对太阳光能的利用率全球平均仅约 0.1%,而在农田条件下,光能利用率平均约为 0.4%,每公顷 4500 ~ 6000 kg 的稻田或麦田光能利用率可达 0.7% ~ 0.8%。至于干物质产量,自然草地为 5 ~ 15 t/(hm^2 · a),而人工草地(如禾本科牧草)为 10 ~ 20 t/(hm^2 · a),麦类 – 水稻多熟制为 18 t/(hm^2 · a),麦类 – 甘薯多熟制可达 20.1 t/(hm^2 · a)。可见农业生态系统比自然生态系统具有较大的高产性能。这种特性也决定了系统需要有物质和能量的不断补充投入,以保持投入与产出的基本平衡。农业生态系统管理不当,往往会造成生物物种单一,结构简化,系统稳定性差,容易遭受自然灾害,因此,需要通过一系列的农业管理技术的调控来维持和加强其稳定性。

1.1.2.3　农业生态系统具有社会性

由于农业生态系统是一个开放性的人工系统,有着许多外部的能量与物质的输入,进入系统内部,同时,生产出来的产品和废弃物又可能进入市场,所以,农业生态系统同人类的社会经济领域密切不可分割。大量的农产品离开农业系统,源源不断地进入社会经济领域;而大量的农用物资包括化肥、农药、农业机械等又作为辅助能量,源源不断地从社会经济领域投入农业系统。这种物质、能量的投入和产出的数量因不同的物质技术水平和农业经营方式而异,归根到底受不同的社会经济条件的制约。由此决定了农业生态系统的社会性,它不仅受自然规律,而且受社会经济规律的支配。因此,农业生态系统不但受自然规律的控制,也受社会经济规律的制约。人类通过社会、经济、技术力量干预生产过程,通过物质、能量、技术的输入,借助劳动力资源、经济条件、市场需求、农业政策、科技水平的影响来调控农业生产。在进行物质生产的同时,也进行着经济再生产过程,不仅要有较高的物质生产量,而且也要有较高的经济效益和劳动生产率。因此,农业生态系统实际上是一个农业生态经济系统,体现着自然再生产与经济再生产交织的特性。

1.1.2.4　农业生态系统具地域性

农业生态系统,具有明显的地域特性,不仅受自然气候生态条件的制约,还受社会经济市场状况的影响。因地制宜,发挥优势,不仅要发挥自然资源的生产潜力优势,还要发挥经济技术优势。因此,农业生态系统的区划,应在自然环境、社会经济和农业生产者之间协调发展的基础上,实行生态分区治理、分类经营和因地制宜地发展。

1.2　农业生态系统结构

农业生态系统结构指农业生态系统的构成要素以及这些要素在时间上、空间上的配置和能量、物质在各要素间的转移、循环途径。由此可见,农业生态系统的结构包括 3 个方面:即系统的组成成分,系统组分在空间和时间上的配置,以及组分间的联系特点和方式。

农业生态系统的结构直接影响系统的稳定性、系统的功能,转化效率与系统生产力。通常情况下,生物种群结构复杂、营养层次多,食物链长并交叉成网的农业生态系统,稳定性较强,反之,结构单一的农业生态系统,即使有较高的生产力,但稳定性差。因此在农业生态系统中必须保持耕地、森林、草地、水域有一定的适宜比例,从大的方面保持农业生态系统的稳定性及较高的生产力。

农业生态系统的基本结构概括起来可以分成以下 4 个方面：

（1）农业生物种群结构

农业生物种群结构即农业生物（植物、动物、微生物）的种类组成、数量及其相互关系。例如，农田中的作物、杂草与土壤微生物，大田作物中的粮食作物、经济作物、绿肥等。

（2）农业生态系统的空间结构

农业生态系统的空间结构包括水平结构和垂直结构，形成生物的配置与环境组分的相互安排与搭配。农作物、人工林、果园、牧场、水面是农业生态系统水平结构的第一次层次，然后是在此基础上各业内部的水平结构，如农作物中的粮、棉、油、麻、糖等作物。农业生态系统的垂直结构是指在一个农业生态系统区域内，农业生物种群在立面上的组合状况，生物与环境组分合理地搭配利用，将有助于最大限度地利用光、热、水等自然资源，提高生产力。

（3）农业生态系统的时间结构

农业生态系统的时间结构指在生态区域与特定的环境条件下，各种生物种群生长发育及生物量的积累与当地自然资源协调吻合状况。时间结构是自然界中生物进化同环境因素协调一致的结果，所以在安排农业生产及品种的种养季节时，必须考虑如何使生物生长需要符合自然资源变化的规律，充分利用资源，发挥生物的优势，提高其生产力，使外界投入的物质和能量与作物的生长发育紧密协调。

（4）农业生态系统的营养结构

农业生态系统的营养结构是农业生态系统中的生产者、消费者和分解者 3 大功能生物群之间，借助能量、物质流动，通过营养关系而联结起来所形成的链状和网状结构。

食物链结构是农业生态系统中最主要的营养结构之一，建立合理有效的食物链结构，可以减少营养物质的损耗，提高能量、物质的转化利用率，从而提高系统的生产力和经济效率。同时，食物链可以加环和延长，增加物质的利用层级，增加农业生态系统的效益。

建立合理的农业生态结构应做到:充分发挥并利用自然资源和社会资源的优势,改善不利影响;维持生态平衡,保证生物种群比例合理,配置得当;具有多样性和稳定性,实行多种种植和多种经营,让能量和物质流动在转换和循环中得到多级利用;保证高的光能利用率和生物循环利用率,以此获得高产优质的产品。

1.3 农业生态系统物能流动

1.3.1 农业生态系统中能量的来源与转化

能量是物质运动的动力,农业生态系统中能量的初始来源是绿色植物,它主要固定和利用太阳辐射能及其他辅助能。

(1)太阳能:地球生态系统能量的90%来自于太阳辐射,另外不足10%来自于地热、潮汐、风能和水能等。太阳每年向外辐射约10.1×10^{35}焦尔能量,农业生产通过绿色植物的光合作用,将太阳能转化为生物化学能,贮存于植物体内,这些贮存的化学能进入食物链,在流经食物链各环节的过程中,被动物和微生物消化分解,贮存的化学能最终以热能的形式回归生态系统。

(2)辅助能:辅助能也是太阳能的一种转换形式,不过,在农业生产中,人类把除太阳能以外可以利用的能源,包括工业能、生物能、自然能等都称之为辅助能。如人力、畜力、沼气、电力、燃料、机械、化肥、农药、饲料等。

辅助能主要是用于改善农业生产环境,如用于灌溉、排水、施肥、耕作与农田基本建设,培育苗木、田间管理、收获和贮藏加工,从而提高作物光能利用率及能量转化效率。然而,在辅助能的使用上,如大量使用工业能、化学能,将带来一系列的生态环境问题,造成水土流失、资源衰竭、能源紧张、环境污染、土壤板结、地力下降、天敌减少、能效降低和过分依赖石油等问题,因此,必须对此问题给予高度重视。

(3)辅助能源的投入和利用效率:"石油农业"是典型的依赖于外界辅助能源投入的一种能源集约型农业。虽然这种能源集约的生产方式还处于比较低的水平,但迫于人口和社会生产对农产品需求的巨大压力,能源的耗费却是惊人的。从我国的情况来看,农业化肥、农药、农膜等的投入不断增加,已经超过了发达国家水平。也可以说,我国农产品供需总量的基本平衡,是以过度的能源消耗为代价的。我国的耕地面积只占世界耕地面积的7%,但使用的化肥却占了世界化肥总量的40%以上。"石油农业"不仅大量消耗不可再生性能源,而且能源的利用率极低。大量投入化肥、农药和农膜,企图以简单化的农业系统来替代农业生产的自然过程,片面依赖辅助能源,给人类和环境带来了危害,造成大气、水体、土壤等污染和食品安全问题,陷入不可持续的困境。

1.3.2 农业生态系统中的物质循环

农业生物为了自身的生长、发育、繁殖,必须从周围环境中吸收各种营养物质和能量(图1-2)。就生物所需要的物质来讲,主要有氮、氢、氧、碳、磷等构成有机体的大量营养元素,它们既是生物体的基本组成成分,同时,又是构成三大有机物质(糖类、脂类、蛋白质)的主要元素,是食物链中各种营养级之间能量传递的最主要物质形式。还有钙、镁、磷、钾、钠、硫等大量元素,以及铜、锌、锰、硼、钼、钴、铁、氟、碘等微量元素,这类元素在生物体内含量较少,如果数量太大,可能会造成毒害,但它们又是生物生命活动所必需的,无论缺少哪一种,生命都可能停止发育或发育异常。

1.3.2.1 农业生态系统物质循环特征

(1)环(cycle):各种化学元素在不同层次的从生物体到环境,以及生态系统之间进行流动和转化的运动,称之为物质的生物地球化学循环,或简称为"环"。

(2)库(pool):物质在运动过程中被暂时固定、贮存的场所称为库。库有大小层次之分,从整个地球生态系统看,地球的五大圈层(大气圈、水圈、岩石圈、土壤圈和生物圈)均可称为物质循环过程中的库。而在组成全球生态系统的亚系统中,系统的各个组分也称为物质循环的库,一般包括植物库、动物库、大气库、土壤库和水体库。每个库又可继续划分为亚库,如植物库可分为作物、林木、牧草等亚库。

（3）流（flow）：物质在库与库之间循环转移的过程称为流。生态系统中的能流、物流和信息流使生态系统各组分密切联系起来，并使系统与外界环境联系起来。没有库，环境资源不能被吸收、固定、转化为各种产物；没有流，库与库之间就不能联系、沟通，则会使物质循环短路，生态系统必将瓦解。

1.3.2.2　农业生态系统物质循环类型

（1）水循环：水圈是主要的循环贮藏库。水循环属于液相循环，由于大多数的营养物质多溶于水或随水移动，没有水循环，生命就不能维持，生态系统就不能运作。

（2）气态循环：以 O_2、N_2、CO_2 为主，其循环完全，范围广，扩散性强，流动性大，循环周期短，贮存库是大气，具有全球性的循环特点。

（3）沉积循环：农业生物需要的多数矿物元素参与这种循环，其循环不完全，循环周期长，贮存库是土壤圈和岩石圈，交换库为水体与陆地动、植物。许多矿物元素的贮存库主要在地壳里，经过自然风化和人类的开采冶炼，从陆地岩石中释放出来，为植物所吸收，参与生命物质的形成，并沿食物链转移。然后动植物残体或排泄物经微生物的分解作用，将元素返回环境。除一部分保留在土壤中供植物吸收利用外，一部分以溶液或沉积物状态进入江河，汇入海洋，经过沉降、淀积和成岩作用变成岩石，当岩石被抬升并遭受风化作用时，该循环才算完成，在此过程中几乎没有或仅有微量进入到大气库中。如磷、硫、碘、钙、镁、铁、锰、铜、硅等元素属于此类循环。这类循环是缓慢的、非全球性的，并且容易受到干扰，成为"不完全"的循环，受到生物作用的负反馈调节，变化较小。

1.3.2.3　农业生态系统养分循环模式

（1）形成 3 个主要的养分库。即植物库 P、牲畜库 L、土壤库 S；营养元素在土壤→植物→动物→土壤库中顺序进行（图 1-2）。

（2）构成 3 类流动路径。养分及元素的流动在几个库之间是沿着一定的路径进行的，可以分为 3 类：第一类为系统对外的输出，包括了生产性与非生产性的输出;第二类为系统外向系统内输入,包括了人为和自然的输入;第三类主要是库与库之间进行物质交换。

（3）实现养分动态平衡。各个库的大小不同,各种营养元素在各库之间的转移速度也不同,但通过人为的调节和自然调节,可以实现养分转移流动平衡。一个半开放的农业生态系统,通过调节输出量与输入量,可以实施系统内部各库之间的物质转移的协调与平衡,大多数情况下,循环是多环的,某一组分的元素可以通过不同途径进入另一个组分。

图 1-2　生态果园系统物质和养分循环示意图

1.4　农业生态工程基本原理

1.4.1　农业生态工程的概念

农业生态工程是有效运用生态系统中各物种充分利用空间和资源的生物群落共生原理,系统内多种组分相互协调和促进的功能原理及地球化学循环规律,遵循物质和能量多层次、多途径利用与转化的原则,设计与建设合理利用自然资源,保持生态系统多样性、稳定性和高效、高生产功能的农业系统所涉及的工程理论、工程技术及工程管理。农业生态工程的实质是应用生态学原理,结合系统工程方法及现代技术手段,建立农业资源高效利用的生产方式和实施农业可持续发展的技术体系。

1.4.2　农业生态工程的作用

(1)农业生态工程适合我国人多地少、山区面积大、农业生产条件差异明显、农业劳动力资源过剩且文化素质较低的特点,其劳动密集与技术密集有机结合的思想符合我国国情与经营模式的需要。

(2)与欧美规模化、专业化与机械化程度较高的生产格局相比,农业生态工程适合我国农业生产规模小、以分散农户为主、经营综合性强的特点。近期内,无论农户,还是农场,仍普遍实行以综合性为主的经营。如我国南方丘陵山区在较小的地域上进行农林牧渔复合产业发展与立体布局设计,包括坡地果草间作、稻稻肥轮作、稻田养鱼、草基鱼塘、畜禽养殖及沼气再生能源工程等,构成一个结构层次多、食物链呈网络状结构的复合生态系统。由于充分利用了整体效应、边缘效应、协调与循环再生原理等,能在较小地域空间获得较高的整体效益。

(3)农业生态工程的目标是经济、社会、生态效益的统一,并将提高生产能力与经济效益放在首位。

1.4.3　农业生态工程基本原理

农业生态工程从系统论原理出发,按照生态学、经济学和工程学原理,运用现代科学技术成果和现代管理手段,以及传统农业的专业技术经验,以期获得较高的经济、社会、生态效益。农业生态工程建设着重调控系统内部结构和功能,进行优化组合,提高系统本身的迁移、转化和再生能力,充分发挥物质生产潜力,尽量利用时间、空间和营养生态位,提高系统整体综合效益。农业生态工程建设应当建立在一个高效、持续、优质、低耗的基础上,达到环境有效保护、资源合理配置和系统可持续发展的综合目标。农业生态工程是一个复杂的大型系统工程,其基本原理可以高度概括为“整体、协调、循环、再生”。在该原理指导下,农业生态工程建设必须遵循整体性原则、层次性原则、因地制宜原则、科技先导原则、可持续性原则以及市场协调原则,充分利用自然资源,通过人工合理调控与技术集成,建立起一个功能高效、结构合理、效益持续的复合生态系统。

1.4.4　农业生态工程建设的基本原则

（1）整体性原则。从全局的角度观察、思考、分析和解决问题，整体有序是建设规划的重要前提。充分关注系统内外各组分之间相互联系、相互作用、相互协调的关系，将农、林、牧、副、渔各业合理组织，形成农业生态工程的高效率。

（2）层次性原则。农业生态工程是由许多子系统和层次组成的，不同层次之间的结构单元具有不同的功能。在工程规划时，必须理顺各个子系统的层次关系以及相互之间的能量、物质、信息传递，确定层次之间的结构，分析各组分在时间和空间上的位置、环境结构和经济结构的配置状况，分析层次之间物质流、能量流、信息流、价值流的途径和规律。

（3）因地制宜原则。农业生产具有特定的生物性、季节性、地域性特点，生态环境具有多样性特征。结构的设计（平面结构、立体结构、时间结构、食物链结构）必须根据具体生态环境特点、社会经济条件来进行，与实际情况紧密结合。

（4）科技先导原则。在规划设计过程中充分利用分析、模拟、规划、决策的手段和技术，在工程建设中体现科技进步对生态农业建设的作用和贡献，利用现代农业技术，实现农业的可持续发展，提高农业的生产力和生产效益。

（5）可持续原则。农业生态工程规划与建设必须实现经济效益、社会效益和生态效益的协调和统一，在较长时间段内对生态农业建设起指导作用。在规划建设中体现环境有效保护、资源合理有效利用和经济稳步增长的可持续发展观点。

（6）市场协调原则。农业生态工程的产品市场需求情况，直接影响到该工程的经济效益。在农业生态工程设计时，应充分考虑其产品的市场需求与潜在的市场前景，实现产品数量、质量与市场需求协调统一。

1.4.5　农业生态工程研究存在的问题

（1）缺乏定量化模型的指导

我国农业生态工程目前尚难像精确农业那样，依据可靠参数，设计出标准化、易操作的生态工程样板。虽然有些工程,如太阳能温室大棚、养猪、沼气池、蔬菜种植"四位一体"的能源生态工程已有了地方性的技术标准,但总体上尚处于经验摸索阶段。农业生态工程应借鉴精确农业手段,向定量化、模型化方向发展,能够按设计的模式进行施工,通过量化过程,进行优化组合。

(2)产业链条设计缺乏高科技含量

农业生态工程主要是在总结生产实践者创造的模式与传统经验的基础上发展起来的,高技术应用不够,没有注意装配一批基于信息和高科技的适用先进技术,生态系统的调控缺乏及时准确的监测技术的支持:如GPS、GIS技术,农田管理、节水灌溉、环境监测的实用技术,面向农业生产者应用的电子仪器、实用监控设备,精细测土配方施肥、病虫害快速监测技术,智能化生态系统管理辅助决策支持系统等。

基于信息技术的精细管理技术不应仅限于农田生态系统,还应扩展到种、养、加(工)与产前、产中、产后的整个过程。近10年来,发达国家全自动化设施园艺和养殖业的发展,均吸收了信息科技前沿的成就。与信息技术、生物技术有机结合的生态高新技术尤应先在设施园艺、集约养殖、加工增值产业化工程中付诸实践。

(3)理论研究规范化与支撑手段现代化尚需加强

①对种类繁多的生态工程模式,尚缺乏全面的抽象上升和进一步的理论概括,大多停留于单个案例的分析与评价阶段。②生态工程的规模主要限于农户、村落两级,县级或更大尺度的规范化、区域化工程不多,能量流动较小,物质循环强度较弱,空间尺度较小,不利于规模化经营格局的形成。③数据采集困难,周期长,准确性差。数据采集主要靠人力调查或统计报表,缺乏动态更新,更谈不上根据参数变化修正设计与调控方案。生态系统受天然的或人力因素的冲击可能变得不够稳定,如果缺乏对主要因素变化状况的及时监测,就难以及时采取反馈调控措施修复退化系统。为此,必须改进生态数据采集方式与分析处理手段,提高生态科学理论与方法的严密性。

(4)研究者协作不够

农业生态工程是一个集成系统,涉及多种学科知识的支持,需要应用不同子系统已经形成的硬、软件设计规范、标准、数据格式和已有单项技术成果,研究建立某些支持技术的新标准。但目前从事生态工程研究的人员多来自生物学、地理学、农学等专业,与信息技术、机械工程等,都关注于自身的研究领域、协作不够。生态工程学应采取金字塔形的跨学科综合研究,重视与信息技术、工程等专业的协作。高水平的工程技术与信息技术人员协同合作,对提高生态工程设计的可操作性具有重要作用。

参考文献

[1] 白晓慧. 生态工程[M]. 北京:高等教育出版社,2008.

[2] 卞有生,张凤延. 中国农业生态工程的理论与实践[M]. 北京:中国环境科学出版社,1999.

[3] 胡晓燕. 农村户用沼气池建设效益评价[D]. 南京:南京农业大学,2005.

[4] 黄国勤. 农业生态学:理论、实践与进展[M]. 北京:中国环境科学出版社,2015.

[5] 骆世明. 农业生态学(第三版)[M]. 北京:中国农业出版社,2017.

[6] 骆世明. 生态经济学[M]. 北京:中国农业出版社,2001.

[7] 邱凌. 沼气与庭园生态农业[M]. 北京:经济管理出版社,1997.

[8] 王革华. 农村能源项目经济评价方法[M]. 北京:北京科学技术出版社,2003.

[9] 杨京平. 农业生态工程与技术[M]. 北京:化学工业出版社,2001.

[10] 杨京平. 生态农业工程[M]. 北京:中国环境科学出版社,2009.

第 2 章　农业生态工程与技术

　　农业生产与工业生产的区别,在于它首先是通过动物、植物及微生物等生命体与周围环境(光、热、水、土等)之间进行物质与能量交换,依靠其自身生长、发育机能来完成的。因此,它必然首先是一个生态过程,即生物生命活动与外界环境之间的物质、能量变换过程,也就是开发自然资源的过程。优化系统的结构,提高农业生态经济系统的功能,恢复与实现农业生产的生态合理性,才能促进农业的可持续发展。要针对资源特点选择生产模式,并不断调整,以提高其效率与功能,使资源转化出更多、更好的产品。因此,农业生态工程的主体模式只有代表总体区域特点,建设出的经济系统才能是高度开放的、生态系统才能是高度闭合的。通过物质循环及能量多级利用,提高投入、产出的效率,才能实现资源可持续利用的这样一个最佳的生态经济系统。

　　农业生态工程作为一种全新的农业可持续发展途径,涉及政策制定、区域农业布局、技术发展方式、农民行为规范,直至社会价值取向等。从这个意义上讲,农业生态工程覆盖整个农村经济与社会发展全局。

　　农业生态工程的建立特别强调因地制宜,这是因为农业和其他国民经济部门相比,最大的差异就是农业是自然再生产过程和经济再生产过程相互交错的范畴,而不同的地区、地带,都具有不同的自然环境和社会经济条件,因此输入到农业生产系统中的光、热、水、气、营养元素等能量与物质各不相同,向农业提供的劳动力、补充能量和科学技术也不尽相同。因此,农业生态工程的设计与建立,不可能存在一个处处都可适用的模式,特别是我国地域辽阔,自然条件与社会经济条件差异很大,农业生态工程建设也有着不同规模的多种类型。

2.1 农业生态工程主要模式

2.1.1 农林立体结构型生态工程模式

该模式是利用自然生态系统中各生物种群的特点,通过合理组合,建立各种形式的立体结构,以达到充分利用空间、提高生态系统光能利用率和土地生产力,增加物质生产的目的。所以,该模式是空间上多层次和时间上多序列的产业结构。按照生态经济学原理,使林木、农作物(粮、棉、油)、绿肥、鱼、药(材)、(食用)菌等处于不同的生态位,各得其所、相得益彰,既充分利用太阳辐射能和土地资源,又为农作物形成一个良好的生态环境。这种生态农业模式在我国普遍存在,应用较广。大致有以下几种形式:

(1)农作物轮作、间作与套种模式。农作物的轮作、间作与套种在我国已有悠久的历史,并已成为我国传统农业的精华之一,是我国传统农业得以持续发展的重要保证。由于各地的自然条件不同,农作物种类多种多样,行之有效的轮作、间作与套种的形式繁多,常见的有以下几种模式:豆、玉米套种,棉花－麦－绿肥间套作,棉花－油菜间作,甜叶菊－麦－绿肥间作套种等(图2－1)。

图2－1 农作物间作与套种生态农业模式

(2)农林间作模式。农林间作是充分利用光、热资源的有效措施,我国所实施的农林间作规模和模式都处于世界先进行列。采用较多的是果－

菜间作、果 – 油间作、果 – 粮间作、林 – 粮间作、林 – 菜间作等模式(图 2 – 2)。

图 2 – 2　农林(果)间作与套种生态农业模式

(3)林药间作模式。林 – 药间作不仅大大提高了经济效益,而且塑造了一个山青林茂、整体功能较高的人工林系统,大大改善了生态环境,有力地促进了经济、社会和生态环境向良性循环发展。典型模式有:吉林省的林、参间作模式,江苏省的林下栽种黄连、白术、绞股蓝、芍药等的林、药间作模式。

除了以上的各种模式以外,还有林木和经济作物的间作,如海南省的胶 – 茶间作,种植业与食用菌栽培相结合的各种间作,如农田种菇、蔗田种菇、果园种菇模式等。

2.1.2　物质能量多层分级利用型生态工程模式

该模式模拟不同种类生物群落的共生功能,包含分级利用和各取所需的生物结构,系统可进行多种类型和多种途径的模拟,并可在短期内取得显著的经济效益。例如利用秸秆生产食用菌和蚯蚓等的生产设计。秸秆还田是保持土壤有机质的有效措施,但秸秆若不经处理直接还田,则需很长时间的发酵分解,方能发挥肥效。在一定条件下,利用糖化过程先把秸秆变成饲料,而后牲畜的排泄物及秸秆残渣用来培养食用菌,生产食用菌的残余料又用于繁殖蚯蚓,最后才把剩下的残余物返回农田,收效就会好得多,且增加了生产沼气、食用菌、蚯蚓等的直接经济效益。

2.1.3　水陆交换的物质循环型生态工程模式

食物链是生态系统的基本结构,通过初级生产、次级生产、加工、分解等完成代谢过程,完成物质在生态系统中的循环。桑基鱼塘是比较典型的水陆交换生产系统,是我国广东省、江苏省农业生产中多年行之有效的多目标生产体系,成为较普遍的生态农业类型。该系统由两个或三个子系统组成,即基面子系统和鱼塘子系统。前者为陆地生态系统,后者为水生生态系统,两个子系统中均有生产者和消费者。第三个子系统为联系系统,起着联系基面子系统和鱼塘子系统的作用。桑基鱼塘是由基面种桑、桑叶喂蚕、蚕沙养鱼、鱼粪肥塘、塘泥为桑施肥等各个生物链所构成的完整的水陆相互作用的人工生态系统。在这个系统中通过水陆物质的交换,使桑、蚕、鱼、菜等各业得到协调发展,桑基鱼塘使资源得到充分利用和保护,整个系统没有废弃物,处于一个良性循环之中,因而保证可以取得极好的经济效益。

2.1.4　相互促进的生物物种共生型生态工程模式

该模式是按生态经济学原理,把两种或三种相互促进的物种组合在一个系统内,达到共同增产,改善生态环境,实现良性循环的目的。这种生物物种共生模式,在我国主要有稻田养鱼、稻田养蟹、鱼蚌共生、禽鱼蚌共生、稻鱼萍共生、苇鱼禽共生、稻鸭共生等多种类型。其中,稻田养鱼在我国已得到较普遍的推广,在养鱼的稻田中,水稻为鱼提供遮阴、适宜水温和充足饵料,而鱼为稻田除草、灭虫、充氧和施肥,使稻田的大量杂草、浮游生物和光合细菌转化为鱼产品。稻、鱼共生互利,相互促进,形成良好的共生生态系统。这不但促进了养鱼业的发展,也提高了水稻产量,减少了化肥、农药、除草剂的施用量,提高了土壤肥力。

2.1.5　农–渔–禽水生生态系统型生态工程模式

该模式充分利用水资源优势,根据鱼类等各种水生生物的生活规律和食性以及在水体中所处的生态位,按照生态学的食物链原理进行组合,以水体立体养殖为主体结构,以充分利用农业废弃物和加工副产品为目的,

实现农 - 渔 - 禽综合经营的农业生态类型。该模式有利于充分利用水资源优势,把农业的废弃物和农副产品加工的废弃物转变成鱼产品,变废为宝,减少了环境污染,净化了水体。特别是该系统再与沼气相联系,用沼气渣液作为鱼的饵料,使系统的产值大大提高,成本更加降低。这种生态系统在江苏省太湖流域和长江下游水网地区较多。

2.1.6　多功能的污水自净型生态工程模式

在发育正常的自然生态系统中,同时进行着富集与扩散、合成与分解等多种调节、控制作用过程。在通常情况下,自然生态系统内部不易出现由于某种物质的过多积累而造成的系统崩溃或主要生物成分的大量死亡,这是由于系统本身就拥有自行解毒的"医生"(微生物)和解毒的工艺(物理的、化学的)过程。即使由于某种物质过分积累,破坏了系统的原来结构,也会出现适应新情况的生物更新。模拟此种复杂功能的工艺体系,可设计成处理工业废水的新模式。

2.1.7　山区综合开发复合型生态工程模式

这是一种以开发低山丘陵地区,充分利用山地资源的复合生态农业系统。通常的结构模式为:"林 - 果 - 茶 - 草 - 牧 - 渔 - 沼气"。该模式以畜牧业为主体结构,一般先从植树造林、绿化荒山、保持水土、涵养水源等入手,着力改变山区生态环境,然后发展畜牧和养殖业。根据山区自然条件、自然资源和物种生长特性,在高坡处栽种果树、茶树;在缓平岗坡地引种优良牧草,大力发展畜牧业,饲养奶牛、山羊、兔、禽等草食性畜禽,畜禽粪便养鱼;在山谷低洼处开挖精养鱼塘,实行立体养殖,塘泥作农作物和牧草的肥料。这种以畜牧业为主的生态良性循环模式无"三废"排放,既充分利用了山地自然资源优势,获得了较好的经济效益,又保护了自然生态环境,达到经济、生态和社会效益的同步发展,为丘陵山区综合开发探索出了一条可持续发展的新路。

2.1.8　沿海滩涂及湿地型生态工程模式

沿海滩涂和平原水网地区的荡滩,是重要的国土资源,也是我国重要的土地后备资源。我国海岸线长,沿海省份多,滩涂资源比较丰富,但如何充分利用,加快沿海地区和水网地区的经济发展,是十分重要的问题。近年来,我国在湿地开发利用方面,创造了不少好的模式,其中主要有:"草－畜－禽－蚯蚓－貂"的湿地生态系统,"苇－萍－鱼－禽"的湿地生态系统,"林－牧－猪－鱼－沼气"的生态系统,"鱼－苇－草－牧"生态系统,"农－桑－鱼－畜"生态系统,"棉－牧－禽－鱼－花－加工"的复合生态系统。

上述各种模式的共同特点是按照自然生态规律和经济规律,因地制宜,充分发挥湿地资源优势,组建各种类型的生态系统,充分提高太阳能利用率,实现系统内的物质良性循环,使经济效益、生态效益和社会效益同步提高。

2.1.9 以庭院经济为主的庭园型生态工程模式

该模式以庭院经济为主,把居住环境和生产环境有机地结合起来,以达到充分利用每一寸土地资源和太阳辐射能,并用现代化的技术手段经营管理生产,以获得经济效益、生态环境效益和社会效益协调统一。这对充分利用每一寸土地资源和农村闲散劳动力,保护农村生态环境具有十分重要的意义。庭院经济模式具有灵活性、经济性、高效性、系统性的优点。

例如,西农材科技大学陕西省延川县梁家河村和山西省吉县东城乡现代生态农业基地以沼气为纽带的黄土高原庭院生态果园工程模式,建设过程中形成的"鸡猪－沼气－苹果"的庭院生态农业循环系统就是很好的典型(图2-3)。实践证明,在一家一户的生产单元中,建立这样的小型循环系统不仅是可行的,而且是十分有利的,可以在不增加农户很大负担的基础上,产生较为明显的经济、生态和社会效益。实践证明,院落生态系统不仅可以极大地增加农民收入,同时可以显著改善农村庭院的环境卫生。

图2-3 黄土高原庭园生态果园工程模式

2.1.10　多功能农副工联合型生态工程模式

生态系统通过完整的代谢过程——同化和异化,使物质在系统内循环不息,这不仅保持了生物的再生不已,并通过一定的生物群落与无机环境的结构调节,使得各种成分相互协调,达到良性循环的稳定状态。这种结构与功能统一的原理,用于农村工农业生产布局,即形成了多功能的农副工联合生态系统,也称城乡复合生态系统。这样的系统往往由 4 个子系统组成,即农业生产子系统、加工工业子系统、居民生活区子系统和植物群落调节子系统。其最大特点是将种植业、养殖业和加工业有机地结合起来,组成一个多功能的整体。

2.2　农业生态工程接口技术

接口技术是将原来并不构成循环关系、又不相关的两条或多条结构链,通过适宜的配套技术连接起来,形成一个闭路循环的结构网,包括肥料技术、饲料技术、能源技术、加工技术和贮藏技术等。接口是物质、能量和信息的交汇交换场所。

肥料技术包括积造、增施有机肥、生物肥或有机无机复合肥,扩大秸秆还田面积,播种绿肥,推广配方施肥、测土施肥、精准施肥技术,实行间作、轮作、套种等;饲料技术是通过青贮、氨化、发酵、膨化、机械加工等措施,将秸秆、粪便、加工废弃物等转化成畜禽饲料;能源技术是充分利用太阳能、风能、地热能、生物质能等清洁能源和再生能源,推广沼气、太阳能暖房、太阳能热水器、秸秆气化等技术,改善用能结构。

农业废弃物多种多样,但按其成分,主要包括植物纤维性废弃物(农作物秸秆、谷壳、果壳及甘蔗渣等农产品加工废弃物)和畜禽粪便两大类。目前,植物纤维废弃物的资源化利用技术主要有废物还田、加工饲料、固化炭化、气化、制复合材料、制化学品等;畜禽粪便资源化利用技术,目前主要有肥料化技术、饲料化技术和燃料化技术等。

2.2.1　植物纤维性废弃物资源化利用技术

(1)秸秆还田:秸秆等植物纤维性废弃物退还土壤后,可以大量补充和更新土壤有机质,在提供丰富的氮、磷、钾、硅等元素的同时,农作物秸秆中含有大量的木质素和纤维素,在腐烂分解后可使土壤腐殖质增加,孔隙度提高,通气透水,理化性状大为改善。

(2)饲料化利用:植物纤维性废弃物往往因其营养价值低或可消化性低,不能直接用作饲料,但如果将它们通过适当处理,比如微生物处理、青贮法、氨化法、热喷法,则可以大大增加它们的营养价值和可消化性。

(3)气化技术:气化是指含碳物质在有限供氧条件下产生可燃气体的热化学转化。农业植物纤维性废弃物由碳、氢、氧等元素和灰分组成,当它们被点燃时,供应少量空气,并且采取措施控制其反应过程,使其变成一氧化碳、甲烷、氢气等可燃气体,大部分能量都被转化到气体中,用来取代汽油或柴油,实现能量系统的高效利用。

(4)固化(炭化)技术:西北农林科技大学生物能源与生态农业研究团队研发的固化、炭化技术是将松散的植物纤维性农林废弃物原料压制成棒(块)状固化燃料,通过热解干馏技术,将其转化为生物炭、木醋液、木焦油等宝贵资源,进一步通过耦合深加工,转化成炭基缓释有机菌肥、醋基速效水溶肥、木焦油、基果树防腐杀菌剂等绿色农用产品,代替化肥、农药用于生态农业生产,不仅能促进化肥农药减量化,而且使农林废弃物资源利用最大化。对于改善农村生态环境、增加农民收入、促进农业绿色发展具有广阔的前景(图2-4)。

图2-4 农林废弃物热解炭化与深度利用技术模式

2.2.2 畜禽粪便资源化利用技术

(1)肥料化技术:一是堆肥化技术,即利用微生物在一定温度、湿度、pH值条件下,使畜禽粪便和秸秆等农业有机废弃物发生生物化学降解,形成一种类似腐殖质土壤的物质,这种方法称为堆肥化;二是复合肥制取技术,即将高温堆肥产品经杀灭病原菌、虫卵和杂草种子等无害化处理和稳定化处理后,与经粉碎后的氮,磷,钾化肥混合,经筛分、干燥,可制成颗粒化复合肥。

(2)饲料化技术:畜禽粪便具有丰富的营养成分,最适合于反刍动物。畜禽粪便饲料化方法主要有以下几种:一是干燥法,即将粪便单独或掺入一定比例的麦糠,拌匀后干燥、过筛除去杂质,再粉碎供作饲料;二是青贮法,即把畜禽粪便单独或与其他饲料一起青贮。

(3)燃料化技术:以畜禽粪便、秸秆等农业废物为原料,经厌氧发酵,产生以甲烷为主要成分的沼气,可作燃料,同时,沼液可以直接肥田,沼渣可以用来养鱼和作生态有机肥料,形成养殖与种植和渔业紧密结合的物质循环的生态模式。

2.2.3 沼气发酵及综合利用技术

以沼气为纽带的生态农业系统就是运用生态学物质循环原理,以太阳能为动力,以沼气为纽带,把蔬菜、林果种植与沼气池、厕所、畜圈有机配套,实现有机废弃物综合利用,变废为宝,最大限度地提高资源的综合利用效率。这种生态农业模式将原来松散的农业生产结构连接为"种植业 – 养殖业 – 沼气工程"的有机统一整体,不仅有利于保护生态环境,而且使农业生产结构更加优化,农、林、牧、副各业的结构更加合理,使系统整体协调、高效,既提高了生态效益,又提高了经济效益,有利于推动农村经济持续、稳定地发展。

西北农林科技大学生物能源与生态农业研究团队研发的生物炭介导有机废弃物厌氧发酵与深度利用技术模式(图 2 – 5),针对畜禽粪便等高氮原料在厌氧发酵过程中易产生酸抑制和氨氮抑制,导致发酵中断,影响沼气工程的效率、效果和持续性等问题,研究探索出生物炭介导的多原料混合厌氧发酵提质增效技术体系。通过生物炭介导的多原料混合厌氧发酵提质增效潜力、解抑复稳特征、碳载体性态特征、微生物群落结构特征的基础研究,揭示了生物炭介导的厌氧发酵微生物转化过程解抑增效机理,使厌氧发酵系统产气效率和甲烷含量提高 35% 以上,二氧化碳降低了 40% 以上;通过沼渣－生物炭基缓释肥提质增效特性和机理研究,开发出新型高效生物炭基缓释肥;通过沼液靠近木醋酸耦合营养液提质增效特性和机理研究,开发出新型高效醋基植物生长营养液。通过该技术体系在陕西、山西两省生态果园中的实际应用,使苹果的品质大大提升,其优果率提高 95% 以上,产量提高 25% 以上,售价提高 100% 以上,实现了畜禽粪便和果树剪枝等农业废弃物的资源化、高效化、生态化利用。

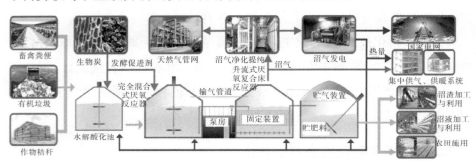

图 2－5　有机废弃物厌氧发酵与深度利用技术模式

随着我国市场经济的进一步发展,对外开放程度日益增加,农村沼气必然要向市场化、集约化方向发展。发展的途径主要有两条:一是扩大规模,二是改进技术。我国农村沼气从开始推广应用,到基本成熟能够充分发挥效益,经过了 3 个阶段:第一阶段为分散利用阶段,这阶段以小型分散利用为主,重在让农民充分接受;第二阶段为规模化、商品化利用阶段,这一阶段着重发展大中型沼气池,服务范围扩大至周边多家农户;第三阶段为集约化利用阶段,这一阶段的主要特征是沼气并网发电,以影响大型和生物天然气工程沼气工程为主,沼气工程为工厂化独立运行经营,沼气工程的建设和维护由专门的技术服务公司或服务组织来完成。

2.2.4　立体农业技术

立体农业又称层状农业,是着重于开发利用垂直空间资源的一种农业生产方式,是在单位面积上,利用生物的特性及其对外界条件的不同要求,通过种植业、养殖业和加工业的有机结合,建立多个物种共栖、质能多级利用的生态系统的农业生产方式。立体农业是利用光、热、水、肥、气等资源，同时，利用各种农作物在生育过程中的时间差和空间差，在地面、地下、水面、水下以及空中同时或交互进行生产，通过合理装配，粗细配套，组成各种类型的多功能、多层次、多途径的高产优质生产系统，以获得最大经济效益。

狭义的立体农业仅指立体种植而言，是农作物复合群体在时空上的充分利用。根据不同作物的不同特性，如高秆与矮秆、富光与耐阴、早熟与晚熟、深根与浅根以及豆科与禾本科，利用它们在生长过程中的时空差，合理实行科学的间种、套种、混种、复种和轮种等配套种植，形成多种作物、多层次、多时序的立体交叉种植结构。它的边界只限于立体多层种植，是农作物轮作、间作、套作在现代农业技术下的延伸和发展，由于概念边界过窄，局限于种植业内部的山、水、林、田、滩、路的多维利用，忽略了林牧（渔）、农牧（渔）复合，容易使立体农业同间作、套作混淆起来。

中义的立体农业是指在单位面积土地上（水域中）或在一定区域范围内，进行立体种植、立体养殖或立体复合种养，并巧妙地借助模式内人工的投入，提高能量循环效率、物质转化率及第二性物质的生产量，建立多物种共栖，多层次配置，多时序交错，多级物质、能量转化的立体农业模式。它的概念能够反映出当代中国立体农业的本质特征，它既有区域内垂直梯度的立体种养循环布局，又有单位面积（水体）立面空间的种养（加工）合理配置。

广义的立体农业着眼于整个大农业系统，它包括农业的广度，即生物功能链；农业的深度，即资源开发功能链；农业的高度，即经济增值链。它不是通常直观的立体农业，而是一个经济学的概念，与当前"循环经济"的概念相似。它的概念边界过宽，包容农、工、商综合发展，边界的无限延长无疑否定了立体农业本身的特点，造成与生态农业、农业综合开发、农业现代化之间的概念重叠和模糊，失去了立体农业存在的价值。

经过以上分析，可把立体农业的概念定义如下：立体农业是传统农业和现代农业科技相结合的新发展，是传统农业精华的优化组合。具体地说，立体农业是多种相互协调、相互联系的农业生物（植物、动物、微生物）种群，在空间、时间和功能上的多层次综合利用的优化高效农业结构。

（1）立体农业结构：立体农业结构是构成立体农业模式的基本要素，即物种要素、空间要素、时间要素、食物链要素、技术要素及其量比关系。在一定地区和一定条件下,立体农业模式是相对稳定、可重复的,并且具有一定的数量标准。这种稳定性是建立在各种组合要素的有序结合基础上,所以各种组合要素又称为结构,即物种结构、空间结构、时间结构、食物链结构、技术结构。结构与模式是相辅相成的,结构是构成模式的基本单元,模式是结构的体现。结构改变必然导致旧模式的破坏和新模式的建立。

(2)立体农业的特点:集中反映在4个方面:一是"集约",即集约经营土地,体现出技术、劳力、物质、资金整体综合效益;二是"高效",即充分挖掘土地、光能、水源、热量等自然资源的潜力,同时提高人工辅助能的利用率和利用效率;三是"持续",即减少有害物质的残留,提高农业环境和生态环境的质量,增强农业后劲,不断提高土地(水体)生产力;四是"安全",即产品和环境安全,体现在利用多物种组合来同时完成污染土壤的修复和农业发展,建立经济与环境融合观。总之,开发立体农业,可以充分挖掘土地、光能、水源、热量等自然资源的潜力,提高人工辅助能的利用率和利用效率,缓解人地矛盾,缓解粮食与经济作物、蔬菜、果树、饲料等相互争地的矛盾,提高资源利用率;可以充分利用空间和时间,通过间作、套作、混作等立体种养、混养模式,较大幅度提高单位面积的物质产量,从而缓解食物供需矛盾;同时,可以提高化肥、农药等人工辅助能的利用率,缓解残留化肥、农药等对土壤环境、水环境的压力,坚持环境与发展双赢,建立经济与环境融合观。

2.2.5 节水灌溉技术

2.2.5.1 节水灌溉技术

(1)集雨和水肥一体化技术

因时制宜,在黄土高原地区修建集雨水窖,最大可能地收集天然降雨,并利用高架微喷和地面滴灌水肥一体化技术,可以发挥生态农业系统关键时期"救命水"的功效和作用(图2-6)。

集雨水窖容积 V 由一定集雨面积的集水量 W 确定,按公式(2-1)计算:

$$V = W = H_{24p} \cdot F \cdot N/1000 \qquad (2-1)$$

式中：

H_{24P}——频率为 P 的最大 24 小时降雨量，单位：毫米（mm）。水窖设计一般取 $P = 10\%$；

F——水平投影集雨面积，单位：平方米（m^2）；

N——集雨场地面径流系数。土质路面、场院取 0.45；沥青路面、水泥场院取 0.85 ~ 0.9。在集雨水窖进水口 2 ~ 3m 处应设置沉沙池。

集雨水窖宜采用拱形窖顶、圆台形窖体的结构。容积和几何尺寸按照公式（2 - 2）计算：

$$V = V_1 + V_2 = \pi f(3d_1^2/4 + f^2)/6 + \pi h(d_1^2 + d_2^2 + d_1 d_2)/12$$

$$（2 - 2）$$

式中：

V_1——水窖窖顶容积，单位：立方米（m^3）；

V_2——水窖窖体容积，单位：立方米（m^3）；

d_1——窖体上口直径，单位：米（m）；

d_2——窖体下口直径，单位：米（m）；$d_2 = d_1 - 0.5$ 为宜；

h——窖体深度，单位：米（m）；$h = 1.5d_1$；

f——窖顶矢高，单位：米（m）；$f = 0.25d_1$。

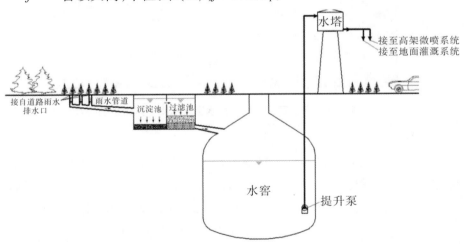

图 2 - 6　黄土高原集雨与水肥一体化系统

　　根据立地条件的不同,集雨水窖可以采用软体形式(图2-7)建设,也可以采用硬体形式(图2-8)建设。

图2-7　黄土高原软体集雨水窖与水肥一体化系统

图2-8　黄土高原硬体集雨水窖与水肥一体化系统

(2)喷灌技术

　　喷灌是把由水泵加压或自然落差形成的有压水通过压力管道送到田间,再经喷头喷射到空中,形成细小水滴,均匀地洒落在农田,达到灌溉的目的。喷灌是一种非常实用的灌溉技术,既省时、又省力,除水稻外,都能使用,而且它对地形、土壤等条件适应性强。但在多风的情况下,会出现喷洒不均匀,蒸发损失大的问题。但与地面灌溉相比,大田作物喷灌一般可省水50%～60%,增产20%～40%。

（3）微灌技术

微灌是通过管理系统与安装在地面管道上的灌水器,如滴头或微喷头等,将有压水按作物实际耗水量,适时、适量、准确地补充到作物根部附近土壤,进行灌溉。它可以把灌溉水在输送过程中,以及到了田间以后的深层渗漏和蒸发损失减少到最低程度,使传统的"浇地"变为"浇作物"。微灌是用水效率最高的节水技术之一。它的另一特点是可以把作物所需养分掺混在灌溉水中,在灌水的同时进行施肥,既减少用工,又提高肥效,促使作物增产。这种方法和技术尤其适用于经济效益高的高温大棚。

（4）渠道防渗技术

为了减少输水过程中的流失,采用建立不易透水的防护层,如混凝土护面、浆砌石衬砌、塑料薄膜防渗等多种方法,进行防渗处理,既减少了水的渗透损失,又加快了输水速度,提高了浇地效率,深受群众欢迎,成为我国目前应用最广泛的节水技术之一。

（5）低压管道输水技术

用塑料或混凝管道输水代替土渠输水,可以大大减少输水过程中的渗漏和蒸发损失,水的利用率可达96%。另外还可减少渠道占地,提高输水速度,加快浇地进度。

（6）膜上灌水技术

膜上灌水,俗称膜上灌,是在地膜覆盖栽培的基础上,把过去的地膜旁侧灌水改为膜上流水,水沿放苗孔和地膜旁侧渗水,或通过膜上的渗水孔对作物进行灌水。通过调整膜畦首尾的渗水孔数及孔的大小,来调整沟畦首尾的灌水量,可得到较常规地面灌水方法相对高的灌水均匀度。

（7）抗旱点浇技术

在我国东北和西南部分地区,一般年份降雨基本可以满足作物生长对水分的需要。但在春季播种期常遇干旱出苗率低而减产。为解决播种期土壤墒情不足的问题,群众在实践中创造了抗旱点浇的方法,即在土穴内浇少量水,下种,覆土。这种方法用工多,但不影响农作物的种植季节,也是农民种植棉花最常用的方法。

（8）土壤墒情监测与灌水预报技术

用先进的科学技术手段,如张力计、中子仪、电阻法等监测土壤墒情,数据经分析处理后配合天气预报,预报适宜灌水时间、灌水量,做到适时适量灌溉,有效地控制土壤水分含量,达到既节约水,又能增产的目的。

(9)灌区输配水系统水的量测与自动监控技术

真正实现优化配水、合理调度、高效用水,还必须及时准确地掌握灌区水情,如水库、河流、渠道的水位、流量、含沙量乃至抽水灌区的水泵运行情况等,技术参数对上万公顷的大型灌区尤其重要。

2.2.5.2 农业耕作栽培与节水

(1)耕作保墒技术

采用深耕松土、镇压、耙细保墒,中耕除草,增施有机肥,改良土壤结构等耕作方法,可以疏松土壤,增大活土层,增强雨水入渗速度和入渗量,减少降雨径流流失,切断毛细管,减少土壤水分蒸发,既提高了天然降水的蓄积能力,又可减少土壤水分的蒸发,保持土壤墒情,是一项行之有效的节水技术措施。这也是我们最常用的大田耕作之一。

(2)覆盖保墒技术

在农田和生态果园表面覆盖地膜、秸秆材料可以抑制土壤水分蒸发,减少降雨地表径流,起到蓄水保墒、提高水利用率的作用,促使作物增产增效。这种技术除了保墒以外,还有提高地温、培肥地力、改善土壤物理性状的作用(图2-9)。

图2-9 黄土高原生态果园黑膜覆盖保墒技术模式

（3）施用保水剂节水

施用保水制剂,可以提高土壤保水能力,减少作物蒸腾损失。这种节水保墒方式,对于极端干旱地区恢复植被,改善生态环境是行之有效的技术。对于一般的农业生产运用不多,它要求的条件高,一般农民达不到这么高的种植水平。

2.2.6　节肥技术

2.2.6.1　平衡配套施肥技术

根据不同地区养分状况和不同作物需肥规律,以土壤地力定位监测点为依据,建立各种农作物优质标准施肥体系,研制开发各种专用肥。利用生态循环的农业模式,大力发展豆科作物间作套种,扩大绿肥面积,发展畜牧业,可大大降低化肥使用量,减少养分的流失。

在平衡配套施肥上,采取"适氮、增磷、增钾"的施肥技术。运用"平衡配套施肥工程""补钾工程""节肥增效工程"等战略措施,提高化肥利用率,减少肥料对环境的污染。

平衡配套施肥技术主要根据作物生长发育所需要的养分数量及土壤所提供的养分量,通过肥料补充不足部分的施肥方法。实行平衡配套施肥,可减少化肥施用量,提高肥料利用率,增加农产品产量,改善农产品品质。

（1）氮、磷、钾的平衡施用

从近几年氮、磷、钾肥效试验情况看,不论在何种作物、何种土壤上,均以氮肥的增产效果最为明显。有机肥提供的氮素可通过有机肥的用量和含有氮素量计算出来,土壤提供部分可通过试验来获得。总用量减去有机肥及土壤的提供量,就是需要氮素化肥的量。通过这种方式,确定出氮肥的用量,而磷和钾的用量可以通过施用氮、磷、钾的适宜比例来确定。

（2）钙、镁、硫的平衡施用

目前,有些地区的作物出现缺中量元素,特别是缺钙的症状,苹果苦痘病、番茄脐腐病,均是由缺钙引起的。造成缺钙的主要原因并不是土壤含钙量低,而是种植方式和施肥措施不得当造成的。像果树根系常年在一个区域内生长,如土壤管理不善,可能会出现缺素的症状。而在平原地区,缺元素的地块多为种植经济作物的地块,这些地块之所以缺乏中量元素,主要是大量元素的施用量不当造成的。作为需要的各种养分,需要一个适当的比例,如这种比例被破坏,有些元素可能会出现缺乏症状。为了省事,有些种植者一次投入大量氮肥、钾肥、磷肥常年过量施用,磷会固定钙、镁元素,氮和钾会影响作物对钙、镁的吸收,所以会出现缺乏这些元素的症状。对于出现缺乏中量元素的地区,可以适当调节施肥品种,如施用磷肥时,可多施用一些富含钙、镁、硫的品种,如磷酸钙和钙镁磷肥。个别出现缺钙、镁的地方,可以喷一些含钙的肥料,如硝酸钙和氯化钙等。

(3)微量元素的平衡施用

目前已知作物所必需的微量元素有 7 种,即铁、锌、铜、锰、硼、钼、氯。由于氯仅靠降雨带入土壤中的量就足够作物需要,所以至今未有提倡施氯肥的报道,其他 6 种元素研究的较多。前些年已在较多的作物上进行了试验示范,证明施用锌肥和硼肥均有一定的增产效果。所以在前些年未施用过锌和硼的土壤,可以施用一定量的锌肥和硼肥,锌肥每 667 m^2 的用量一般为 1 kg,最大用量不能超过 2 kg;硼肥的用量一般为 1 kg,最大用量不能超过 1.5 kg,且需要隔年施用。中性和微碱性土壤不利于作物对铁的吸收,部分对铁敏感的作物如果是在高温多雨季节易出现缺铁症状,鉴于目前施用的铁肥进入土壤后会由有效态转为无效态,基施效果很差,所以即便在缺铁的土壤上也不提倡大量施用目前常用的硫酸亚铁肥。因为施用铁肥的量一般要求较大,施后由于土壤的原因效果不佳,大量施用铁肥必然会带入土壤一些其他物质如重金属,对土壤造成污染,所以在缺铁的土壤上,要施用铁肥时应尽量施用一些有机的、螯合态的铁,硫酸亚铁可以作为叶面喷肥的辅助措施来解决缺铁问题。锰的含量同铁的含量有相似之处,在有效铁低的土壤中有效锰也低,但缺锰的临界值则更低一些,在大多数作物上没有发现缺锰症状,所以锰肥可暂时不要施用。对于钼来讲,目前尚未发现作物缺钼症状,可在试验的基础上推广应用。

2.2.6.2 节肥施肥技术

发展节肥、施肥和栽培技术是提高肥料利用率的根本所在。在肥料生产上,要研制生产长效、缓效型肥料,减少施肥次数,减少肥料流失机会。氨态氮带水深施是减少氮素流失的有效措施。采用深施、条施、穴施可有效防止氮的损失及对环境的污染。

(1)施用新型缓释肥

在测定土壤养分含量的基础上,根据作物生长特点及需肥规律,灵活配合氮磷钾及微量元素的比例,以涂层大颗粒尿素为基本氮源,采用掺混工艺对磷、钾分别涂层造粒,配制生产掺混肥。包膜涂层对土壤脲酶活性产生抑制作用,使尿素分解释放速度明显下降,同时,也有效地减少了氮素的挥发、淋失和反硝化作用。经过多次不同涂层处理的化肥,能组配不同氮素释放期(释放期有 80 ~ 100 天、150 ~ 180 天、200 ~ 240 天),对满足不同作物的养分需求起到重要的调控作用。涂层缓释肥具有控氮缓释、促磷增效、防钾淋失的特点,解决了农业生产中重施氮肥、轻施钾肥的错误施肥理念,同时,由于缓释肥氮磷钾配比合理,所以能明显提高产量,降低成本,提高肥料利用率。

(2)改进施肥方法

在保肥性差的沙性土壤中,实行保护性耕作,播种与施肥同时进行,机械施肥能做到肥料深施,这就更大程度地提高了新型肥料的利用率和增产潜能。小麦与夏玉米连作,采用缓释肥和机械免耕相结合技术,一茬作物只施一次肥,有利于土壤保墒和保护土壤结构。因减少翻耕次数,明显减少了土壤中二氧化碳向空气中的排放量,从而减少了温室气体。

(3)掌握施肥方式

因为不同作物对养分的需要不同,为了发挥不同作物的最大增产潜力,肥料一定要根据作物的特点施用。如茎、叶为主的需施较多的氮,以子实为主的需要较多的磷,根茎类作物则需要较多的钾,这样才能使肥料发挥最大的增产效果。同时,根部施肥要适时适量。任何一种化肥都是一种盐,施入土壤后会引起土壤溶液渗透的增加,当达到一定浓度后会造成对植物的盐害,渍伤根系,使根系丧失吸水、吸肥能力,结果造成植株萎蔫、枯黄。

参考文献

［1］曹馨文. 农业生态工程的原理及其特征分析［D］.哈尔滨工业大学,2013.

［2］车将. 西北生态农业及产业化模式研究［D］.西北农林科技大学,2015.

［3］戴天放. 鄱阳湖流域农业环境变迁与生态农业研究［D］.福建师范大学,2010.

［4］刘月敏. 农业生态经济系统的结构设计与评价［D］.中国农业科学院,2002.

［5］齐鑫山. 三种农业生态工程模式构建及其应用技术试验研究［D］.山东大学,2005.

［6］邱凌.庭园沼气高效生产与利用［M］. 北京:科学技术文献出版社,2008.

［7］王小利. 坝上地区农业生态经济系统能值分析及生态农业发展初探［D］.首都师范大学,2004.

［8］杨轶. 论我国生态农业及其发展对策［D］.太原科技大学,2012.

［9］于成功. 宿迁市生态农业发展的模式和对策研究［D］.南京农业大学,2005.

［10］翟勇. 中国生态农业理论与模式研究［D］.西北农林科技大学,2006.

［11］张士良. 南方丘陵山地果园生态工程技术示范推广模式研究［D］.浙江大学,2004.

［12］赵博勇. 生态农业及其发展模式研究［D］.西北大学,2009.

［13］周荣荣. 农业可持续发展战略取向与生态建设的跃迁［D］.南京农业大学,2002.

第 3 章　农牧复合农业生态工程

农林牧副渔复合农业生态工程是指借助接口技术或资源利用在时空上的互补性所形成的两个或两个以上产业或组分的复合生产模式(所谓接口技术是指联结不同产业或不同组分之间物质循环与能量转换的连接技术,如种植业为养殖业提供饲料饲草,养殖业为种植业提供有机肥,其中利用秸秆转化饲料技术、利用粪便发酵和有机肥生产技术均属接口技术)。进一步挖掘农林、农牧、林牧不同产业之间的相互促进、协调发展的能力,对于我国的食物安全和农业自身的生态环境保护具有重要意义。

3.1　农林复合农业生态工程

3.1.1　农林复合农业生态工程概念与特征

3.1.1.1　农林复合农业生态工程概念

农林复合农业生态工程虽然具有悠久的实践历史,但真正从理论上对其展开研究却是最近数十年的事。最早提出"农林复合经营"这一专业术语并被广泛接受的是国际农林复合经营系统委员会首任主席 King,他于1979 年将其定义为:一种采用适于当地栽培实践的一些经营方法,在同一土地单元内将农作物生产与林业和(或)家畜生产同时或交替地结合起来,使土地生产力得以提高的持续性土地经营系统。在此之后,大量的学者从不同的研究角度提出了各自不同的定义,如在 1982 年的《农林复合经营系统》的创刊号中就列举了多达 12 种定义。这些定义尽管不尽相同,但它们都反映了农林复合经营的一些共同特征。

首先,其表现形式为复合型的农业生产系统。与常规农业生产经营对象单一不同,农林复合经营是以多年生木本植物为基础,同时还包括农、牧、渔等一种以上成分,从而在同一土地单元上构成了一个多组分、多层次、多时序的复合生产结构。这一系统不仅产出第一性农业生物产品,如粮食、蔬菜、药材、食用菌等,还产出第二性产品,如家禽、家畜和水生生物等。同时,还能收获相应的林产品,如木材、薪材和水果等。

其次,其实质是对土地单元综合和可持续的利用。农林复合经营系统根据生态学原理,将不同的动、植物科学地组合在同一土地单元上,充分利用它们之间的互利共生性,实现系统内资源和能量的循环利用。如“胶 – 茶 – 鸡复合系统”就是利用橡胶树保障了茶树的喜荫性,通过鸡群啄食害虫,鸡粪给植物增加有机质营养,树下成为鸡群良好的活动空间等,从而维护了整个生产系统的稳定性,实现了单一土地资源的综合和可持续的利用。

最后,其目的是为了实现经济效益与生态效益的统一。农林复合经营系统是一个人工生态系统,其最终目的是为人服务的,所以追求良好的经济效益是其应有之义。该系统利用各组分在时间和空间上的区别与联系,最大限度地追求系统产出综合效益的最大化。同时,该系统通过系统内资源的循环利用,实现了“无废弃物的农业”的目标,从而很好地维持了生态平衡,并实现了地力常新。

3.1.1.2 中国农林复合农业生态的发展历程

中国农业生产有着悠久的农林复合种植的传统,形式多样的林粮间作、林牧结合、桑基鱼塘、庭院经营等模式散布于全国各地。这些传统的农林复合经营模式无一不凝聚着先民的智慧,蕴含着朴素的生态农业思想,成为今天我们发展现代生态农业的宝贵财富。归纳起来,中国农林复合经营大致经历了原始农林复合经营、传统农林复合经营和现代农林复合经营3 个发展阶段,在此过程中农林复合经营经历了由自发向自觉、由依据传统经验向依据科学的生态工程进行建设的变化过程。特别是新中国成立后,科学化、有组织的农林复合经营在我国得到了迅速的发展,在不同时期和不同区域,其建设的侧重点也各有不同,地区性特色明显。

20世纪50年代初,华北地区营造防护林带和林网建设,拉开了我国有组织的宏观层面农林复合经营系统建设的帷幕。70年代,我国正式开始进行"三北"防护林体系、长江中上游防护林体系、沿海防护林体系、平原绿化工程和治沙工程五大生态工程建设,成为农林复合经营系统在宏观水平上的著名范例,被列为当今世界规模最大的八项生态工程之一。这些工程把林业和农业、生物技术和工程技术、生态环境保护和经济发展很好地结合起来,实现了经济、社会与生态效益的有机统一。

20世纪70年代以来,在平原区以发展起来的林粮间作最为成功和普遍。初步统计,在林粮间作中采用的树种达150余种,其中以泡桐、枣树、杉木和杨树为突出的代表,特别是农桐间作,不论是其应用范围,还是研究深度都达到了相当的水平。林粮间作在河南、河北、安徽北部等地较为普遍,取得了良好的经济效益和环境效益。而在海南、广东、广西等热带地区,则以"林–胶–茶"人工群落为典型代表,成为农林复合系统的成功模式之一。

自80年代开始,我国农林复合经营经历了一个蓬勃发展的时期。这一时期以江苏里下河的沟垱系统和珠江三角洲的基塘生态系统为代表。在江苏省里下河地区,滩地开发上实行开沟筑垱,在沟里养鱼和垱上造林,进行林农间作,林牧结合,构成农林牧渔复合经营的沟垱生态系统,提高了土地等资源的利用率,取得了明显的经济效益,同时也形成了一个美丽的水乡文化景观。而珠江三角洲的桑基鱼塘和蔗基鱼塘则是湿地农林复合经营的典型,也取得了巨大的成功。

本世纪初,在集体林权制度改革的持续推进和国务院鼓励发展林下经济的背景下,全国各地因地制宜地掀起新一轮林下经济发展的热潮,林下经济包括林下采摘、林下种植、林下养殖和林下旅游4个方面,这其中以林下种植和养殖为典型的农林复合经营形式。2011年全国林下种植和养殖的产值规模达到2134亿元,并且有不断扩大的趋势,这成为我国农林复合经营发展的一个新亮点。

此外,我国农民自古就有利用庭院房前屋后的空隙地、自留地进行综合种植和养殖的传统和习惯,他们充分利用庭院的立体空间,进行多级开发,生产多种农产品,实现了资源的最大化综合利用。当前我国庭院经营发展形式多种多样,主要有"四位一体"生态农业模式、"种植－养殖－果树"模式、庭院加工业模式、集约化生产经营模式和旅游观光模式等,它们使我国现有约 667 万 hm² 的庭院土地成为农村家庭生活和生产的重要补充,与田园经济一起共同构成了完整的农户经济。

3.1.2　农林复合经营是中国生态农业发展模式

3.1.2.1　农林复合农业生态契合了中国的基本国情

农林复合经营在世界范围内得到了广泛的应用,尤其是在广大的发展中国家,农林复合经营给当地农民带来的收益是明显的。作为世界上最大的发展中国家,中国面临着人地矛盾突出的问题。在广大农村地区,一方面,大量的农业劳动人口仍以小农经济的生产模式为主;另一方面,这些地区又面临着经济发展水平低、生态环境破坏严重等问题。而农林复合经营在契合中国国情和缓解这一系列问题时具有其独特的优势和适应性。

第一,农林复合经营有效地契合了中国人多地少的国情。中国耕地占世界耕地的7%,而人口则占世界的22%,是一个典型的人多地少的发展中大国。耕地资源是保障粮食安全的基础,第二次全国土地调查显示,截至到 2009 年 12 月 31 日,中国耕地面积 13538.5 万 hm²,居世界第 3 位,然而,中国人均耕地面积则位于世界第 120 余位,与此同时,中国快速发展的城镇化也在不断地侵占着宝贵的农地资源。因此,在粮食安全领域,我们面临着日益严重的土地资源约束。如何充分利用既有的土地资源,以最大限度保障中国的粮食安全,同时,促进农民收入的增加,是我们面临的重要课题。另一方面,农业生产在依赖于良好的农地环境的同时,其本身又在不断地破坏着农地环境,特别是随着化学农业在中国的快速发展,在提高粮食产量的同时,也对中国的农业生态环境造成严重的损害。十八大将生态文明建设提高到前所未有的高度,农业生态环境保护是生态文明建设中最为重要的一个环节。在此背景下,农林复合经营以其在提高生产、改善环境和充分利用自然资源方面的巨大潜力,得到越来越多的关注,很好地契合了中国人多地少的国情。

第二,农林复合经营有效地契合了中国小农经济生产模式的国情。长期以来,中国的农业生产维持着小农经济模式,可以预期,在未来相当长的时间里,仍将保持着这样的生产模式。小农经济的一个显著的特点是土地细碎化,这导致无法充分发挥农业生产的规模效益,效率的提高依赖于劳动力投入下的精耕细作,而这正是农林复合经营所需要的,中国丰富的农业劳动力也在一定程度上满足了这样的需要;另一方面,小农生产模式的抗风险能力较弱,而农林复合经营由于采用的是多种生物和谐共生的模式,本身就具有分散风险的特点。因此,正如《我们共同的未来》所提出的:"农民可以用农林业系统生产食物和燃料。在这样的系统中,一种或多种树木可以与一种或多种粮食作物或动物在同一块土地进行种植或饲养,虽然有时它在时间上可能是交错的。这种技术特别是对于小农经济和土地贫瘠的地区尤为适用。"

第三,中国拥有长期的农林复合经营的传统经验。中国是一个有着数千年农耕历史的国家,广大劳动人民在漫长的农业生产过程中创造出多种形式的农林复合经营模式,它们以林业为核心,把农业、牧业、副业和渔业生产结合在一起,充分利用生态工程的方法和手段建成一个个高效、高产、优质和持续的生产体系,实现了对土地、生产和生活废弃物的资源化利用和最大化产出,同时,也维持了地力常新和农业生态环境的平衡。在漫长的农林复合经营实践摸索中,中国先民们积累了丰富的经验,这些成功的经验,成为进一步发展现代农林复合经营新模式可资借鉴和利用的知识体系。

3.1.2.2　农林复合生态系统体现了中国生态农业的特点

中国农业生产经历了刀耕火种的原始农业,精耕细作、用地与养地相结合的传统农业和依靠化学能源巨大投入的现代农业这样 3 个发展阶段,现代"石油农业"一方面有效地缓解了中国的粮食危机,另一方面也产生了农业生态环境破坏和农产品品质下降等负面效应。在此背景下,生态农业的发展逐渐受到了重视。在 1982 年 10 月举办的中国第一次农业生态经济学术讨论会上,叶谦吉首次提出了"生态农业"的概念;此后,马世骏根据

"整体、协调、循环、再生"的生态工程建设原理,阐述了中国生态农业的内涵,认为生态农业是因地制宜,应用生物共生和物质再循环原理及现代科学技术,结合系统工程方法而设计的综合农业生产体系。对比生态农业和农林复合经营的概念,可以发现两者是相通的,农林复合经营很好地体现了中国生态农业"现代、高效、循环"的特点。

（1）农林复合经营体现了中国生态农业现代性的特点

生态农业的现代性体现在现代科技改造传统农业的应用上。传统农业通过构建自身内部的循环系统,实现了"无废弃物农业"的目标,与此同时,它也存在生产力相对低下、农业生产主要依靠传统经验等不足之处。生态农业将现代科技、知识和信息与传统智慧相结合来对传统农业进行改造,是对传统农业生产模式、技术和方法的扬弃。它一方面保持了传统农业的生态优势,同时又提高了农业生产效率,获得更高的农产品产出。农林复合经营很好地体现了现代性特点,当前大量的生态学家和农学家在对传统农林复合经营实践总结的基础上,对农林复合经营系统的运行机制与作用关系、经济与生态价值评估以及农林复合经营的有效管理等方面进行了深入细致的研究并取得了丰硕的成果,这为优化、改造传统的农林复合经营系统提供了强大的理论基础和技术支撑,使新时期的农林复合经营焕发出新的光彩。

（2）农林复合经营体现了中国生态农业高效性的特点

生态农业强调要构建一个"经济－社会－自然"复合生态系统,依据生态经济的系统性原理,全面组织农业系统内各种资源并使之合理配合,从而实现能量多级、高效的利用。其高效性体现在它关注的是整个系统生产力的提高而不是某一种产品的产出,是经济效益、社会效益和生态效益三者综合效益的提高而不是单一经济收益的获取,是要达到一加一大于二的效果。农林复合经营通过空间层次的复合和时间层面的交错来实现系统的高效产出。空间层次上,利用不同物种间互利共生的关系,在横向和纵向空间上进行多种动植物的合理搭配;时间层面上,利用不同物种生长周期的不同,进行合理的交错种植和饲养。通过这样科学的复合种植和养殖,实现了对时间和空间的最大化利用,从而保持同一地块上农林复合系统的高效产出。

（3）农林复合经营体现了中国生态农业循环性的特点

生态农业充分借鉴传统农业整体、协调、循环、再生的朴素生态学思想，把现代科技与传统农耕经验相结合，全面组织农业内外部资源，充分发挥农业生态系统的自我调控功能和物种间相生相克的原理，实现农业废弃物的资源化利用，达到物质的循环再生和经济与生态良性循环的目的。农林复合经营从系统论的角度出发，强调系统内各物种的互利共生，这种互利共生很大程度上是通过物质与能量的循环利用来实现的，一种物种产出的副产品或废弃物往往成为另一物种的能量和营养物质的输入。如，在桑基鱼塘中就很好地实现了"桑叶养蚕 – 蚕沙养鱼 – 塘泥肥桑"的物质循环过程，从而，既维持了系统的高效产出，又消除了生产中可能的环境污染隐患，保持了生态系统的平衡。

3.1.2.3　加强农林复合经营技术应用效果的评估

农林复合经营系统本质上为人工生态系统，由于有了人的参与和影响，其运转就可能会产生负面的效应。尽管农业科学家在深入研究的基础上所提出的最优化农林复合经营模式是完善的，但要想将这些实验田里的成果转化为现实的生产力，最终还得依赖千千万万的个体农户来实现，而在这一过程中就有可能会出现偏离理想状态的情况发生。这种偏离主要表现在两方面：

（1）囿于农户的知识、能力和耕作习惯等方面的局限性所造成的无意识偏离。如在林 – 禽复合经营模式中，由于农户的知识和能力的限制而采用了粗放的经营方式，在过高的养殖密度下就有可能造成树根裸露、动物粪便污染等负效应，这就严重地削弱了农林复合经营技术的应用效果。

（2）农户为追求更高的经济收益而进行有意识的偏离。农林复合经营系统追求的是经济、社会和生态效益的最大化，而农户关注的通常仅仅是经济效益，这样一来，在某些特定条件下，农户就会进行"选择性复合经营"。如当树木收益相对较高时，"林 – 粮间作"中科学合理的林木间距和林粮间距就有可能被更高密度的间距所取代，甚至异化为"良田种树"，这就完全地背离了农林复合经营的初衷。为此，有必要加强农林复合经营技术应用效果的评估，随时纠正这些生产中的偏差，保证农林复合经营的健康和可持续发展。

3.2 林牧复合农业生态工程

　　林牧复合生态系统(Silvopastoral System)是农林复合生态系统(Agro – forestorial ecosystem)的一部分,它是按照生态工程学的原理,在原有的森林生态系统中加入新的生产环节,在完善整个生态系统的物质循环和能量流动的同时,充分利用自然资源,提高系统的转化率,以促进林、牧业的协调发展,从而取得良好的生态、经济和社会效益。林牧复合生态系统的主要表现形式为林下养殖,它包括林畜养殖、林禽养殖以及林下特种养殖等。

　　伴随着国民经济的高速发展,畜禽业逐渐兴旺,但随着生产性能和集约化程度的提高,畜禽的饲养周期随之缩短,在一定程度上影响了肉质和风味。采用果树或林地散养的方式,生产鸡、鹅、兔、猪、牛等畜禽动物(图3 – 1),可以弥补以上不足,既能延长饲养周期,提高肉质和风味,又能充分利用林地的空闲资源,降低饲养成本,增加农民收入,实现双赢的目标,营造环境友好型社会。

图 3 – 1　黄土高原果树林下养殖生态农业模式

3.2.1　林下养殖对林木的影响

3.2.1.1　林下养殖对幼树的影响

　　在从事林下养殖活动 10 年林区内,其幼树与同类天然林地幼树相比,树高增加 6% ,胸径增加 22% 。其原因被认为是,林下放养,可控制林下草本植物的生长,避免林下草本植物与用材树种的幼树争夺营养空间,从而促进幼树的生长。研究同时表明,林下放养可以控制竞争性植被对资源的消耗,促进林木种苗的生长。

3.2.1.2　林下养殖对林木生长的影响

相比较无养殖活动的天然林地,长时间(10 年)养殖活动,不会显著影响成年树木的冠层覆盖,同时,还可以使林下物种的数量得到增加,从而提高了林下的物种丰富度。对林地生态系统的稳定性影响的研究结果表明,进行林下养殖活动 10 年的林区树木当年平均生长量为对照区生长量的96.7% ~100%,其差异未达显著水平,对林木的树干和树高生长均没有显著影响。在林下放养动物,不仅不会影响木材的生产,由于动物取食林下植物的缘故,不能够降低发生森林火灾的可能性。

3.2.1.3　林下养殖对林下植被的影响

林下放养活动可控制林下植物的生长,与没有放养的对照林地相比,不会影响林下植物群落,并不会简化林地的植物群落,同时对林下植被覆盖的影响因种类不同而有所不同,其中蹄盖蕨科(猴腿蹄盖蕨 Athyrium multidentatum)的覆盖面积增加了 1 倍多,而菊科(齿叶凤毛菊 Saussurea neoserrata Nakai,山尖子 Cacalia hastatal,蟹甲草 Para senecio forrestii)的覆盖面积减少了50% 。

3.2.2　林下养殖对土壤理化性质的影响

由于林下养殖因素的介入,可直接导致林地表层土壤的物理性状变化,对土壤理化性质的影响主要表现在土壤结构(土壤坚实度和土壤孔隙度)、土壤含水量等方面。

3.2.2.1　林下养殖对土壤结构的影响

林下养殖能够改变土壤的紧实度,土壤的坚实程度不但关系到林木的生长,也同样关系到区内植物的年生产能力和林地地表的径流程度,使植物根系的土壤穿透阻力增大。随着放牧强度的增加,土壤坚实度也增加,并呈现一种积累趋势,直至土壤密度呈相对衡定状态。

3.2.2.2 林下养殖对土壤含水量的影响

由于林下养殖能够改变土壤容重,而土壤容重的改变必将影响土壤的渗透性和蓄水能力,从而容易造成水土流失。林区内水土流失(地表径流和泥沙携带量)与放养强度呈正比,试验区与对照区的最大差值比达 13.2 倍。但需要指出,如果家畜践踏没有严重破坏植被,土壤侵蚀量会小到可以忽略。

目前,国内关于林下放牧和养殖对林地生态环境影响的研究相对较少。开展该领域的研究,是一项紧迫的课题。合理利用林下资源,科学发展林下养殖,实现近期得利,长期得林,以短养长,长短协调发展的良性循环,对提高农民营林造林的积极性,增强林业自身持续发展能力具有重要意义。同时,发展林下养殖也是充分利用林地资源,构建资源节约型、环境友好型社会的客观要求。充分利用林地生态环境条件,把单一林业引向复合林业,有利于转变林业经济增长方式,提高林地综合利用效率和经营效益,推动林业产业快速发展,实现农民增收和企业增效,使农民从林业经营中真正得到实惠。

3.2.1 林牧畜禽养殖生态技术

3.2.1.1 林牧畜禽养殖研究现状

林业是国民经济的重要组成部分,既是一项基础产业,又是一项关系生态环境建设的公益事业,肩负着优化生态环境和促进经济发展的双重使命。国内发展林牧结合畜禽养殖,具有自然条件优越,适宜发展经济林;林果业比较效益高,有利于增加农民收入;林牧结合产业兼容是生态畜牧业发展的现实要求,畜牧业是农民增收的重要途径之一,对照国内外现代畜牧业发展方式,在规模猪场周边发展经济林、就地消耗污染物是循环农业发展的重要内容,是治理养殖污染、改善生态环境的有效方法。据日本科学家研究,$1hm^2$ 树林每年可吸收二氧化硫 36kg;英国的研究成果则证明,有林地比无林地对二氧化硫的吸收量大 5～10 倍,灌木丛、草地大 2～4 倍。林牧结合造林的重点是选择发展经济林,发展经济林,既能直接提高森林覆盖率,又能推动生态示范区创建。

3.2.1.2 林牧畜禽养殖可借鉴模式

适合推广的林牧畜禽养殖模式,目前有以下几种类型:

(1)林下养鸡。林下养鸡最为常见,早先舍内育雏,40 日龄左右放牧。通常情况下,每 667m² 林地放养数量在 500 只左右。养殖牧地用铁丝网分区放牧,每周更换一块牧地。草肉鸡放养周期一般为 2~3 个月,每只可获纯利 3~5 元,放牧草蛋鸡则可获利每只 15 元以上。大片林地不实施分区轮牧,会对放牧产生诸多影响。一是树木病虫害防治时影响放牧。二是场地消毒时影响放牧。三是地面牧草及其他杂草难以生长。

(2)林下养羊,林下种植牧草,轮作花生、萝卜。基本上,每 0.4hm² 林地可放养 50 只羊。种植牧草、农作物秸秆、林木树叶等,能提供羊群必需的营养物质。据测算,此养殖模式下生产商品羊,可确保纯获利每只 150 元左右。

(3)鹅林草间作。1hm² 水面每批可养鹅 3000 只,每年可养 2 茬。据测算,正常情况下养商品鹅每只可获纯利润 2 元以上。

(4)林下养鸭。每个饲养单元占地 1333.33m²,其中鸭棚占地 540m²。鸭棚外前后运动场按 3m×4m 株行距种速生杨树 80 株。每批养鸭 2000 只,每年可养 5 茬。而且鸭场内的杨树长势非常好。

3.2.1.3 林牧禽畜养殖技术

(1)林地选择注意事项

选择养殖林地是前提基础,应注意如下几点:第一,地势要高,充足光照,良好通风;第二,交通便利,水源充足,电力充足;第三,林地周边无污染,无污染源,无寄生虫病原菌;第四,养殖壤土以沙壤土为最佳。

(2)选择适应性强、抗病性强的品种

林下禽畜养殖,多数以放牧为主,配舍饲补料,生产环境以粗放为主。针对特殊的养殖环境,务必遴选适应性强、抗病性强的品种,而且,以耐粗粮、觅食能力强的品种为上选。

(3)搭建禽舍注意问题

以林下养鸡为例,选择林地居中地段搭建禽舍。选用材料以土坯、砖木、稻草、竹竿、塑料薄膜、铁丝等为主,禽舍建设规模视鸡群规模大小而定。搭建简易鸡舍,高 2m 为适宜。地面铺设水泥地,或铺垫沙土,效果更好些。

（4）禽畜林下放牧管理

放牧初期,注意调教,加强管理。以林下养鸡为例,放雏鸡的头 5 天,建议将水槽、食槽等放置在距鸡舍约 1m 外的地方,诱使雏鸡逐渐适应周边环境。饲喂次数,早期按育雏次数饲喂,后期逐渐减少饲喂次数。放牧时间以晴天为主,清晨放出,傍晚唤回。留意气候变化,有天气突变时及时唤回。

（5）适当给予补饲补水

根据林地虫草情况,注意适当补饲。同时,场地内放置适量饮水器,补给充足洁净饮水。遇到阴雨天,适量补充精料,满足禽畜生长必需的营养物质。

（6）做好常见病的防治

以林下养鸡为主,重点做好禽流感、新城疫、鸡痘等病害的预防。一旦有疑似病例,及早隔离施治。视病情感染情况,轻症治疗,重症淘汰,避免交叉感染。

（7）加强消毒管理

林下禽畜养殖,严格消毒管理,对防病效果更好些。以林下养鸡为例,鸡群出栏后,对放牧地彻底清理,之后用生石灰、石灰乳等播撒消毒。或者,用二溴海因等喷雾消毒,效果较好些。林地每养完一批鸡,建议间隔一段时间再养殖。

（8）驱虫和防兽害

林下禽畜养殖,寄生虫病为常见多发病。外出放牧 30 天后,在清晨放牧前,建议空腹安排驱虫 1 次。之后,每间隔 30 天,驱虫 1 次,效果更好些。林地散养,预防兽类攻击同样很重要和关键。林下养鸡,老鼠、黄鼠狼、野犬等都应作为重点防治对象。

（9）做好中毒预防

树木喷药防治病虫害时,应先驱赶鸡群到安全的地方以防鸡只食入喷过农药的树叶青草而中毒。另外要保护好树木。因为鸡觅食力强,活动范围广,喜欢飞高栖息,啄皮啄叶,严重影响树木生长,所以在树干四周应用竹笆或纤维网圈好,对低矮树枝进行修剪,以免影响树木生长。

林牧结合养殖禽畜,对提升禽畜产量,加强林业生态建设,提升林地使用效率,降低养殖成本,增加牧民经济效益,有着极为重要的现实意义。经过多年的养殖实践,目前可尝试的林牧养殖模式有林下养鸡、林下养羊、林下养鹅、林下养鸭等,几种养殖模式的推广应用,应视林地实际情况而酌情选择。将此项技术推广开来,应注意:遴选适宜放牧林地;选择适应性强 、抗病性强的品种;科学搭建规划禽舍;放牧初期,注意调教,适当给予补饲补水;做好常见病的防治工作;加强消毒管理;例行必要的驱虫和防兽害工作;做好防中毒准备。只有将各项工作落实具体,方可实现林牧结合养殖禽畜的高效益。

3.3　农林牧复合农业生态工程

农林牧复合生态系统是由中国传统农业生态系统逐渐发展起来的高效利用农业资源,且适应发展中国家可持续发展需求的复合生态经济系统,在我国已得到广泛应用。该系统能够促进产业互补,节约资源,有利于提高经济效益,保持生态环境,实现农林牧业的可持续发展,具有广泛推广价值。

3.3.1　农林牧复合生态系统特征

农林牧复合生态系统是指在同一土地管理单元上,按照生态经济学原理,人为地把多年生木本植物与其他栽培植物及动物,在空间上或按一定的时序有机地排列在了一起,形成具有多种群、多层次、多产品、多效益特点的人工生态系统。概括地讲,农林牧复合生态系统可以从理论和实践两方面来认识:理论上,它是对生态学、经济学及工程学等学科的创造性运用和充实;实践上,它是一种拓展产业的体系,集农林牧渔于一体,实现了产业间经济互补、物质能量的多层互用和系统潜在的生态优势的发挥(图 3 - 2)。

农林牧复合生态系统不是农林牧业的简单结合,而是按照一定生态学和经济学原理人为地把某一生产单位或某一土地管理单元的农、林、牧生产,木本植物与其他栽培植物生产,家畜、家禽与水产品及其他养殖业生产,农副产品加工及运输业和服务业等在空间、时间及结构上按一定组合方式有机结合的资源综合管理和综合利用技术体系,具有以下突出特征:

(1)多样性。产品多样,空间、时间及结构结合起来,使系统结构向多组分、多层次、多时序、多产品和高效益发展,具有生产和保护双重功能及合理利用和保护农业资源的功能。

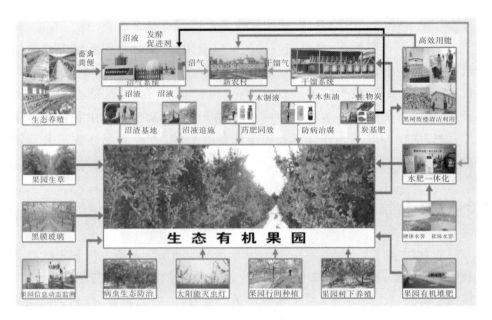

图 3-2　基于农林废弃物厌氧发酵与热解炭化的农林牧复合生态系统

（2）增值性。充分利用食物链及生态位原理,实现农林牧相互促进和协调发展,运用市场经济学原理实现了农林牧产品的多级加工增值。

（3）系统性。具有整体结构和功能,其组分之间进行物质与能量交流及经济效益联系。

（4）稳定性。以生态学和生态经济学原理为基础,注重各物种生物学、生态学特性及经济学原理的统一,结构复杂,功能完善,具有很强的生态稳定性。

（5）集约型。管理技术要求高,要充分考虑系统内各要素在功能和数量上相互依存、相互制约的关系,通过集约经营,既要使农业系统达到一定经济产出,又要保持和加强系统内各要素互利共生、协调发展。

（6）高效性。通过调节系统的组成和时间结构,提高第一性生物生产力,实现物质的多级利用和转化效率;通过提高系统的自组织能力和自维持能力,使系统达到高效、和谐、稳定发展。

3.3.2　农林牧复合生态模式及配套技术

农林牧复合生态模式是指借助接口技术或资源利用在时空上的互补性所形成的两个或两个以上产业或组分的复合生产模式。为了促进中国生态农业的健康发展,农业部科技司 2002 年向全国征集到 370 种生态农业模式或技术体系,通过专家反复研讨,遴选、提炼出经过一定实践运行检验、具有代表性的十大类型生态农业模式,并正式将此十大模式作为今后一段时间农业部的重点项目加以推广。当前,应用较广泛的有以下 3 种模式。

3.3.2.1　"粮饲-猪-沼-肥"生态模式及配套技术

基本内容包括:一是种植业由传统的粮食生产一元结构或粮食、经济作物生产二元结构向粮食作物、经济作物、饲料饲草作物二三元结构发展,饲料饲草作物正式分化为一个独立的产业,为农区饲料业和养殖业奠定物质基础;二是进行秸秆青贮、氨化和干堆发酵,开发秸秆饲料用于养殖业,主要是养牛业;三是利用规模化养殖场畜禽粪便生产有机肥,用于种植业生产;四是利用畜禽粪便进行沼气发酵,同时生产沼渣沼液,开发优质有机肥,用于作物生产。主要有"粮-猪-沼-肥"、草地养鸡种草养鹅等模式。主要技术包括秸秆养畜过腹还田、饲料饲草生产技术、秸秆青贮和氨化技术、有机肥生产技术、沼气发酵技术以及种养结构优化配置技术等。配套技术包括作物栽培技术、节水技术、平衡施肥技术等。

3.3.2.2　"林果-粮经"立体生态模式及配套技术

该模式在国际上统称为农林业或农林复合系统,主要利用作物和林果之间在时空上利用资源的差异和互补关系,在林果株行距中间开阔地带种植粮食、经济作物、蔬菜、药材乃至瓜类,形成不同类型的农林复合种植模式,也是立体种植的主要生产形式,一般能够获得较单一种植更高的综合效益。主要技术有立体种植、间作技术等。配套技术包括合理密植栽培技术、节水技术、平衡施肥技术、病虫害综合防治技术等。我国"农田林网"生态模式与配套技术也可以归结为农林复合这一类模式中。

3.3.2.3 "林果－畜禽"复合生态模式及配套技术

该模式是在林地或果园内放养各种经济动物,以野生取食为主,辅以必要的人工饲养,生产较集约化养殖更为优质、安全的多种畜禽产品,接近有机食品。主要有"林－鱼－鸭""胶林养牛(鸡)""山林养鸡""果园养鸡(兔)"等典型模式。主要技术包括林果种植和动物养殖技术。配套技术包括饲料配方技术、疫病防治技术、草生栽培技术和地力培肥技术等。

3.3.3 我国农林牧生态系统的实践意义

(1)产业互补,节约资源,提高经济效益。农业、林业和牧业都是经济基础产业,既为人类创造最基本的生活资料和生存环境,又为社会的文明和发展提供最初的推动力。农林牧复合系统可利用农林牧业各自优势,达到取长补短、增产增值、改善环境等综合效应。在系统中,部分林业用地可提供给农业和畜牧业经营使用,同时森林以外的其他土地也可被用来造林,以便提供用材林、薪炭林和其他森林副产品。

(2)保护生态环境,有利于农业的可持续性发展。农林复合生态系统多层次、多用途的结构,符合生态系统特定的物质循环、能量流动、信息传递以及节约能源、提高效率、保护环境等生态环境要求。实践中,生产者从自然、经济、社会的某些因子出发,选择生物组分来构建生产系统。在干旱缺水地区,农林牧复合生态系统可发挥其生态优势,林木系统的林冠可以截留水,枯枝落叶层及地被层可使降水渗入土层,减少表面径流和土壤冲刷,增加土壤湿度。一般认为,农林牧复合系统的目的在于保护生态环境,而不是破坏性掠夺自然资源,这符合当前提倡的可持续发展的环境保护战略。

(3)具有广泛的适应性,促进农林牧各业协调发展。农林牧复合生态系统在理论上受多种学科指导,能够达到更高的生态效益、经济效益和社会效益。在解决资源利用和环境保护、生态和经济的矛盾等方面起到有益的推动作用。农林牧产业间互补,是稳定农业的关键。

3.4　农工复合农业生态工程

农工一体化循环经济是以农业为起点,农业产业化和工业生态化相结合,按照自然生态系统物质循环和能量流动方式运行的物质闭环流动型经济和资源循环经济。其特点是:

(1)农工一体化循环经济的物质循环封闭于农业和工业,起点是绿色植物通过太阳能的作用转变成化学能,并常以高科技技术体系为支撑和依托,实现能量梯次使用。

(2)农工一体化循环经济结合了农业产业化和工业生态化,以资源的高效利用和循环利用为目标,以"减量化、再利用、资源化"为原则(3R 原则),从而延长了农业产后的产业链条,并与工业生态化有机地结合。

(3)农工一体化循环经济能实现农业各环节以及农业与工业的"无缝链接",协同了产业链各环节之间的关系,并组成一个闭环的绿色供应链。发展农工一体化循环经济是适应我国经济社会发展面临严峻的资源短缺和生态环境问题的双重压力下的必然选择。循环经济是人类社会特定历史发展阶段的产物。循环经济是作为传统"大规模生产、大规模消费、大规模废弃"工业经济发展模式对立物出现的,以"资源 – 产品 – 再生资源"的物质循环模式替代"资源 – 产品 – 废物"传统的线性物质流动方式,但是受制于企业的成本问题,产品在市场上可能没有竞争力,另外化石能源和耗散性物质(如一些化学试剂、部分有毒重金属和有机物质)难以实现循环,从而导致物质循环在经济上并不可行,总体物质循环率较低。

从循环经济理论演变看,生态产业链和绿色闭环供应链理论受到重视,"农业 – 工业 – 农业"的闭环的循环经济模式具有天然的优势。农工一体化循环经济,亦即"农业 – 工业 – 农业"的闭环的循环经济涉及人类物质生产的两次产业。与工业相比,农业,无论是原始农业、传统农业,还是现代农业,其劳动对象是有生命的动植物或微生物,更接近自然生态学意义上的食物链,而以采掘业为起点的工业内部的循环经济不过是对自然生态的模拟,同时单纯农业内部循环经济虽然具有生态理论上的优势,但现代农业的产前或产后环节必然涉及工业,而且随着人类社会科技和经济的发展,农业产业链条会自然地向工业领域延伸。从人类历史发展看,"天生弱质"的农业也需要工业提供生产手段,这也是农业发展的必然规律。因此,"农业－工业－农业"的闭环的循环经济自然是具有相对优势的一种模式,这种模式无论是从物质循环率等循环经济绩效指标看,还是对仍处于工业化中期的发展中的农业大国来说,都具有理论研究价值和现实意义。从发展生态农业的角度看,农工一体化循环经济是必然选择。现代农业是广泛应用现代科学技术、现代工业提供的生产资料和科学管理方法的社会化农业,这种以大量使用化肥、农药、塑料为特征的现代农业,必然造成能源过量消耗、资源受到掠夺性利用而遭到破坏、环境污染严重、生态环境失衡、生物多样性不断减少。我国农业生产已经面临着严峻的生态环境危机,全国水土流失面积已达 367 万 km^2,占国土面积的38%。20 世纪 90 年代成灾面积已相当于 50 年代的 2.73 倍。从世界发达国家农业发展的道路来看,我国正处于生态环境倒 U 形曲线的临界点,中国需要建立一个合理的、良性循环的可持续发展模式。发展农工一体化循环经济,必将成为一种趋势,也是我国农业实现可持续发展的必然选择。农工一体化循环经济是集成的农业和工业循环经济,是共生生态链组成的产业生态系统。通过延长农业产后链条,减少了农业产后的物流等环节,降低了农业和工业间产品的物流成本,从而实现了"以工补农",促进农业标准化、商品化、规模化、专业化、区域化发展,提高了农业的效益和竞争力,增加农民收入。农工一体化循环经济适应我国农业大国的国情和现状,对实现我国经济可持续发展和生态文明具有重要的现实意义。

3.4.1 农工一体化循环经济运行模式的构建

3.4.1.1 生态工业示范园区模式

广西贵港国家生态工业(制糖)示范园区是中国第一个国家级循环经济试点。该园区是以上市公司贵糖(集团)股份有限公司为核心,以蔗田系统、制糖系统、酒精系统、造纸系统、热电联产系统、环境综合处理系统为框架建设的生态工业(制糖)示范园区。该示范园区的 6 个系统分别有产品产出,各系统之间通过中间产品和废弃物的相互交换而相互衔接,形成一个较完整和闭合的生态工业网络。园区内资源得到最佳配置,废弃物得到有效利用,环境污染减少到最低水平。园区内主要生态链有两条:一是"甘蔗－制糖－废糖蜜－制酒精－酒精废液制复合肥－回到蔗田";二是"甘蔗－制糖－蔗渣造纸－制浆黑液碱回收"。此外还有制糖业(有机糖)低聚果糖;制糖滤泥－水泥等较小的生态链。这些生态链相互构成横向耦合关系,并在一定程度上形成网状结构。

生态链条中的各环节具体为:蔗田负责向园区提供高品质的甘蔗,保障园区制造系统有充足的原料供应;制糖系统生产出各种糖产品;酒精系统通过开发能源酒精、酵母精工艺,利用甘蔗制糖副产品废糖蜜生产出能源酒精和酵母精等产品;造纸系统利用甘蔗制糖的副产品蔗渣生产出高质量的生活用纸及文化用纸等产品;热电联产系统用甘蔗制糖的副产品蔗渣替代部分燃煤,实现热电联产,供应生产所必需的电力和蒸汽,保障园区整个生产系统的动力供应;环境综合处理系统为园区内制造系统提供环境服务,包括废气、废水的处理,生产水泥及复合肥等副产品;其蔗田系统为农业,制糖系统、酒精系统、造纸系统、热电联产系统、环境综合处理系统等 5 个系统为工业,共同组成了一个典型的农工一体化循环经济。

3.4.1.2　农工一体化循环经济组织模式

根据节点企业间关系的紧密程度,把农工一体化循环经济组织分为紧密型、半紧密型和松散型。

(1)紧密型农工一体化循环经济组织:是由核心企业投资组成的在生态产业链条上的一组企业,它们之间是靠产权连接的,这组企业可以是核心企业独立投资形成的,也可以是核心企业控股,还可以是核心企业参股,换一个角度,这组企业也可以看成是核心企业的纵向一体化。当然紧密型农工一体化循环经济组织也可以采用股份合作制的形式。企业间的协调与合作来自核心企业,因此组织协调和合作的成本低,经营不确定性低,也便于控制作为原料的农产品的供给和质量,但相对半紧密型和松散型农工一体化循环经济组织,组织结构僵化,由于不能分散经营,系统风险较大。

(2)半紧密型农工一体化循环经济组织:是靠合同连接的,企业间通过签订合同或订单,协调生态产业链条上企业间的合作关系。企业与农户的合作关系,目前有"企业+农户"型、"企业+专业合作社+农户"型和"企业+专业批发市场+农户"型等。半紧密型农工一体化循环经济组织的组织结构较灵活,节点企业具有较大独立性,但协调和合作仅能靠合同,适应市场变化的弹性不足,具有相对"刚性",协调成本较高。

(3)松散型农工一体化循环经济组织:完全靠市场连接,企业之间完全独立,合作和协调通过市场机制,成本高,不便于控制作为原料的农产品的供给和质量,但企业组织灵活。松散型农工一体化循环经济组织可以视为演变初期的组织形态。

3.4.1.3 农工一体化循环经济运作机制的构建

农工一体化循环经济组织的企业间存在物质循环、能量流动和信息共享。本书以半紧密型农工一体化循环经济组织为例,其运作机制的构建是保证物质循环、能量流动的有序性和信息共享的实现。

(1)合作伙伴的评价选择。农工一体化循环经济组织是通过选择构成生态产业链的各成员来确定其基本结构和运作方式的,可以说伙伴选择很大程度上决定了生态产业链运行的平稳程度和运行效能,选择合作伙伴是合作的第一步。其伙伴选择涉及被选企业的类型、资金状况、技术实力、信誉度、以往合作经历等诸多因素。同时,还涉及被选中的合作企业之间的文化契合度、运输距离和运输成本等问题。为此需要建立合作伙伴的评价标准,在进行综合评价的基础上选择确定合作伙伴。

(2)履约监督机制。履约监督机制属于农工一体化循环经济组织的控制系统的组成部分,具体包括质量、数量、价格、交货期和服务等,是对合作伙伴业绩的动态监测,应综合考虑监督成本、违约惩罚、违约潜在收益、违约潜在损失,以及违约信誉损失等,设置适当的履约监督机制,有效发挥控制系统的作用。

(3)激励约束机制。由于农工一体化循环经济组织的核心企业与合作伙伴之间,或合作伙伴之间存在信息不对称和信息不完全,就会产生逆向选择和败德行为。农工一体化循环经济组织处于一定的外部环境和合作伙伴内部治理环境下,作为激励约束主体的核心企业应选择合适的目标和方法,如何公平合理地分配共生能量是关键问题。

（4）冲突协调机制。冲突协调机制是消除农工一体化循环经济组织日常运行的摩擦和矛盾的必要手段，可以由核心企业出面来协调，也可以由合作伙伴间自行协调。农工一体化循环经济组织应该建立冲突协调的规则或圆桌会议制度，对例行的和例外的问题应有不同的协调解决机制。

（5）信息共享机制：农工一体化循环经济组织可看作由多个成员企业组成的组织网络信息系统。信息共享机制是以上 4 个机制的基础和支撑，是解决生态产业链中不确定性问题，提高各参与方的理性程度，提高协同决策效率的有效途径，也是生态产业链合作战略的基本要求。如何设计信息共享方案是信息共享机制的核心问题。

合作伙伴的评价选择、履约监督机制、激励约束机制、冲突协调机制和信息共享机制共同组成了农工一体化循环经济组织运作机制，各机制间相互联系和制约，保证了农工一体化循环经济组织的有效运行。

3.5　农渔结合农业生态工程

水产养殖具有饲料转化率高、经济效益好的特点，还是发展生态农业，形成良性循环的重要环节。稻田养鱼和复合基塘系统养殖已成为各地调整农业产业结构的一个热点。以市场为导向，因地制宜搭配种植和养殖品种，巧妙利用食物链营养关系，是田塘结合出高效的关键。现将几种具有良好生态经济效益的田塘结合农渔生态农业模式简介如下：

3.5.1　垄稻沟鱼模式

垄稻沟鱼不仅具有一般稻田养鱼的优点，而且垄作土壤水、肥、气、热比较协调，水分控制较容易，昼夜温差较大，有利于水稻根系发育和光合作用，也有利于病虫害防治等高产栽培措施的实施。垄稻沟鱼的垄沟深和宽各 25 ～ 35 cm，垄面宽 75 cm，分别挖宽、深各 60 ～ 70 cm 的环田鱼沟或"井"字形沟或"十"字形鱼沟（贮鱼沟），并做到垄沟分明。在水稻插秧定根回青后，每 667 m^2 放养杂食性的鲤鱼 300 ～ 400 尾、罗非鱼 200 尾和草鱼、鲢鱼 30 ～ 50 尾，同时投放粪料 100 ～ 150 kg 以培肥水质，并投放花生熬、米糠等精料。以后亦要保证充足的粪料和青饲料，一般每周投一次粪料（约 60 kg），青料投放则以鱼吃完为度。年投粪尿 2000 kg,青料 400 kg 左右。选用高抗品种等农业措施和高效低毒少残留的农药防治水稻病虫害,施药时放水把鱼赶到贮鱼沟,平时注意田间水质管理,除浅水涅垄促水稻回青和分蘖外,一般都保持垄沟有半沟水,扬花期则让水浸过垄面 3~6 cm,利于鱼儿取食落花落叶,并注意调控稻田水质,防止发臭发黑,影响稻田正常生长。

3.5.2 稻虾模式

稻虾生产模式与稻田养鱼模式相似,主要有稻田筑基种养和鱼垅式养殖两种类型。稻田筑基养虾的具体做法是 3 月下旬至 4 月初播种早稻,水稻收割后,在稻田四周开挖宽、深各 80~100 cm 的环田沟,并加高培厚田基,还可在稻田中挖宽、深各 25 cm 左右的“井”字形沟。同时,在田角挖泥筑基建一个小面积的田头虾苗标粗池,待虾苗标粗后再放入大田。也可在早稻生长期内,田间保持一定的水位,注意不用或选用对虾类影响较小的农药防治水稻病虫,实行稻田兼养麻虾。养殖期间,常年保持田面水深 50~60 cm,用花生麸配合黄粉、鸡饲料等喂养。平均每批麻虾产量为12.5 kg,一年可养 4 批,产量共 50 kg/667m²,按全年平均每千克麻虾 70 元计,每667m² 产值达 3500 元,每批成本 325 元/667m²,每 667m² 纯收入 2200 元。而鱼垅式养虾的稻田里有独立的排灌系统。每年 8 月中旬插植晚稻大秧,8 月下旬至 9 月初起陆续放养虾苗,每 667m² 投放 12.5~15 kg,品种以青虾为主、麻虾为辅,一次性投苗,第二年 1~5 月分批捕捞上市。

由于实行合理轮作和套种混养,稻虾模式养殖的虾比长期筑基虾池养殖的虾生长快、病害较少,水稻也比普通稻田成本低和增产,有利于稻田增产增收和可持续利用。

3.5.3 鱼塘种禾养鱼模式

鱼塘种禾养鱼模式中把水稻当作水生牧草,种水稻的目的不是为了收获稻谷,而是为了收割嫩绿的稻草养鱼。具体做法是,利用鱼苗放养前期无须大面积的水面养殖的时间和空间差,把一半左右面积的鱼塘当成稻田经营,鱼塘水排干后直接撒播稻谷种,至水稻孕穗前后再收割禾苗或灌水恢复鱼塘养鱼。一般是利用初秋时节,将其中一个塘的鱼捞起来养在另一个塘里,然后将空塘的水排干,撒上谷种（最好是茎叶生物产量大的杂优水稻品种和浮稻）。当禾苗初长成之时,就可适当灌水回塘,当禾苗长至可灌水 30 ~ 40 cm 左右水深时,又可放养细小的鱼花,实现以塘养塘、养鱼种禾两不误。由于塘泥土壤养分含量特别高,水稻营养生长茂盛,植株营养成分高,在冬季塘中禾苗正好成为塘鱼越冬的最佳食物。这在那些秋天干旱而要兼顾一定的灌溉功能的鱼塘具有更大的应用价值。也可在那些生育期不够的单季稻区和双季稻区,依照上述办法,利用水、肥条件较好的田、塘种稻养鱼。

3.5.4　凼仔养鱼模式

凼仔养鱼模式实质上是一种微型基塘系统,比较适合山区的农户选用。养鱼的凼仔多为屋边、山脚或为打砖等挖出的积水塘,旁边常为稻田所包围,凼仔面积从几平方米至几百平方米不等,水深常年保持 在 1 ~ 2 m 左右。塘中常常利用山泉水、小溪流等自流水进行流水高密度养鱼,平均每 667 m^2 鱼凼可养殖 2000 尾鱼以上,高的可达 1 万 ~ 2 万尾鱼。鱼塘水另一端则排放旁边的稻田肥田。由于山区一般山高林草多,各种饵料较丰富,而且池塘不易受到外源性污染物的污染,水量和水质较稳定,可混养鲢、鲤和草鱼等,还可适当放养一些名优新等高附加值品种,如胡子鲶、淡水白鲳、中华鳖、罗氏沼虾、河蟹等。凼基的面积约 20 ~ 30 m^2,基上一般种植瓜、菜、果树等,塘面搭瓜果棚架,塘边建厩可饲养禽畜,作物残茬及枯枝败叶可直接入塘养鱼。畜禽的粪便及残饵肥塘养鱼,塘底淤泥可作为瓜果的肥料,塘顶的瓜叶及果树的遮阴作用能为鸡鸭提供良好的栖息环境,从而形成了一个物质能量利用比较充分的良性循环基塘系统。平时的剩饭残菜和其他没有直接利用价值的农副产品,以及工作之余顺手割回的青草树叶,都是养鱼的好饵料,大大降低了种养的成本。大力推广凼仔养鱼模式是改善山区水产品供应的好办法,也是落后山区农民致富增收的一条捷径。

3.5.5　鱼菜共生模式

鱼菜共生是一种新型的复合耕作体系,它把水产养殖与蔬菜生产这两种原本完全不同的农耕技术,通过巧妙的生态设计,达到科学的协同共生,从而实现养鱼不换水而无水质忧患,种菜不施肥而正常成长的生态共生效应。让动物、植物、微生物三者之间达到一种和谐的生态平衡关系,是未来可持续循环型零排放的低碳生产模式,更是有效解决农业生态危机的最有效方法。鱼菜共生耕作体系有以下几种模式:

(1)直接漂浮法:用泡沫板等浮体,直接把蔬菜苗固定在漂浮的定植板上进行水培;这种方式虽然简单,但利用率不高,而且一些杂食性的鱼会有吃食根系的问题存在,需对根系进行围筛网保护,较为烦琐,而且可栽培的面积小,效率不高,鱼的密度也不宜过大。

(2)养殖水体与种植系统分离,两者之间通过砾石硝化滤床设计连接,养殖排放的废水先经由硝化滤床的过滤,硝化床上通常可以栽培一些生物量较大的瓜果植物,以加快有机滤物的分解硝化。经由硝化床过滤而相对清洁的水再循环入水培蔬菜或雾培蔬菜生产系统作为营养液,用水循环或喷雾的方式供给蔬菜根系吸收,经由蔬菜吸收后又再次返回养殖池,以形成闭路循环。这种模式可用于大规模生产,效率高,系统稳定。

(3)养殖水体直接与基质栽培的灌溉系统连接,养殖区排放的废液直接以滴灌的方式循环至基质槽或者栽培容器,经由栽培基质过滤后,又把废水收集返回养殖水体,这种模式设计更为简单,用灌溉管直接连接种植槽或容器形成循环即可。大多用于瓜果等较为高大植物的基质栽培,需注意的地方是,栽培基质必须选择豌豆大小的石砾或者陶粒,这些基质滤化效果好,不会出现过滤超载而影响水循环,不宜用普通无土栽培的珍珠岩、蛭石或废菌糠基质,这些基质因排水不好而容易导致系统的生态平衡破坏。

(4)水生蔬菜系统,这种方式就如中国的稻鱼共作系统,不同之处在于养殖与种植分离式共生,即于栽培田块铺上防水布,返填回淤泥或土壤,然后灌水,构建水生蔬菜种植床,把养殖池的水直接排放农田,再从另一端回流至养殖池,这样废水在防水布铺设下无渗漏,而水生蔬菜又能充分滤化废液,同样达到良好的生物过滤作用,有点类似自然的沼泽湿地系统。如茭白与鱼共生,水芋、慈姑等水生蔬菜的共生,都可以采用该系统设计。

鱼菜共生技术原理简单,实际操作性强,适用于规模化的农业生产,也可用于小规模的家庭农场或者城市的嗜好农业,具有广泛的运用前景。在具体的实践操作中,需注意的是鱼及菜之间比例的动态调节,普通蔬菜与常规养殖密度情况下,一般 1 m^3 水体可年产 25 kg 鱼,同时供应 10 m^2 的瓜果蔬菜的肥水需求。家庭式的鱼菜共生体系,一般只需 2~3 m^3 水体配套 20~30 m^2 的蔬菜栽培面积,就可基本满足 3~5 人家庭蔬菜及鱼产的消费需要,是一种极适合城市或农村庭院生产的农耕模式,也是未来都市农业发展的主体技术与趋势。

3.6　桑蚕鱼塘农业生态工程

桑蚕鱼塘养殖模式是一种综合养殖模式,它是我国水产研究在 19 世纪 50 年代根据我国当时水产养殖的特点而发展起来的养殖模式,它充分利用了能量流动、物质循环和种间互利共生,实现了鱼塘 – 桑树 – 蚕的综合养殖。在这种养殖模式中,养蚕的粪便或残渣可以作为鱼的饵料,鱼塘底层的塘泥为桑树提供肥料,桑树的桑叶又为家蚕提供了食料,这种养殖模式实现了物质循环利用。鱼塘的鱼为人们提供了优质的水产品,家蚕吐的丝可以制作丝绸,桑树的桑葚也可作为水果商品。近年来,我国南方根据稻田地形多变而发展起来的稻田养虾、稻田养蟹及稻田养鱼等技术,这不仅为虾、鱼、蟹提供了宽阔的活动空间,且养殖的虾、鱼、蟹摄食水稻的一些有害生物,减少了农药的使用。

3.7　农牧渔复合农业生态工程

3.7.1　农牧渔复合生态系统的优越性

农牧渔复合结构形成的条件大致可分为自然资源条件、社会经济条件和技术条件。首先要根据资源条件设计适宜的生态结构,安排好初级生产和次级生产。注重农田粮油生产是发展农牧渔复合结构的物质基础。其次是所设计的生物组合必须适应社会经济条件,特别是市场的需要。再者,要有相应的技术条件来保障系统生产过程的正常进行。农牧渔复合生态系统中生态上的互利关系和经济上的相互促进关系,使农田的投能转换率、产量水平和光能利用率都有所提高。太湖地区农牧渔复合系统的投能转换率较单一农业系统为高,而后者较日本水稻生产系统及中国北方旱作生态系统为高。

由于次级生产过程中养分可回收再循环,从而减少了系统外部肥料输入,这不仅降低了成本,还减少了资源的消耗。另外,农田产品通过次级生产的转化还是一个经济增值过程和消化剩余劳动力的过程。通过这个途径,提高了劳动报酬,试验系统内部每年从牧渔业转给农业的资金达 20 万元。系统还利用河、沟水面放养水花生,生物量每年每公顷可达 24t,回收氮、磷、钾分别为 411.8 kg、352.5 kg 和 930 kg。

系统直接从池塘初级生产获得的生物量如果不用来养鱼,这一部分能量就无法利用。系统中养猪养鱼劳力占农收渔三业劳动力的 50%,养猪养鱼使用的资金为农牧渔三业总投资的 82.5%,养猪养鱼的产值占三业总产值的 85.2%。所以复合结构为农村剩余劳动力的安排及经济的持续发展提供了有效途径。

农牧渔复合生态系统的优越性归结起来有 4 点:①扩大了对生物能源的利用而减少了对化石能源的依赖;②对营养物质进行循环利用,节约了资源;③提高了系统的总体经济效益;④改变了输出商品的单一结构,更好地满足了社会消费和人体营养需要。

3.7.2 农牧渔复合生态系统管理策略

农业生态系统是一个开放的商品生产系统,原材料和产品可通过商品交换而自由流通。用生态 – 经济 – 社会的系统观点来看系统的管理策略,应当确立三者兼容的目标。生态平衡是系统稳定健康发展的基础,是长远的经济效益,而经济上的稳定增长是系统演化的动力,满足社会的需要是生产的主要目的。

参考文献

[1] 程少博. 农工一体化循环经济运行模式探析[J]. 中国海洋大学学报(社会科学版), 2011(2).

[2] 郭俊尧, 袁从祎. 张庄村农牧渔复合生态系统功能[J]. 生态学报, 1987, 7(1):14-22.

[3] 洪传春, 刘某承, 李文华. 农林复合经营:中国生态农业发展的有效模式[J]. 农村经济, 2015(3).

[4] 黎华寿. 农渔结合的高效生态养殖模式[J]. 中国农村科技, 2002(2):56-57.

[5] 李朝晖, 俞冬兴. 农林牧复合生态系统理论与实践[J]. 防护林科技, 2006(6):54-54.

[6] 林晓春. 林牧结合畜禽养殖技术[J]. 中国畜牧兽医文摘, 2017(2).

[7] 卢政民. 西安生态养殖试验场农牧渔复合生态系统的结构与功能[J]. 辽宁农业科学, 1988(4).

[8] 马世龙. 林下养殖对长白山区林地生态系统及生态环境的影响[J]. 华章, 2014(2).

[9] 孟祥海, 周海川, 张郁, 等. 农牧渔复合生态养殖系统能值分析[J]. 生态与农村环境学报, 2016, 32(1):133-142.

[10] 邱凌. 以沼气为纽带的农牧复合生态工程优化设计与关键技术研究[D].西北农林科技大学,2005.

[11] 朱建勇. 我国生态养殖的发展现状存在问题与对策[J]. 农业与技术, 2015(4):175-176.

第4章　绿色有机食品农业生态工程

　　生态农业的本质特征,是利用生态技术体系,通过物质能量的多层次分级利用或循环利用,使投入生态系统的资源和能量尽可能地转化为健康无害化产品,达到废弃物最小化,以促进生态与经济良性循环,实现生态环境与经济社会相互协调和可持续发展。生态型产业的实质是现代经济发展的生态化,作为生态与经济一体化的产业形式,其形成与发展意味着既要实现终端产品的健康安全与环境无害化,又要将生态环境的保护、治理、建设、监测、评价与管理的专门化和规模化纳入经济运行与生产过程中,以获得最佳的生态、经济效益。

4.1　绿色与有机食品概念

4.1.1　有机农业

　　有机农业是一种农业生产方式,是遵照一定的有机农业生产标准,在生产中不采用基因工程获得的生物及其产物,不使用化学合成的农药、化肥、生长调节剂、饲料添加剂等物质,遵循自然规律和生态学原理,协调种植业和养殖业的平衡,采用一系列可持续发展的农业技术以维持持续稳定的农业生产体系的一种农业生产方式。

　　有机农业与传统农业相比较,有以下特点:一是可向社会提供无污染、好口味、食用安全的环保食品,有利于人民身体健康,减少疾病的发生。二

是可以减轻环境污染,有利于恢复生态平衡;三是有利于提高我国农产品
在国际上的竞争力,增加外汇收入;四是有利于增加农村就业、农民收入,
提高农业生产水平。

4.1.2　生态农业

生态农业是一种农业生产体系,是指在保护、改善农业生态环境的前
提下,遵循生态学、生态经济学规律,运用系统工程方法和现代科学技术,
以生态经济系统原理为指导建立起来的资源、环境、效率、效益兼顾的综合
性农业生产体系。

生态农业具有以下特点:一是生态农业强调发挥农业生态系统的整体
功能,以大农业为出发点,按"整体、协调、循环、再生"的原则,全面规划、调
整和优化农业结构,使农、林、牧、副、渔各业和农村一、二、三产业综合发
展,并使各业之间互相支持,相得益彰,提高综合生产能力;二是生态农业
针对我国地域辽阔,各地自然条件、资源基础、经济与社会发展水平差异较
大的情况,充分吸收我国传统农业精华,结合现代科学技术以多种生态模
式、生态工程和丰富多彩的技术类型装备农业生产,使各区域都能扬长避
短,充分发挥地区优势,各产业都根据社会需要与当地实际协调发展;三是
生态农业通过物质循环和能量多层次综合利用和系列化深加工,实现经济
增值,实行废弃物资源化利用,降低农业成本,提高效益,为农村大量剩余
劳动力创造农业内部就业机会,保护农民从事农业的积极性;四是发展生
态农业能够保护和改善生态环境,防治污染,维护生态平衡,提高农产品的
安全性,变农业和农村经济的常规发展为持续发展,把环境建设同经济发
展紧密结合起来,在最大限度地满足人们对农产品日益增长的需求的同
时,提高生态系统的稳定性和持续性,增强农业发展后劲。

4.1.3　绿色农业

绿色农业是一种农业生产经营方式,是一种新型农业,是指以生产并
加工销售绿色食品为轴心的农业生产经营方式。绿色农业是广义的"大农
业",其包括:绿色动植物农业、白色农业、蓝色农业、黑色农业、菌类农业、
设施农业、园艺农业、观光农业、环保农业、信息农业等。在具体应用上我
们一般将"三品",即无公害农产品、绿色食品和有机食品,合称为绿色农

业。绿色农业不是传统农业的回归,也不是对生态农业、有机农业、自然农业等各种类型农业的否定,而是避免各类农业的种种弊端,取长补短,内涵丰富的一种新型农业。

综上所述,生态农业针对的是农业生产体系;有机农业针对的是农业生产方式;绿色农业针对的是农业生产经营方式。三者"相辅相成,不可分割"。

4.1.4　无公害农产品

无公害农产品是指产地环境符合无公害农产品的生态环境质量,生产过程必须符合规定的农产品质量标准和规范,有毒有害物质残留量控制在安全质量允许范围内,安全质量指标符合《无公害农产品(食品)标准》的农、牧、渔产品(食用类,不包括深加工的食品)经专门机构认定,许可使用无公害农产品标识的产品。

4.1.5　绿色食品

绿色食品是指产自优良生态环境、按照绿色食品标准生产、实行全程质量控制并获得绿色食品标志使用权的安全、优质食用农产品及相关产品。

4.1.6　有机食品

有机食品是国际上对无污染天然食品比较统一的提法。有机食品通常来自于有机农业生产体系,根据国际有机农业生产要求和相应的标准生产加工的。有机食品的生产和加工,不使用化学农药、化肥、化学防腐剂等合成物质,也不用基因工程生物及其产物,因此,有机食品是一类真正来自于自然、富营养、高品质和安全环保的生态食品。

4.2　绿色与有机食品农业生态工程

4.2.1　无公害农产品生态工程

无公害农产品的生产过程中允许限量、限品种、限时间地使用人工合成的安全的化学农药、兽药、肥料、饲料添加剂等,它符合国家食品卫生标准,但比绿色食品标准要宽。无公害农产品保证了人们对食品质量安全最基本的需要,是最基本的市场准入条件,普通食品都应达到这一要求。产品是否无公害要通过检测来确定。无公害农产品首先在营养品质上应是优质,营养品质检测可以依据相应检测机构的结果,而环境品质、卫生品质检测要在指定机构进行。

无公害农产品的农业生产过程控制主要是农用化学物质使用限量的控制及替代过程。重点生产环节是病虫害防治和肥料施用。病虫害防治要以不用或少用化学农药为原则,强调以预防为主,以生物防治为主。肥料施用强调以有机肥为主,以底肥为主,按土壤养分库动态平衡需求调节肥量和用肥品种。

无公害农产品认证分为产地认定和产品认证。无公害农产品由农业部门认证,其标志的使用期为 3 年。全国统一无公害农产品标志标准颜色由绿色和橙色组成。标志图案主要由麦穗、对勾和无公害农产品字样组成,麦穗代表农产品,对勾表示合格,橙色寓意成熟和丰收,绿色象征环保和安全(图 4 - 1)。

图 4 - 1　无公害农产品标志

4.2.2　绿色食品生态工程

绿色食品生态工程是集传统农业、生物技术和现代化工程技术于一体的综合生产工艺体系。由于绿色食品已经国家工商局批准注册,按商标法有关规定,具备条件可申请使用绿色食品标志的产品有以下 5 类:

(1)肉,非活的家禽,野味,肉汁,水产品,罐头食品,盐渍,干制水果及制品,腌制,干制蔬菜,蛋品,奶及乳制品,食用油脂,色拉,食用果胶,加工过的坚果,菌类干制品,食物蛋白。

（2）咖啡,咖啡代用品,可可,茶及茶叶代用品,糖,糖果,南糖,蜂蜜,糖浆及非医用营养食品,糕点,代乳制品等五谷杂粮,面制品,膨化食品,豆制品,食用淀粉及其制品,饮用冰,冰制品,食盐,酱油,醋等调味品,酵母,食用香精,香料,家用嫩肉剂等。

（3）未加工的林业产品,未加工的谷物及农产品（不包括蔬菜、种籽）,花卉,园艺产品,草木,活生物,未加工的水果及干果,新鲜蔬菜,种籽,动物饲料（包括非医用饲料添加剂及催肥剂）,麦芽,动物栖息用品。

（4）啤酒,矿泉水和汽水以及其他不含酒精的饮料,水果饮料及果汁,固体饮料糖浆及其他供饮料用的制剂。

（5）含酒精饮品（除啤酒外）。

绿色食品标志的图形由3部分构成:上方的太阳、下方的叶片和中间的蓓蕾,象征自然生态。标志图形为正圆形,意为保护、安全。颜色为绿色,象征着生命、农业、环保（图4-2）。

我国绿色食品发展中心将绿色食品定为A级和AA级两个标准:

A级允许限量使用限定的化学合成物质,而AA级则禁止使用。A级和AA级同属绿色食品,除这两个级别的标识外,其他均为冒牌货。

A级绿色食品的标志与标准字体为白色,底色为绿色,防伪标签底色也是绿色,标志编号以单数结尾。AA级使用的绿色标志与标准字体为绿色,底色为白色,防伪标签底色为蓝色,标志编号的结尾是双数。

图4-2　绿色食品标志

A 级绿色食品标准要求:生产地的环境质量符合《绿色食品产地环境质量标准》,生产过程中严格按绿色食品生产资料使用准则和生产操作规程要求,限量使用限定的化学合成生产资料,并积极采用生物学技术和物理方法,保证产品质量符合绿色食品产品标准要求。

AA 级绿色食品标准要求:生产地的环境质量符合《绿色食品产地环境质量标准》,生产过程中不使用化学合成的农药、肥料、食品添加剂、饲料添加剂、兽药及有害于环境和人体健康的生产资料,而是通过使用有机肥、种植绿肥、作物轮作、生物或物理方法等技术,培肥土壤、控制病虫草害、保护或提高产品品质,从而保证产品质量符合绿色食品产品标准要求。

包装、标签上必须做到"四位一体",即绿色食品标志图形、"绿色食品"文字、编号及防伪标签须全部体现在产品包装上。凡标志图形出现时,必须附注册商标符号"R"。

在产品编号正后或正下方须注明"经中国绿色食品发展中心许可使用绿色食品标志"的文字,其规范英文为"Certified China Green Food Product"。

辨别时需要注意的几个问题:

(1)绿色食品未必都是绿颜色的,绿颜色的食品也未必是绿色无公害食品,绿色是指与环境保护有关的事物,如绿色和平组织、绿色壁垒、绿色冰箱等。

(2)无污染是一个相对的概念,食品中所含物质是否有害也是相对的,要有一个量的概念,只有某种物质达到一定的量才会有害,才会对食品造成污染,只要有害物含量控制在标准规定的范围之内就有可能成为绿色无公害食品。

(3)并不是只有偏远的、无污染的地区才能从事绿色无公害食品生产。在大城市郊区,只要环境中的污染物不超过标准规定的范围,也能够进行绿色无公害食品生产。

(4)并不是封闭、落后、偏远的山区及未受人类活动污染的地区等地方生产出来的食品就一定是绿色无公害食品,有时候这些地区的大气、土壤或河流中含有天然的有害物。

(5)野生的、天然的食品,如野菜、野果等也不能算作真正的绿色无公害食品,有时这些野生食品或者它们的生存环境中含有过量的污染物,是不是绿色无公害食品还要经过专门机构认证。

4.2.3　有机食品生态工程

有机食品生态工程通常指根据国际有机农业生产要求和相应的标准生产加工的有机食品生产体系。有机食品生态工程必须同时具备4个条件：

(1)原料必须来自已经建立或正在建立的有机生产体系,或采用有机方式采集的野生天然产品。

(2)产品在整个生产过程中必须严格遵循有机产品的加工、包装、贮藏、运输等要求。

(3)生产者在有机产品的生产和流通过程中,有完整的跟踪审查体系和完整的生产和销售的档案记录。

(4)必须通过合法的有机产品认证机构的认证。

有机食品的认证实行检查员制度,认证方式以检查为主,检测认证为辅,强调生产过程的质量安全措施的控制,重视农事操作记录、生产资料购买记录等。

一般基地要有1～3年的转换期。转换期只能发有机食品转换证书。有机食品证书有效期不超过1年,第二年必须重新进行检查颁证,有些食品每一批都要颁证,颁证的面积和产量必须和申报检查的一致。采用的是生产基地证、加工证和贸易证三证齐全。

4.2.3.1　中国有机产品标志

"中国有机产品标志"的主要图案由3部分组成,即外围的圆形、中间的种子图形及其周围的环形线条。标志外围的圆形形似地球,象征和谐、安全,圆形中的"中国有机产品"字样为中英文结合方式,既表示中国有机产品与世界同行,也有利于国内外消费者识别。标志中间类似于种子的图形代表生命萌发之际的勃勃生机,象征了有机产品是从种子开始的全过程认证,同时昭示出有机产品就如同刚刚萌发的种子,正在中国大地上茁壮成长。种子图形周围圆润自如的线条象征环形道路,与种子图形合并构成汉字"中",体现出有机产品植根中国,有机之路越走越宽广。同时,处于平面的环形又是英文字母"C"的变体,种子形状也是"O"的变形,意为"China

Organic"。绿色代表环保、健康,表示有机产品给人类的生态环境带来完美与协调。橘红色代表旺盛的生命力,表示有机产品对可持续发展的作用(图4-3)。

有机食品主要包括一般的有机农产品(例如有机杂粮、有机水果、有机蔬菜等)、有机茶产品、有机食用菌产品、有机畜禽产品、有机水产品、有机蜂产品、有机奶粉、采集的野生产品以及用上述产品为原料的加工产品。

国内市场销售的有机食品主要是蔬菜、大米、茶叶、蜂蜜、羊奶粉、有机杂粮、有机水果、有机蔬菜等。

图4-3　有机产品标志

4.2.3.2　有机食品标志

采用国际通行的圆形构图,寓意人类的生存离不开大自然的呵护,人与自然需要和谐美好的生存关系而制定的标志。有机食品标志的使用需要根据证书和《有机食(产)品标志使用章程》的要求,签订《有机食(产)品标志使用许可合同》,并办理有机/有机转换标志的使用手续才可以使用。该标志是加施于经农业部所属中绿华夏有机食品认证中心认证的产品及其包装上的证明性标识。

有机食品认证的新标准十分严格,有机蔬菜的独立包装上除了需贴上有机认证标签、认证单位之外,还需要有17位数字构成的有机码,供消费者溯源辨真伪。同时,该标准还规定,申请有机认证的每种产品,每出产一次都要接受一次检测。新规变动很大的一点就是"农残指标""不得检出",这一要求只能用"严苛"来形容,20 多个农残指标由"限制数量标准"变为"零残留",均要求不得检出(图 4 – 4)。

图 4 – 4　有机食品标志

4.3　农产品安全生产标准与生态技术

4.3.1　无公害农产品生产标准与生态技术

4.3.1.1　生产条件

无公害农产品生产基地或企业必须具备 4 条标准:①产品或产品原料产地必须符合无公害农产品(食品)的生态环境标准;②农作物种植、畜禽养殖及食品加工等必须符合无公害食品的生产操作规程;③产品必须符合无公害食品的质量和卫生标准;④产品的标签必须符合《无公害食品标志设计标准手册》中的规定。

4.3.1.2　农药、化肥施用准则

(1)农药使用准则:①提倡生物防治和生物生化防治;②使用高效、低毒、低残留的农药;③应"三证"齐全(农药生产登记证、农药生产批准证、执行标准号);④每种有机合成农药在一种作物的生长期内避免重复使用;

⑤禁止使用禁用目录中(含砷、锌、汞)的农药。

（2）肥料使用准则：①禁止使用未经国家或省农业部门登记的化学和生物肥料；②肥料使用总量(尤其是氮化肥总量)必须控制在土壤地下水硝酸盐含量在40mg/L以下；③必须按照平衡施肥技术，氮、磷、钾要达到合适比例；④以优质有机肥为主，肥料使用结构中有机肥所占比例不低于1∶1(纯养分计算)。

4.3.1.3　无公害食品生产的有害生物综合防治技术

（1）农业综合防治措施：①选用抗病良种：选择适合当地生产的高产、抗病虫、抗逆性强的优良品种，少施药或不施药，是防病增产经济有效的方法。②栽培管理措施：a.种子处理和苗床消毒；适时播种，培育壮苗；精心管理，改善农作物生态环境，清洁田园；b.蔬菜实行间作、轮作倒茬，如瓜类的轮作不仅可明显减轻病害而且有良好的增产效果；室棚蔬菜种植两年后，在夏季种一季大葱也有很好的防病效果；在棚室通风口设置细纱网，以防白粉虱、蚜虫等害虫的入侵；c.深耕改土、垅土法等改进栽培措施；d.推广无土栽培和净沙栽培。

（2）生物防治措施：以虫治虫；利用病原微生物；使用生物源农药；利用昆虫激素治虫；其他(利用天敌、利用生长调节剂)。

（3）物理防治措施：①晒种、温汤浸种：播种或浸种催芽前，将种子晒2~3天，可利用阳光杀灭附在种子上的病菌；茄、瓜、果类的种子用55℃温水浸种10~15分钟，均能起到消毒杀菌的作用；用10%的盐水浸种10分钟，可将混入芸豆、豆角种子里的菌核病残体及病菌漂出和杀灭，然后用清水冲洗种子，播种，可防菌核病，用此法也可防治线虫病。②利用太阳能高温消毒、灭病灭虫：菜农常用方法是高温闷棚或烤棚，夏季休闲期间，将大棚覆盖后密闭，选晴天闷晒增温，可达60~70℃，高温闷棚5~7天杀灭土壤中的多种病虫害。③嫁接栽培：利用黑籽南瓜嫁接黄瓜、西葫芦，能有效地防治枯萎病、灰霉病，且抗病性和丰产性高。④诱杀、驱避、阻隔害虫。⑤喷洒无毒保护剂和保健剂：蔬菜叶面喷洒巴母兰400~500倍液，可使叶面形成高分子无毒脂膜，起预防污染效果；叶面喷施植物健生素，可增加植株抗虫病害的能力，且无腐蚀、无污染，安全方便。⑥覆盖除草。

（4）科学合理施用农药：①合理使用农药：a. 在蔬菜生产上禁用农药品种：甲胺磷、乙酰甲胺磷、呋喃丹、甲基1605、久效磷、磷胺、三硫磷、氧化乐果、磷化锌、磷化铝、氰化物、杀虫脒、水胺硫磷、六六六、滴滴涕、敌枯双、普特丹、万灵粉、哒甲乳油、多灭灵、虫（虫兹）灵、甲甲磷、高效磷、敌甲畏、马甲磷、特杀灵、乐胺磷、双甲马拉磷、大灭乳油、速胺磷、速灭畏、速扑杀、久敌乳油、敌甲治乳油、治螟磷乳油、敌甲乳油、甲基异柳磷、高渗氧乐果、增效甲胺磷、喹硫磷（爱卡士）、高渗喹硫磷、灭多威、氧乐氰乳油、克蚜螟乳油、3911、苏化203、1605、1059、杀螟威、异丙磷、氟乙酰胺、砒霜、西力生、赛力散、溃疡净、氯化苦、二溴氯丙烷、401、二溴乙烷、氯丹、培福朗、18%蝇毒磷乳粉、汞制剂、赛丹、益舒宝、铁灭克、速蚧克、大风雷、万铃灵乳油、丹氯乳油、杀螟灭乳油、氧乐酮、叶胺磷、跳甲绝、马拉硫磷、杀虫威。b. 农田灭鼠禁用鼠药品种：三步跳、三步倒、特效气体灭鼠膏、王中王、特效灭鼠药、超级膏王、邱氏鼠药、闻气即死小霸王、威力诱杀迷鼠精、毒鼠灵（毒鼠强）、神奇快杀灵、好猫、快速灭鼠药、气体麻醉杀鼠灵、快杀灵、超霸鼠药、闻到即死、神猫灭鼠精、灭鼠聚杀灵、超级气体、最后晚餐、气体超级膏王、滴滴香、神奇诱鼠精、气体鼠药、诱鼠穿心丸、灭鼠神、快快灭鼠剂、灭鼠一扫光、香杀迷鼠精、死光光、三秒得、鼠必死等。②优先使用生物源农药，限量合理使用矿物源农药和高效低毒农药，其选用品种、使用次数和方法及安全间隔期，必须符合相关规定。③提倡使用高效低毒农药。④严格执行国家有关规定，禁止使用高毒高残留农药。⑤蔬菜生产基地农药的销售和使用遵照《中华人民共和国农药管理条例》和《中华人民共和国农药管理条例实施办法》的规定。

（5）无公害食品生产的施肥技术：以有机肥为主，辅以其他肥料；以多元复合肥为主，单元素肥料为辅；以施基肥为主，追肥为辅。①增施有机肥；②提倡使用生物肥料；③科学施用化学肥料；④合理施用微肥。

4.3.2　绿色食品生产标准与生态技术

4.3.2.1　绿色食品技术标准

（1）产地环境标准，即《绿色食品产地环境技术条件》（NY/T 391），具体有:①产地的空气质量标准;②农田灌溉水质标准;③渔业水质标准;④畜禽养殖用水标准;⑤土壤环境质量标准。

(2)生产技术标准:绿色食品生产过程的控制是绿色食品质量控制的关键环节。它包括绿色食品生产资料使用准则和绿色食品生产技术操作规程两部分,包括农产品种植、畜禽饲养、水产养殖和食品加工等技术操作规程。

(3)食品产品标准:①绿色食品生产资料使用准则:包括生产绿色食品的农药、肥料、食品添加剂、饲料添加剂、兽药和水产养殖药的使用准则,对允许、限制和禁止使用的生产资料及其使用方法、使用剂量、使用次数和休药期等做出了明确规定。②绿色食品生产对饲料的规定包括:至少80%的饲料来源于已批准的绿色饲料生产基地或产地,符合绿色食品产地环境技术条件;允许20%的饲料来源于常规饲料;禁止使用鸡粪等畜禽粪便;禁止使用转基因方法生产的饲料;禁止使用动物油脂、骨粉等;禁止使用药物性饲料添加剂;禁止使用激素、安眠镇静类饲料添加剂;禁止使用尿素等非蛋白氮类饲料添加剂。③绿色食品产品标准:衡量绿色产品最终产品质量的指标尺度。规定了食品的外观品质、营养品质和卫生品质等内容,但其卫生品质要求高于国家现行标准,主要表现在对农药残留和重金属的检测项目种类多、指标严。

(4)食品包装、贮藏运输标准:①包装标准:进行绿色食品产品包装时应遵循的原则,包装材料选用的范围、种类,包装上的标识内容等。要求产品包装从原料、产品制造、使用、回收和废弃的整个过程都应有利于食品安全和环境保护,包括包装材料的安全、牢固性,节省资源、能源,减少或避免废弃物产生,易回收循环利用,可降解等具体要求和内容。②标签标准:除要求符合国家《预包装食品标签通则》外,还要求符合《中国绿色食品商标标志设计使用规范手册》的规定,该《手册》对绿色食品的标准图形、标准字形、图形和字体的规范组合、标准色、广告用语以及在产品包装标签上的规范应用均做了具体规定。③贮藏运输标准:对绿色食品贮运的条件、方法、时间做出规定,以保证绿色食品在贮运过程中不遭受污染、不改变品质,并有利于环保、节能。

4.3.2.2 绿色食品生产的生态工程技术

(1)绿色食品生产的生态环境质量本底调查包括有:①历史上的污染情况;②污染源调查;③农业本底值调查,包括:大气:SO_2,N_2O,TSP,CO等;水质:COD,BOD,氮氧化物,硬度,总磷,重金属,氯,氰化物,砷,农药残留;土壤:氮氧化物,NO_3^-,总磷,氰化物,砷,农药残留等。

(2)绿色食品施肥技术:提高土壤有机质含量是关键。

(3)有害生物防治技术:施药原则(利用生物源和矿物源农药;禁用有机合成农药;禁用"三致"农药;最后一次用药采收间隔天数不少于10~30天)。

(4)灌溉措施及技术:原则:灌溉保证作物对水的需求,不得对绿色食品和环境造成污染;使用节水灌溉技术。对灌溉水加以监测,并采取防污保护措施;总结和运用节水的耕作措施,吸收先进灌溉技术。

4.3.3 有机食品生产标准与生态技术

4.3.3.1 有机食品生产的环境

选择符合标准的地区进行有机农业生产。避免在废水污染源和固体废弃物(如:废水排放口、污水处理池、排污渠、重金属含量高的污灌区和被污染的河流、湖泊、水库以及冶炼废渣、化工废渣、废化学药品、废溶剂、尾矿粉、煤矸石、炉渣、粉煤炭、污泥、废油及其他工业废料、生活垃圾等)周围进行有机农业生产。

严禁未经处理的工业废水、废渣、城市生活垃圾和污水等废弃物进入有机农业生产用地,采取严格措施防止可能来自系统外的污染。

(1)农作物物品种的选择:有机种子是专门为从事有机栽培的农场或客户生产的、完全不采用化学处理的农作物种子。目前中国还处于有机种子的探索阶段,国内的企业还多依赖于种子的进口,不过一些有远见的企业已经开始涉足这一领域。前景是光明的,道路是曲折的,不管怎么说,有了好的开始就会进步的。

(2)土壤培肥:有机农业要求利用有机肥和合理的轮作来培肥土壤。有机肥主要使用本系统生产的、经过1~6个月充分腐熟的有机肥料,包括没有污染的绿肥和作物残体、泥炭、蒿秆、海草和其他类似物质以及经过堆积处理的食物和林业副产品。经过高温堆肥等方法处理后,没有虫害、寄生虫和传染病的人粪尿和畜禽粪便可作为有机肥料使用。也可以使用系统外未受污染的有机肥料,但应有计划地逐步减少使用的数量。

(3)病虫害防治要求:农业措施、生物防治、生态防治、物理防治杂草控制。

(4)生产要求

①栽培的种子和种苗(包括球茎类、鳞茎类、植物材料、无性繁殖材料等)必须来自认证的有机农业生产系统。它们应当是适合当地土壤及气候条件,对病虫害有较强的抵抗力。选择品种时应注意保持品种遗传基质的多样性,不使用由基因工程获得的品种。

②严禁使用化学物质处理种子。在必须进行种子处理的情况下,可使用允许的物质和材料,如各种植物或动物制剂、微生物活化剂、细菌接种和菌根等来处理种子。

③用于有机作物和食品生产的微生物必须来自自然界,不使用来自基因工程的微生物种类。

④严禁使用人工合成的化学肥料、污水、污泥和未经堆制的腐败性废弃物。

⑤在有机农业生产系统内实行轮作,轮作的作物品种应多样化。提倡多种植豆科作物和饲料作物。

⑥主要使用本系统生产的、经过 1~6 个月充分腐熟的有机肥料,包括没有污染的绿肥和作物残体、泥炭、蒿秆、海草和其他类似物质以及经过堆积处理的食物和林业副产品。经过高温堆肥等方法处理后,没有虫害、寄生虫和传染病的人粪尿和畜禽粪便可作为有机肥料使用。也可以使用系统外未受污染的有机肥料,但应有计划地逐步减少使用的数量。

⑦可以在非直接生食的多年生作物以及至少 4 个月后才收获的直接生食作物上使用新鲜肥、好气处理肥、厌气处理肥等。但是,供人们食用的蔬菜不允许使用未经处理的人畜粪尿。

⑧允许使用自然形态(未经化学处理)的矿物肥料。使用矿物肥料,特别是含氮的肥料(如:干血、泥浆等)时,不能影响作物的生长环境以及营养、味道和抵抗力。

⑨允许使用木炭灰、无水钾镁矾、未经处理的海洋副产品、骨粉、鱼粉和其他类似的天然产品,以及液态或粉状海草提取物,允许使用植物或动物生产的产品,如生长调节剂、辅助剂、湿润剂、矿物悬浮液等。

⑩禁止使用硝酸盐、磷酸盐、氯化物等营养物质以及会导致土壤重金属积累的矿渣和磷矿石。

⑪允许使用农用石灰、天然磷酸盐和其他缓溶性矿粉。但天然磷酸盐的使用量,不能使总氟含量平均每年每 $667\mathrm{m}^2$ 超过 0.35 kg,温室平均每年每 $667\mathrm{m}^2$ 超过 0.7 kg。

⑫允许使用硫酸钾、铝酸钠和含有硫酸盐的痕量元素矿物盐。在使用前应先把这些物质配制成溶液,并用微量的喷雾器均匀喷洒。

⑬严禁使用人工合成的化学农药和化学类、石油类以及氨基酸类除草剂和增效剂,提倡生物防治和使用生物农药(包括植物、微生物农药)。

⑭允许使用石灰、硫黄、波尔多液、植物制剂、醋和其他天然物质来防治作物病虫害。但含硫或铜的物质以及鱼藤酮、除菌菊和硅藻土必须按规范中的规定使用。

⑮允许使用皂类物质、植物性杀虫剂(如:鱼尼丁、泥巴草等)和微生物杀虫剂以及外激素、视觉性和物理捕虫设施防治虫害。

⑯提倡用平衡施肥管理、早期苗床准备和预先打穴、地面覆盖结合采用限制杂草生长发育的栽培技术(轮作、绿肥、休闲)等措施以及机械、电力、热除草和微生物除草剂等方法来控制和除掉杂草。可以使用塑料薄膜覆盖方法除草,但要避免把农膜残留在土壤中。

(5)畜禽生产

①选择适合当地条件、生长健壮的畜禽作为有机畜禽生产系统的主要品种。在繁殖过程中应尽可能减少品种遗传基质的损失,保持遗传基质的多样性。

②可以购买不处于妊娠最后 1/3 时期内的母畜。但是,购买的母畜只有在按照有机标准饲养 1 年后,才能作为有机牲畜出售。可从任何地方购买刚出壳的幼禽。

③根据牲畜的生活习性和需求进行圈养和放养。给动物提供充分的活动空间、充足的阳光、新鲜空气和清洁的水源。

④因养绵羊、山羊和猪等大牲畜时,应给它们提供天然的垫料。有条件的地区,对需要放牧的动物应经常放牧。

⑤牲畜的饲养环境应清洁和卫生。不在消毒处理区内饲养牲畜,不使用有潜在毒性的材料和有毒的木材防腐剂。

⑥通常不允许用人工授精方法繁殖后代。严禁使用基因工程方法育种。禁止给牲畜预防接种(包括为了促使抗体物质的产生而采取的接种措施)。需要治疗的牲畜应与畜群隔离。

⑦不干涉畜禽的繁殖行为,不允许有割禽畜的尾巴、拔牙、去嘴、烧翅膀等损害动物的行为。

⑧屠宰场应符合国家食品卫生的要求和食品加工的规定,宰杀的有机牲畜应标记清楚,并与未颁证的肉类分开。有条件的地方,最好分别屠宰已颁证和未颁证的牲畜,屠宰后分别挂放或存放。

⑨在不可预见的严重自然、人为灾害情况下,允许反刍动物消耗一部分非有机无污染的饲料,但其饲料量不能超过该动物每年所需饲料干重的 10%。

⑩人工草场应实行轮作、轮放,天然牧场避免过度放牧。

⑪禁止使用人工合成的生长激素、生长调节剂和合成的饲料添加剂。

4.4 食品安全环境评价与保障体系

食品是人类生存和发展的最基本物质,人类在对食品永不满足需求的同时,也不断地促进和发展了食品的生产,今天食品工业已是许多国家在各个产业中名列前茅的重要支柱产业。对于食品而言,安全性本来是食品最基本的要求,食品应具有安全、营养和食欲 3 个基本要素,其中安全则是消费者选择食品的首要标准。但近年来在世界范围内不断出现食品安全事件,如英国"疯牛病"事件,比利时"二噁英"事件,日本的"O-157"事件以及国内发生的苏丹红色素、吊白块、毒米、毒油、孔雀石绿、瘦肉精等事件,使得全球食品安全形势十分严峻,日益严重的环境污染和频繁发生的食品安全事件给人类生命与健康带来巨大威胁,并已成为全球关注的两大热点问题。

4.4.1 环境与食品安全

(1)原生环境与食品安全:原生环境是指天然形成,并且基本上未受人为活动影响的自然环境。其中存在着对人体健康有利的许多因素,例如,清洁和具有正常化学组成的水、空气、土壤、适宜的的太阳辐射,都对健康起促进作用。

但在有些地区,原生环境对人群健康也会带来不良影响。例如,由于地理地质原因,有的地区的水或土壤出现某些元素过多或过少的现象,从而影响当地居民摄入这些元素的数量,引起各种类型生物地球化学性疾病(地方病)。如由缺碘导致的地方性甲状腺肿,由缺硒导致的克山病,以及地方性氟病、慢性砷中毒、慢性硒中毒等元素慢性中毒。

(2)次生环境与食品安全:次生环境是指由于人类社会生产活动改变了原生的自然环境,从而给人类的生产生活带来一系列不利的因素,甚至造成生态系统的破坏,因此发生的环境问题,称为次生环境问题,又称二次环境问题。

无论是发展中国家还是发达国家,随着人类对环境与资源不适当或过度的开发和利用,使得地球资源、自然环境和种群所面临的危机逐步升级,更使得环境污染问题越来越突出。伴随着工业化和城市化的加快,有毒有害的污染物种类和数量都在不断增加,当各种污染物进入大气、水体以及土壤,其数量、浓度和持续时间超过了环境的自净能力,以至于破坏生态平衡,影响人体健康,就会造成环境污染。环境污染可以使环境中的物质组成发生改变,而且环境污染物可以通过大气、水体、土壤和食物链等多种途径对人体产生影响,从而产生由环境污染而引起的食品安全问题。

4.4.2 大气污染与食品安全

大气污染(air pollution)是指人类活动向大气排放的污染物或由它转化成的二次污染物在大气中的浓度达到有害程度的现象。大气污染物的种类很多,其理化性质非常复杂,毒性也各不相同,主要来源为矿物燃料(如煤和石油等)燃烧和工业生产。大气污染物对农作物的危害种类也很多,如二氧化硫、酸雨、氧化剂、氟化物、汽车尾气、粉尘等。长期暴露在污染空气中的动植物,由于其体内外污染物质增多,可造成其生长发育不良或受阻,甚至发病或死亡。人类食物都直接或间接来自动植物,大气污染也会影响食品的安全性。

(1)大气污染物来源及对食品安全性的影响:二氧化硫(sulfur dioxide)作为一种常见的空气污染物,比任何其他污染物的历史更悠久。大气中SO_2的来源分为天然来源和人工来源,其中有 4 类天然排放源:海洋雾沫,它们会夹带一些雾沫到空中;土壤中某些有机体,如动物死尸和植物枯枝在细菌作用下可分解产生某些硫化物,继而转化为SO_2;火山爆发,也将喷出可观量的SO_2气体;雷电和干热引起的森林火灾也是一种天然SO_2排放源,因为树木也含有微量硫。人工排放源主要是矿石燃料、煤、油的燃烧,有色金属冶炼、硫酸厂等。SO_2是我国大气污染中的主要污染物,随着我国经济的迅速发展,以煤为主要能源的消耗量不断增加,使大气中SO_2浓度持续增加,因而对农业生产环境造成了严重的危害。对于不同作物的生长而言,SO_2对其影响是不一样的,如SO_2可降低油菜相对生长速率的变化;而对大豆干物质积累,叶面积和株高增长以及棉花生物量均有明显抑制作用。对于农作物来说,不同的作物其产量和品质构成因子也是不一样的,SO_2对油菜、菜豆、番茄和胡萝卜产生影响很大,可造成作物严重减产,并对游离氨基酸、叶片含糖量产生较大影响。

自 20 世纪 70 年代以来,全球SO_2的产生量平均每年以 5% 的速率递增,到 20 世纪末已超过 3.7×10^8t。据统计,1995 年我国SO_2的发生量为 2.37×10^7t,居全世界第 1 位。

酸雨(acid rain)是由大气污染而造成的,酸雨中含有多种无机酸和有机酸,其中绝大部分是硫酸和硝酸,多数情况下以硫酸为主。根据世界各地酸雨成分分析发现,酸雨中 90% 以上是硫酸和硝酸,尤以硫酸含量最高,这说明从污染源排放出的SO_2和NO_x是形成酸雨的主要起始物。酸雨通过两种途径影响农作物,一种是直接接触植物的营养器官和繁殖器官,影响其生长和生产力;另一种是逐渐影响土壤,改变其物理、化学和生物学性质,通过较长时期使土壤肥力下降,从而间接影响农作物的生长和生产力。从衡量农作物生长的各项指标来看,酸雨对农作物的生长有抑制作用,但不同作物对酸雨的抗性又不一样,且随着时间的延长,对酸雨的抗性有增强的趋势。

氟化物(fluorid)包括氟化氢(HF)、氟化硅(SiF_4)、氟硅酸($HSiF_6$)、氟化钙(CaF_2)微粒等。引起大气污染的氟化物,主要来自砖瓦、水泥、陶瓷、磷肥、电解铝、含氟药物、农药、塑料、橡胶、冷冻机的制造、加工行业,另外,燃烧煤炭产生的烟气中也含有大量氟化物。砖瓦厂排放的氟化物,主要来自于土壤原料——砖坯。高温灼烧,可使土壤中较稳定的氟化物转变为气态氟化氢和四氟化硅,并从烟道排放到大气中。

氟化物对食品的污染主要分为两类:

①生活燃煤污染型,这种类型的污染表现为对食品的直接污染。在一些高寒山区,气候寒冷潮湿,烤火期长,粮食含水量高,需煤火烘烤,故居民终年煤火不息。这些地区煤储量丰富,而煤质低劣,高氟高硫,加之当地落后的燃煤方式,使用简陋的燃煤炉灶,甚至直接在室内燃烧,在室内贮存、烧制的粮菜被污染严重,居民食用后可引起中毒。

②工业生产污染型。氟具有在生物体内积累的特点,农作物可直接吸收空气中的氟化物,受氟污染的农作物除了会使污染区域的粮菜生物食用安全性受到影响外,氟化物还会通过禽畜食用牧草后进入食物链,对食品造成污染。

氯化物(chlorid)污染主要是氯气的污染。大气中的氯气浓度很低,只有在化工厂、电化厂、农药厂、塑料厂、玻璃厂、冶炼厂、自来水净化厂等发生泄漏时,氯气才会造成植物急性危害。氯的化学性质远不如氟,主要以氯气单质形态存在于大气中。氯气进入植物组织后产生的次氯酸是较强的氧化剂,由于其具有强氧化性,会使叶绿素分解。症状是:叶尖黄白化,渐及全叶;伤斑不规则,边缘不清晰,呈褐色;妨碍同化作用,乃至坏死;玉米呈浅褐色棱状斑;杨树叶呈褐色、卷曲或枯萎;菠菜叶面出现黄斑、梢卷曲等,所有植物均可受害。

粉尘(dust)可由爆炸、粉末状物质的混合、过筛、包装、搬运等产生。沉积于工作环境的降尘由于震动或气流的影响,重又悬浮于空气中成为二次扬尘,也是粉尘的颗粒来源之一。煤的燃烧也可产生烟尘,烟尘由炭黑颗粒、煤粒和飞灰组成。固定的尘埃与雾或细雨相结合后落到植物叶子上时,能使植物受到损害。粉尘水溶液呈现的酸性或碱性能使叶片细胞受害,角质层解体或出现坏死性斑点。污染物中的重金属及其他颗粒成分也会造成植物组织损伤。煤烟直接危害作物,使果蔬品质下降。

(2)预防大气污染对食品造成危害的措施:控制大气污染最主要的措施就是改变能源消费结构,采用清洁能源或进行新能源的开发,减少 SO_2、NO_X、氟化物、粉尘的排放,改进燃烧装置和燃烧技术,提高燃烧效率和降低其排放量;采用无害生产工艺或低污染的生产工艺,加强企业管理。

①采用脱硫脱氮技术。包括燃烧前脱硫、燃烧中脱硫、燃烧后脱硫以及排烟脱氮。

②植物净化。植物对 SO_2 的净化作用大致包括两部分,一是植物表面附着粉尘等固体污染物而吸附一部分 SO_2;二是 SO_2 通过植物体表面被吸收到体内后进而转化或排出体外。

③提高农作物抗性。由于农作物的可塑性和环境条件对污染物的作用,人工措施在一定程度上可以提高农作物的抗性或降低污染物的伤害,而间接提高农作物的抗性。包括筛选培育抗性品种、抗性锻炼、水肥调控和施用生理活性物质。

4.4.3　水体污染对食品安全性的影响

水体(water body)有两个含义:一般是指河流、湖泊、沼泽、水库、地下水、海洋的总称,在环境学领域中则把水体当作包括水中的悬浮物、溶解物质、底泥和水生生物等完整的生态系统或完整的综合自然体来看。

随着工业、农业生产的发展和城市人口的增加,工业废水和生活污水的排放量日益增加,大量污染物进入河流、湖泊、海洋和地下水等水体,使水和水体底泥的理化性质或生物群落发生变化,造成水体污染。

(1)水体主要污染物和来源:水体中的污染物种类很多,一般分为无机污染物、致病微生物、植物营养素、好氧污染物和重金属离子 5 类。

无机污染物主要来自炼焦、电镀、塑料、化肥、硫酸和硝酸等工厂排出的废水,如各种氢氰酸、氰化钾、硫酸、硝酸等。致病微生物主要来自生物制品、制革业、饲养场和生活污水,有各种病菌、病毒和寄生虫等种类。植物营养素主要来自食品、化肥、工业废水和生活污水,有硝酸盐、亚硝酸盐、铵盐和磷酸盐等。这些营养素如果在水中大量积累,造成水的富营养化,使藻类大量繁殖,导致水质恶化。好氧微生物主要来自食品工业、造纸工业、化纤工业排放的污水及生活污水,当水中微生物分解这些有机物时,要消耗水中的溶解氧,使水中缺氧,并产生硫化氢、氨等气体,使水质恶化。

(2)污水灌溉对食品安全性的影响:污水灌溉(sewage irrigation)是利用经过一定处理或未经处理的污水、工业废水或生活与工业混合污水灌溉农田、牧场等。

水体污染引起的食品安全性问题,主要是通过污水中的有毒物质在动植物中积累而造成的。水体污染能直接引起水生生物中有害物质的积累,而对陆生生物的影响主要通过污灌的方式进入。污灌中重金属污染是引起食品安全问题的原因之一。矿山、冶炼、电镀、化工等工业废水中常含有大量重金属物质,如汞、镉、铜、铅、砷等,未经过处理的或处理不达标的污水灌入农田,会造成土壤和农作物的污染。随污水进入农田的有害物质,能被农作物吸收和累积,以致其含量过高,甚至超过人畜食物标准,而造成对人体的危害。

(3)水污染对水产品质量安全性的影响:由于工业排污、城镇生活排污、农业面临排污和事故性排污等方面的影响,水产养殖区域水质恶化,主要污染物为无机氮、磷酸盐、石油类和重金属。

水体污染引起的食品安全性问题,主要是通过污水中的有害物质在动植物中累积而造成的。污染物随污水进入水体以后,能够通过植物根系向地上部分以及果实中转移,使有害物质在作物中累积,同时也能进入生活在水中的水生动物体内蓄积。污水中的酚类物质、石油废水以及重金属均可对鱼类等水生生物造成毒性。

(4)食品加工用水对食品安全性的影响:目前在国内市场上,发现用双氧水,即3%过氧化氢(H_2O_2)的水溶液来漂白、泡发、保存诸如牛百叶、鸭掌、虾仁、鱿鱼等。双氧水有漂白、杀菌作用,但残留的过氧化氢能与蛋白质、淀粉发生反应生成过氧化物,进入人体后会破坏消化酶、刺激消化道,并有诱发癌症的危险。

生产用水(冰)的卫生质量是影响食品卫生的关键因素,食品加工厂应有充足供应的水源,对于任何食品的加工,首要的一点就是要保证水的安全。食品加工企业首先要考虑与食品接触物或与食品接触物表面接触用水(冰)的来源,处理应符合有关规定,并要考虑非生产用水及污水处理的交叉污染问题。

4.4.4　土壤污染对食品安全性的影响

土壤污染(soil contamination)是指人类活动所产生的污染物进入土壤,当其含量超过土壤本身的自净能力,并使土壤的成分、性质发生改变,降低农作物的产量和质量,并危害人体健康的现象。

土壤污染与大气污染、水污染相比,具有明显的不同点,即某些污染物侵入土壤后对农作物的影响并不会很快反映出来,而是要在土壤介质中经过一段迁移、富集过程,即通过土壤对其物理化学吸附、过滤阻流、化学沉淀、生物吸收等过程,不断在土壤中积累。当其数量超过土壤自净能力的限度,便会使土壤的物理化学性质发生变化,从而影响作物生长,并使有害物质在农作物内残留或累积。当进入土壤的污染物不断增加,致使土壤结构严重破坏,土壤微生物或小动物就会减少或死亡,这会使农作物的产量明显降低,收获的作物体内毒物残留量很高,影响食用安全。

(1)土壤污染物对食品安全性的影响:土壤中的多种有害物质都可对食品安全造成影响,如土壤中的酚类、氰化物以及重金属等。重金属由于不能够被土壤微生物分解,易在土壤中累积,甚至在土壤中易转化为毒性更大的物质,通过食物链在动物、人体内累积,严重影响人体健康。在工业高度发达的日本,许多城市郊区的蔬菜良田被工业废气、废水、废渣所污染,消费者重金属慢性中毒事件时有发生,引起日本政府的高度重视和社会的广泛关注;澳洲耕地土壤中镉含量为 0.11 ~ 6.37 mg/kg,调查中发现大约10%的蔬菜超过澳洲食品标准(≤0.05 mg/kg 鲜重);瑞士农田污灌造成土壤镉、铜、锌的累积,甜菜、莴苣、马铃薯和花生受到重金属污染。我国目前受重金属污染的耕地面积近 $2000 \times 10^4 \ hm^2$,约占总耕地面积的1/5,其中镉污染耕地 $1.33 \times 10^4 \ hm^2$,涉及 11 个省 25 个地区;被汞污染的耕地 $3.2 \times 10^4 \ hm^2$,涉及 15 个省 21 个地区。

重金属影响食品质量,沿着食物链富集放大,在粮食作物中残留并最终导致人体中毒的严重事故时有发生,如日本的骨痛病和水俣病。20 世纪50 年代以来,重金属一直是全球环境生态学家研究的热门课题。然而,大多数普通消费者对食品质量的观念仅仅局限在农药残留和食品变质上,对土壤重金属污染知之甚少。同时,重金属污染有潜在性,无明显可见标识,普通消费者无法从外观上判断食品是否受到重金属污染。随着人们环保意识的提高及对环境污染的控制,重金属污染问题已经得到逐步改善,然而要想在短时间内使食品中的重金属水平达到国际标准还有相当难度。

(2)防治土壤污染对食品危害的措施:在土壤方面,要控制和消除土壤污染源。严格控制工业"三废"的排放量,大力推行绿色环保工艺。加强土壤污灌区的监测和管理,污灌废水的质量必须严格控制在国家灌溉水质标准内,以免使带有不易降解物质的污水进入土壤,引起土壤污染。合理使用农药、化肥,杜绝在蔬菜上施用剧毒、高毒农药,注意蔬菜采收时的安全间隔期。采用综合防治措施,既要防治病虫害对农作物的威胁,又要做到既高效又经济地把农药对环境和人体健康的影响控制在最低程度。增强土壤有机质含量、砂掺黏改良沙性土壤,增加和改善土壤胶体的种类和数量,增加土壤对有害污染物的吸附能力和吸附量。分离和培养新的微生物品种,增强生物降解作用,是提高土壤净化能力极为重要的一环。

农耕方面,通过选择适当种类和形式的化肥,增施有机肥等农业措施,合理利用肥料中的阴阳离子、有机质与重金属的交互作用,抑制和免除作物对重金属的吸收,选育对重金属抗性强、吸收少的农作物品种在污染区种植。调整污染区种植结构,重金属严重污染区不要种植蔬菜和粮食作物,特别是根菜和叶菜类,而改为林地或种植对重金属吸附少的经济作物。大力推广无公害技术,无公害农业已成为现代农业的必然发展趋势,它不但强调传统农业的"高产、优产、高效",更注重现代农业的"低耗和无污染"。

土壤污染引起的食品安全性问题已经引起了全社会的关注,但从总体上来讲,重视程度还远远不够,公众尚未充分认识到土壤污染对生态环境和人类健康的潜在危害。因此,要加大宣传力度,使广大群众,尤其是广大农民充分认识到土壤污染的严重性,只有这样,才能使防治土壤污染对食品的危害变成每一个公民的自觉行动。

4.4.5 环境污染与食品安全发展趋势

(1)发展可靠、快速、便捷、精确的食品安全检测技术:建立一批在技术上与国际接轨,经过科学认证的重点研究和监测机构,为食品安全的检测技术与重点方案提供科技支撑。依据中国国情,在近期应重点发展快速检测技术。加快研制检测所需要的消耗品,重点开发有关安全限量标准中对应的农药、兽药、重要有机物污染物、食品添加剂、饲料添加剂与违禁化学品、生物毒素的检测技术和相关设备,建立食品安全检测实验室质量控制规范。

（2）发展食品安全过程控制技术:根据对"从农田到餐桌"进行全程控制的要求,发展食品生产、加工、贮运、包装等各环节的安全技术,建立对食品安全进行全过程控制的技术体系。发展饲料安全质量控制技术,开发和推广安全、无污染、高效饲料品种以及安全高效、质优价廉的天然药物饲料添加剂替代品,发展饲料安全配制技术。不断改进饲料的加工工艺和设备,降低饲料中有毒成分残留。

发展食品生产、加工、贮藏、包装与运输过程中安全控制技术。在农业生产环节,推广清洁生产技术,鼓励合理使用化肥,利用生物技术和物理方法控制作物病虫害。大力发展养殖业病害检测和防治技术、健康养殖技术与设备设施的研究开发。

（3）大力加强食品加工技术与设备的研究开发:制定科学合理的生产工艺规范,保证生产环境和人员卫生;保证原料清洗水的卫生质量,科学合理的地用防腐剂、色素、面团改良剂等食品添加剂,延长食品的保质期和改善感官品质。发展食品辐照技术,确定不同类食品最低辐照有效剂量以及相关辐照剂量参数。

（4）发展食源性危害危险性评估技术与方法:在开展危险评估的过程中,将食源性疾病相关的高危因素作为分析重点,重视针对易感人群的危险性评估。广泛使用的农药、兽药、食品添加剂以及其他危害性大的化学污染物是重点评估对象。

加强毒理学研究,确定化学性危害对人体健康产生的不良作用。充分利用生物标志物进行危险性评估,阐明中国主要化学污染物的作用机制,给药剂量、药物作用剂量关系,药物代谢动力学和药效学原理。

4.4.6　改善食品安全环境需要社会共治

"食品安全"关乎每一个老百姓的切身利益。从近些年频发的各种恶性食品安全案件来分析,维护老百姓餐桌上的安全,必须建立有效的"社会共治"机制,在立法、行政监管、第三方参与这3个方面都完善起来,形成社会各方良性互动、理性制衡、有序参与、有力监督的社会共治格局,这样才能不断破解食品安全的深层次制约难题。

社会共治的第一个层面是完善法制基础。从染色花椒、毒生姜到镉大米、毒皮蛋,从这些层出不穷的食品安全事件来看,违法成本太低是一个重要的原因。俗话说:"杀头的买卖有人做,亏本的买卖无人做。"对于触碰食品安全红线的经营者,坐牢乃至杀头的威慑力恐怕还不足以制止其恶性膨胀的利益欲望,要让这些违法犯罪的经营者付出远远超过违法获利的经济惩罚,才能真正具有威慑力。这种处罚,不仅是违法者个人会倾家荡产,而且违法企业也要受到关闭破产的严惩。还要加大对渎职犯罪的处罚力度,彻底断开企业与地方政府之间的利益链,打掉违法企业的保护伞,让守法经营者获得公平竞争的环境,将违法经营者逐出市场。

社会共治的第二个层面是加强政府监管。近些年,兰州市实施了"一专三员一岗位"的基层食品药品协管体系,实现了食品来源可追溯、去向可查证、责任可追究的食品安全追溯体系,建成了全国首个循环经济模式进行餐厨垃圾无害化处理示范工程、集规模化生产和配送为一体的"主食厨房"食品加工园区、全国首个食品质量安全检测技术示范中心等食品安全监管制度。应该说这些制度的实施为市民提供了一个良好的食品安全环境,没有发生重大食品安全事故。但在市场流通环境下,面对不断频发的食品安全事故,要想独善其身,对于监管工作的压力只会越来越大,技术含量不断提升的各种食品违法手段也极大地考验着监管者的能力和力度。如何变事后查处为事前监管,还需要监管部门拿出更多的智慧和更多的力量来不断完善。

社会共治的第三个层面是法律和监管部门之外的第三方积极参与其中,这也是目前社会层面最薄弱的地方。首先是公众作为消费者一方必须积极参与其中。公众在自身安全受到损害或者利益受损时,要利用法律武器来维护自身正当权益,在发现食品安全隐患时要积极举报并配合监管部门落实查证。公众自己还要具备一定的食品安全防范意识,购买食品要通过正规渠道,不贪图便宜购买来路不明的食品。但有一点要明确,公众不是专家,让公众成为社会共治的主要力量并不现实,这就需要引入市场化的第三方监管力量。一个值得借鉴的途径是建立强制性食品安全责任保险制度,将所有参与食品生产和销售的企业全部纳入其中,如果出了食品安全事故,保险公司要负责赔偿,利用保险公司这个利益攸关方来监管企业的食品安全。就像《道路交通安全法》中的交强险一样,建立强制性食品安全责任保险制度,不仅能在食品安全事故后及时补偿受害消费者,其最大的价值在于能够利用市场力量,促进投保企业重视食品安全。强制实行食品责任保险在一些发达国家和地区早有先例,在我国的一些出口食品产品上也早已实施,虽然这样做会加大一些成本,但我们可以先从工业制成品和粮食、食用油、大宗副食和蔬菜产品领域加以实施,进而随着城市蔬菜副食市场不断规范化经营而逐渐推广。

食品安全是涉及全产业链的重大管控难题,面对量大面广的消费总量、"小、散、乱、低"的产业基础、尚不规范的产销秩序、相对缺失的诚信环境,实施社会共治才是根本途径。正如国务院时任副总理汪洋在出席食品安全宣传周启动仪式上所指出的,实行社会共治,关键是落实各方责任。企业要落实主体责任,自觉树立质量意识,健全管理制度,形成层层追溯、相互制约机制。政府要履行监管责任,创新监管方式,建立覆盖"从农田到餐桌"全过程的最严格的科学监管制度。社会要强化监督责任,形成人人监督食品安全的天网,让不安全食品没有市场,让生产经营者"一处失信、寸步难行",让不法分子无处藏身。

参考文献

[1] 白金芳. 环境污染与食品安全[J]. 现代农业,2018(08):71.

[2] 冯艳之. 唐山市绿色食品产业发展研究[D]. 上海师范大学, 2012.

[3] 何永枝,戴瓯和. 优质绿色产品花生的生态工程分析[J]. 安徽农业科学, 1996(s2): 46 - 47.

[4] 李涛. 食品安全需要社会共治 营养改善启动立法保障[N]. 中国食品安全报,2015 - 03 - 14(A02).

[5] 李玉环. 环境污染与食品安全[J]. 现代农业,2018(02):109.

[6] 刘永思. 实施绿色食品有机产品工程 促进绿色生态江西建设[J]. 中国农垦, 2007

(11):9-11.

[7] 王燕,汤建华,马驰原. 食品安全与环境污染[J]. 科技经济导刊,2017(18):142.

[8] 吴文良,乔玉辉,孟凡乔. 发展绿色-有机食品 打破绿色技术壁垒[C],生态安全与生态建设学术会议. 2002.

[9] 徐晓兵. 改善食品安全环境需要社会共治[N]. 兰州日报,2013-06-19(009).

[10] 徐信国. 优化生态环境发展有机农业[J]. 江西农业经济,2001(2):16-17.

[11] 赵书元,刘立新. 发展生态农业建设有机食品基地[J]. 北京农业职业学院学报,2003,17(4):19-21.

第 5 章 环境综合治理农业生态工程

生态环境是人类赖以生存的基本条件,环境综合治理农业生态工程与技术可以改善农村面貌,建设和谐新农村;可以促进现代农业发展,为社会提供优质、多样、绿色农副产品;可以帮助农民脱贫致富,增加收益,同时还有助于农村精神文明建设;可以在促进"三农"向前发展的进程中保护和改善生态环境。

5.1 生活污水处理农业生态工程

5.1.1 人工湿地系统

人工湿地系统是自然湿地系统某些功能的强化,美国权威湿地研究与设计管理专家 Hammer 将人工湿地定义为:一个为了人类的利用和利益,通过模拟自然湿地,人为设计与建造的由饱和基质、挺水与沉水植物、动物和水体组成的复合体。

5.1.1.1 人工湿地概念

人工湿地(Constructed Wetlands, CW)是由人工优化模拟自然湿地系统而建造的,以基质 – 植物 – 微生物为生态环境,通过物理、化学、生物作用对污水进行处理的生态系统。它克服了自然湿地净化效果不理想、负荷低、易淤积、占地面积大和远离居住区等缺点,不仅能有效地净化水体还具有强大的生态功能。

人工湿地主要由 4 部分组成,即水体、基质、水生植物以及微生物群落。水体在湿地床体基质中或在床体表面停留和流动的过程就是污染物进行生物降解的过程,同时水体也是水生动植物生存的必要条件。基质通常是由土壤和吸附能力强的填料混合组成,常用填料有砾石、细沙、粗沙、煤灰渣、沸石或钢渣等。基质能够为植物和微生物提供生长环境,也能够通过沉淀、吸附和过滤等作用直接去除污染物。在湿地床的表面种植具有净化效果好,耐污能力强,成活率高,根系发达,美观及具有经济价值的水生植物(如芦苇、香蒲等),可形成一个独特的生态环境,进行污水处理。湿地植物是人工湿地系统重要的组成部分,针对不同特征的污水和湿地类型,选择恰当的植物,是湿地系统处理效果的关键因素。待系统运行稳定后,基质表面和植物根系之间会形成生物膜,附着大量的微生物,污水流经时,部分氮、磷等营养物质通过生物膜的吸附、同化及异化作用而得以去除。植物根系具有氧传输的作用,湿地根系周围的微环境中依次呈现出好氧、缺氧和厌氧状态,为不同微生物提供了各自适宜的生存环境,使得硝化、反硝化细菌同时存在,并在氮的去除过程中起着重要作用。最后污染物质从系统中最终去除是通过湿地基质的定期更换或植物收割实现的。污水处理后还可循环使用,减少了对自来水的需求量,节约了水资源。

5.1.1.2 人工湿地植物

根据湿地中的主要植物种类,人工湿地可分为:浮水植物(Free floating plants)系统、挺水植物(Emergent plants)系统、沉水植物(Submerged plants)系统。浮水植物主要在去除 N、P 等有机物时发挥较明显的优势,并且可以提高传统稳定塘的效率。沉水植物还处于实验室阶段,主要应用领域为初级处理和二级处理后的深度处理。目前,人工湿地的实际工程中多用挺水植物,其种类繁多,应用广泛。

(1)浮水植物

浮水植物根茎生于泥底,叶漂浮于水面,或植物体完全漂浮于水面。此类植物生命力强,生物量大,生长迅速,对 N 的需求量高。使用较多的植物种类有浮萍、凤眼莲、睡莲、水葫芦等。一般用于城镇污水的二级或三级处理,或用于河流、湖泊的水质净化。

（2）挺水植物

挺水植物根茎生于泥底中,植物体上部挺出水面。此类植物根系发达,生长量大,且对 N、P、K 吸收比较丰富。常见种类有芦苇、香蒲、千屈菜等。不仅可以直接吸收水中的污染物质,还可以改善微生物的生存条件,促进污染物的分解。

（3）沉水植物

沉水植物的植物体完全沉于水气界面以下,扎根于泥底或漂浮于水中。由于沉水植物的茎叶、表皮和根一样具有吸收作用,因此具有较强的净化能力。

5.1.1.3　人工湿地分类

在实际应用中,按照污水在湿地床中的流动方式可分为:表面流人工湿地和潜流人工湿地;潜流人工湿地又可分为水平潜流人工湿地和垂直潜流人工湿地。

（1）表面流人工湿地

表面流人工湿地（Surface Flow Wetlands, SFW）水文体系、构造和自然湿地极为相似,污水以较慢的速度在湿地表面漫流,水深一般为 0.3 ~ 0.5m。大部分有机物的去除主要依靠床体表面的生物膜和生长在水下植物的茎和秆上的生物膜来完成,因而不能充分利用填料及丰富的植物根系。这种类型的人工湿地具有投资少、操作简单、运行费用低等优点。缺点是占地面积大,水力负荷率小,去污能力有限,而且系统的运行受气候影响较大,水面冬季易结冰,夏季有蚊蝇滋生,散发臭气。

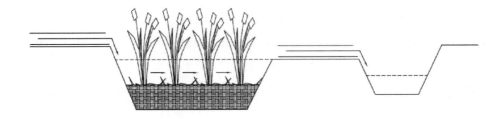

图 5-1　表面流人工湿地示意图

91

（2）水平潜流人工湿地

潜流人工湿地（Subsurface Flow Wetland，SSFW）在床体中填充一些填料（如砾石、钢渣等），污水在湿地床的表面下流动，水面位于基质层以下，床底设有防渗层。通常在表层土壤中种植水生植物（如芦苇、香蒲、千屈菜等），这些植物具有非常发达的根系，可深入床体表层以下 $0.6 \sim 0.7$ m，并交织成网，与基质一起构成一个透水性良好的系统。出水经底部集水区铺设的集水管收集后排出。

潜流人工湿地又分为水平潜流人工湿地（Horizontal Subsurface Flow Wetlands，HSSF）和垂直潜流人工湿地（Vertical Flow Wetlands，VF）。水平潜流人工湿地中污水从湿地一端进入，从另一端流出，污水在床体表面下水平流过，床体表面无积水，很少有恶臭和滋生蚊蝇现象且保温性好。但是由于系统内氧的来源主要是植物输氧，非常有限，所以系统内部氧含量相对较低，硝化作用受到限制，氮的去除效果并不理想。

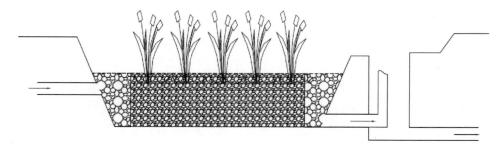

图 5-2 水平潜流人工湿地示意图

（3）垂直潜流人工湿地

垂直潜流人工湿地污水从湿地表面流入，水流在填料床中自上而下流到床体底部，后经铺设在底部的集水管收集而排出系统。床体处于不饱和状态，氧可通过大气扩散和植物传输进入湿地，并且污水从表面流入床体，将大气中的氧带到床体中，故其硝化能力高于水平潜流人工湿地，可用于处理 $NH_4^+ - N$ 含量较高的污水。但处理有机物能力不如水平潜流人工湿地系统，落干、淹水时间较长，控制相对复杂，夏季有滋生蚊蝇的现象。垂直流根据进水方式可分为连续流和间歇流。

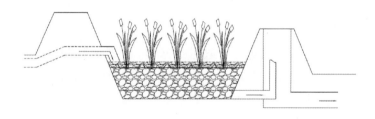

图 5－3　垂直潜流人工湿地示意图

　　人工湿地处理技术是一种应用比较广泛的利用低洼湿地沼泽地处理污水的方法,将污水有控制地投配到土壤(填料)生长有芦苇、香蒲等水生植物的土地上。人工湿地对废水的处理机制综合了物理、化学和生物三重协同作用。当湿地系统运行成熟后,填料表面和植物根系将由于大量微生物的生长而形成生物膜,有机质主要通过生物膜中微生物的同化吸收及异化分解而得以去除。湿地床层中植物对氧的运输、传递、释放作用,使其根系周围的微环境中依次呈现出好氧、缺氧和厌氧状态,有利于硝化、反硝化反应和微生物对磷的过量积累作用,保证了对氮磷的去除效果,最后通过湿地基质的定期更换及植物收割使污染物质最终从系统中去除。目前,在美国有 600 多处人工湿地工程用于处理市政、工业和农业废水,新西兰也有 80 多处人工湿地系统被投入使用。在过去的 20 年里在我国的广大郊区、农村地区超过 1500 个人工湿地案例已经成功应用。由于单一的生态处理方法不能够达标,近年来复合工艺兴起,复合工艺就是将生态处理系统的不同类型按照场地条件、目的进行组合或与其他污水处理工艺相结合使用,可以提高系统的处理负荷,从而减少了对环境条件的依赖性;太湖流域的宜兴市尹家村污水处理工程采用 MBR/人工湿地组合工艺处理农村生活污水,通过对参数的合理选取及精心设计,取得了较好的处理效果,出水水质达到《城镇污水处理厂污染物排放标准》(GB18918－2002)的一级标准。工艺流程包括预处理单元、膜生物反应器处理单元、表流湿地单元、氧化塘单元等,属于典型的生态处理工艺的综合运用;清华大学"九五"期间在滇池流域采用人工复合生态床处理农村生活污水,利用微生物的硝化/反硝化作用以及填料对磷的吸附/沉淀作用、水生植物的吸收作用,对营养物氮、磷的去除取得了较好的效果,但是在推广应用上仍有不足。

5.1.2 稳定塘系统

稳定塘是一种土地经过人工适当的修整,设围堤和防渗层的池塘,主要依靠自然生物净化功能使污水得到净化的污水生物处理技术。它具有显而易见的优点:可充分利用地形,节省基建投资;运行维护费用低,系统基本不耗能;无须污泥处理;可实现污水资源化。20 世纪 50 年代末,美国加州大学伯克利分校的 Oswald 和 Gotaas 在稳定塘基础上提出并发展了高效藻类塘。高效藻类塘是传统稳定塘的一种改进形式,它通过强化利用藻类的增殖来产生有利于微生物生长和繁殖的环境,形成更紧密的菌藻共生系统,同时创造一定的物化条件,达到对有机碳、病原体尤其是氮和磷等污染物的有效去除。在法国污水处理领域稳定塘颇受人们喜爱,据统计,法国现在有 2500 ~ 3000 个稳定塘投入使用,平均每个稳定塘可服务 600 个人,处理量为污水处理厂的 20% 左右。对稳定塘等复合工艺的应用,我国山东东营市是一个较为成功的案例,其具体工艺流程为:污水→总提升泵站→压力管线→平流沉砂池→高效兼性塘→曝气塘→养鱼塘→曝气→养鱼塘→芦苇塘→藕塘→自流或回用,此系统以高效兼性塘、曝气塘和曝气养鱼塘为主要处理系统,对污水净化效果较好,还可以利用污水养鱼、鸭、鹅,达到污水处理效果的同时也获得了经济效益。

5.1.3 地下渗滤系统

地下渗滤系统通常由化粪池和土壤渗滤装置构成,是将生活污水经过化粪池预处理后投配到地面下一定距离,在渗透性良好的地层中,通过土壤的毛细力、重力的作用下使得污水扩散运动,地下渗滤系统净化机制除了物理截留、物化吸附、化学沉淀、生物降解、动植物等作用,也存在一些土壤生态处理系统中的特殊机制,如光催化、光降解、植物吸取等。地下渗滤系统除具有氮、磷去除能力强,处理出水水质好,可回用,基建及运行成本低,运行管理简单,维护容易,不产生剩余污泥且对进水负荷的变化适应性强等优点外,还对各种病原体具有很好的降解作用,适用于新农村地区的生活污水处理,因而成为人们所关注和广泛使用的农村污水处理工艺。

上海市闵行区汇浦江镇正义村和汇中村采用地下土壤渗滤处理工程

对当地农村生活污水进行处理,并详细比较了面积分别为 9 m²(服务人口 11 人) 、45 m²(服务人口 170 人) 、90 m²(服务人口 170 人) 以及 200 m² (服务人口 170 人)的处理系统在工程实际中出水水质的不同,试验结果显示,处理系统面积越大,出水的各个水质指标相应变好,200 m² 的处理系统出水水质保持在一级水平,研究推荐对各农户污水进行收集后再统一建设,面积在 90 ~ 300m²。张建等在滇池周边进行地下渗滤处理农村生活污水的中试,处理规模为 30 ~ 40 ms/d,可处理 200 余户村民产生的生活污水,运行效果良好,水力负荷为 8 cm/d 时,系统对 COD、NH_4^+ – N、TP 和 TN 的去除率分别达到 80%、90%、95% 和 80% 以上,出水水质优于建设部颁发的生活杂用水水质标准。

5.1.4　蚯蚓生态滤池

蚯蚓生态滤池,又称蚯蚓生物滤池,是利用蚯蚓具有提高土壤透水性能和促进有机物质分解转化的生态学功能而设计的一种生物、生态相结合技术。蚯蚓生物滤池的滤料由上部蚯蚓有机分解层、中间层和下部碎石承托层构成。蚯蚓生态滤池是一个复杂的生态系统,内部生长着蚯蚓和大量的细菌、真菌、霉菌等。滤池就是利用基质、蚯蚓和微生物这个复合生态系统的物理、化学和生物的三重协同作用对生活污水进行净化,污染物在这些复杂而又相互联系和制约的作用下被去除。蚯蚓生物滤池工程造价和运行费用低,除污效能高,占地面积小,剩余污泥量少,可实现污水、污泥的同步处理,减少后续污泥的处置处理相关费用等,通过蚯蚓的运动疏通和吞食增殖微生物,还解决了传统生物滤池所遇到的堵塞问题。有研究学者对将蚯蚓生态滤池工艺应用于农村生活污水进行了研究,并建立了将农户现有的化粪池改装后直接加以利用的示范工程。王树乾等将蚯蚓微生物生态滤池用于城镇生活污水研究,蚯蚓生态滤池对 COD、BOD、TSS 的去除率都在 80% 以上,对 NH_4^+ – N的去除率在 55% 以上,总磷去除率在 45% 以上。

5.1.5　"五环"式(ACGMP)处理系统

"五环"式(ACGMP)处理系统,采用厌氧 + 人工湿地处理技术,在进行自然村污水各户连接的基础上,建设污水厌氧反应器、人工湿地,种植高吸附主要污染因子的植物,投入高效污水分解专用微生物,利用天然池塘进行再净化。通过5个净化环节,使得处理后的污水达到国家规定的排放标准。其结构简单、建设运行费用低、抗冲击力强、出水水质稳定,是农村生活污水处理的优化组合工艺。"五环"代表了5个生态环保概念的组合,这5个概念分别是:A:厌氧,C:人工湿地,G:基因水稻,M:微生物,P:池塘。

"五环"式(ACGMP)处理系统工艺流程:废水经过格栅自流进入厌氧池,在厌氧池前端对水质、水量进行调节,将大颗粒的无机固体颗粒沉淀去除,并定期通过底部的排泥管排出,初步降解一部分有机物。废水在厌氧微生物的作用下,降解部分有机物,小分子的氨基酸降解为甲烷,大分子的蛋白质降解为小分子的有机酸。厌氧反应器中设有生物填料及高效微生物,悬浮污泥在上升过程中附着在填料表面,微生物在填料上生长繁殖,进一步提高处理效率。厌氧出水自流入潜流式人工湿地,人工湿地采用潜流设计,在填料上种植特定的植物,在土壤、填料的共同作用下,通过物理沉降,植物根系阻截吸收,填料、土壤表面吸附,微生物的代谢作用等去除厌氧段出水中剩余的有机物、悬浮物、氮磷等污染物质。人工湿地由多段组成,多级处理。在工程中采用了自主研发的对水中有机物具有极高吸附能力的填料,极大地提升了人工湿地系统对水中有机物的吸附能力。出水经溢流堰溢出到氧化塘。出水水质达到国家关于污水综合排放标准的二级标准,出水可以用于附近农业灌溉,实现废水的无害化、资源化和再利用。

5.2 小流域治理农业生态工程

生态清洁小流域是指以流域为单元,统一规划,综合治理,治理措施与当地景观相协调,遵循自然规律和生态法则,基本实现流域内资源的合理利用和优化配置、人与自然和谐相处、经济社会可持续发展及生态系统良性循环。生态清洁小流域作为小流域综合治理的新发展,是小流域综合治理的深化与提升。它以流域内的水、土地、生物等资源的承载力为基础,以调整人为活动为重点,抓住"生态"和"清洁"两个核心要素。建立政府主导、公众参与的互动机制,强调统一规划、因地制宜、分步实施、稳步推进的原则。生态清洁小流域作为社会、经济与生态环境共同组成的三维复合系统,其研究涉及系统论、生态经济学、景观生态学、可持续发展理论、水土保持学理论以及生态系统控制论等理论。

自然、经济与技术等条件的不同使不同地区生态清洁小流域建设模式各异,其中典型的生态工程治理模式有如下几种。

5.2.1　"三道防线"治理模式

这种模式源于北京地区。为解决水资源缺乏与用水量大、水污染严重的矛盾,北京市确定了以"保护水源"为核心的小流域综合治理理念,通过建立小流域试点工程,构筑了"生态修复区、生态治理区、生态保护区"的"三道防线"治理模式。

5.2.2　"三层次、四防区"治理模武

这种模式源于黑龙江省延寿县国家生态清洁型小流域试点工程。该模式的基本特点是,按照"山坡、村庄、河道"三个层次进行整体规划,确定"生态修复、综合治理、生态农业、生态保护"四片防治区域,有针对性地配置生态林草地建设、坡耕地治理、禽畜舍改造、清洁能源建设以及沟道工程等措施。

5.2.3　面源污染控制治理模式

此种模式源于距南水北调核心水源区丹江口水库直线距离仅 6 km 的湖北省丹江口市胡家山小流域。为切实保护好丹江口水库水质,提出了"生态修复、生态治理、生态缓冲"的治理思路,坚持分区防治,确定生态农业、村落面源污染控制和科技示范的治理模式,尤其是在面源污染控制上突出"荒坡地径流控制、农田径流控制、村庄面源污染控制、传输途中控制、流域出口控制"的五级防护模式。

5.2.4　以安全为重点的小流域综合整治治理模式

此种模式在生态安全问题严重的南方山区以及黄土高原地区最为典型。该模式针对山区山洪与地质灾害频繁、水土流失与面源污染严重,人民的生命与财产受到威胁的实际,确立了"安全、生态、发展、和谐"的治理

目标,把山洪与地质灾害防治纳入小流域治理范畴。

5.3 水土流失治理农业生态工程

我国干旱地区、半干旱地区、高寒地区、卡斯特地区、黄土高原地区等生态环境脆弱区占国土面积的60%以上,这些地区对人类的经济社会活动较为敏感,容易出现生态退化现象,是水土保持的重点地区。我国水土流失分布广、面积大,特别是近十几年来开发建设的人为活动直接导致的工程性水土流失呈明显的增加趋势。目前我国还有水土流失面积356万 km^2,亟待治理的水土流失面积200万 km^2,按照现在的治理速度,还需半个世纪才能实现初步治理一遍。自20世纪90年代以来,我国每年新增水土流失面积1.5万 km^2,新增水土流失量超过3亿t。农村每年因水土流失产生的耕地减少超过100万亩,对我国粮食安全和农村经济社会发展构成了严重威胁。

5.3.1 水土保持工程措施

根据工程的原理,通过修建防治工程设施,来防治水土流失,蓄(排)水保土,充分利用水土资源,达到除害兴利的目的,它是水土保持综合治理措施的重要组成部分。

(1)坡面治理工程措施:坡面治理工程措施以改变小地形的方法消除或减缓地面坡度,截短径流流线,减小径流冲刷,增加降水就地入渗或将未能就地拦蓄的坡地径流引入小型蓄水工程,拦蓄与保持水土,改善坡地耕地生产条件和坡面植被生长条件,为作物生长和生态环境建设创造良好条件。属于山坡防护工程措施的有:梯田、拦水沟埂、水平沟、鱼鳞坑、山坡截流沟以及稳定斜坡下的挡土墙等。

(2)沟道治理工程措施:因自然因素或人为因素干扰,土壤冲蚀加速,导致侵蚀沟扩大而成沟道,活动的沟道若不及早加以整治,将继续扩大恶化,不但使沟道所通过的地区受害,它产生的泥沙和洪水更将危及下游地区群众生命财产安全和降低土地资源的经济价值,因此,沟道治理是水土保持的重要工作之一。沟道治理工程措施的目的在于保护沟头,防止沟头溯源侵蚀;防止沟岸崩塌扩张;减缓沟床纵坡,制止沟床下切;调节洪峰流量,减少山洪或泥石流危害。

（3）小型蓄水用水工程:小型蓄水用水工程的作用在于将坡地径流及地下潜流拦蓄起来,减少水土流失危害,灌溉农田,提高作物产量。主要包括:山塘、蓄水池,修建于庭院、路旁、沟底的水窖、水塘、小型水库以及引洪漫地,引水上山等工程。

5.3.2　水土保持林草植被措施

水土保持林草植被措施是通过林草植被的覆盖及其根系强大的固结作用来防止水土流失,改善农业生产条件,同时兼顾林草资源合理开发利用的生态工程措施。

5.3.2.1　水土保持林草措施的营造与配置

水土保持林草植被的营造与管理主要是进行造林种草、抚育幼林和山地、改造低效林、保护原有植被,加快水土流失地区植被恢复。包括直接造林种草与封山育林育草两个方面。

（1）直接造林种草:①飞播造林种草:适用于地广人稀且有较大面积荒地的地区。选择适应性好的乡土树草种或已经引种成功的植物种;在生物学特性上选择中小粒种子、耐高温和暴晒、发芽需水量小、发芽扎根快、胚根向地性强、幼苗耐旱性强;成活后根系发达,水土保持效果好;选择当地适宜气候条件的时期进行。②人工造林种草:人工造林种草与飞播造林种草相比,是一种更普遍的水土保持植被营造方法,受地域和天气条件的影响较小,灵活性大,成活率也较高。

（2）封山育林育草:封山育林育草是对人为活动影响严重,生态环境退化的荒山、荒地、迹地、未成林造林地、疏林地、灌丛地、退耕地、防护林地及其新造幼林地实行一定时间的封育,排除人为干扰,利用植被自然生长特点及演替规律,并辅以人工抚育使其在现有气候、水土及立地条件下进行自然恢复,最终形成相对稳定的自然植被群落的一种非常有效的方法,有3种方式:①全封:封育期间禁止采伐、放牧、割草和其他一切不利于林木生长繁育的人为活动;②半封:在林木生长季节进行封禁,其余期间在严格保护幼苗、幼树的前提下,可有计划有组织地进行砍柴、割草、采集等活动;③轮封:将封育区划片分段,轮流封禁。

5.3.2.2 水土保持林草植被的配置

水土保持林草配置是根据地形条件、水系分布、植物种的生态学特性以及植物群落内部结构特点进行林草植被不同植被类型与不同植物种在流域的空间配置,通过合理的水土保持林草植被对位配置,可最大限度地发挥植被的水土保持作用,促进水土资源的合理利用。

水土保持林草植被的配置有水平配置和立体配置。水平配置是指根据水土保持林草植被体系内各个林草种的生长习性及流域范围内不同部位的立地条件,将乔灌草植被合理地布置到各自适宜的部位,在规划中贯彻"因害设防,因地制宜""生物措施和工程措施相结合"的原则,兼顾流域水系上、中、下游及坡、沟、川、左右岸之间的关系。立体配置就是为了形成具有丰富多样性与生态系统稳定性的植被群落,通过乔灌草相互结合与合理地选择植物种,形成各植物种之间的和谐生长、互相促进的立体结构,弥补单一植物种在防止水土流失中的不足,避免乔木高大而地面无草冠时"上面绿油油,下面黄水流"等情况的发生。

(1)坡面水土保持林草配置体系:采用乔灌草混交,在立地条件较好的地段,尽量配置一些有经济效益的树种。适用于南方丘陵坡地种植的树种有:①乔木:湿地松,马尾松,木荷,落叶松,杉木,台湾相思,大叶相思,黄木棉;②灌木:山毛豆,胡枝子,黄荆,紫荆,杜鹃,银合欢,竹类,棕榈,月季;③经济林果树:枇杷,杨梅,柑橘,板栗,油茶,茶;④藤本植物:爬山虎,葛藤,炮仗花,紫藤,常春藤,金叶扶芳藤,五叶地锦,蔷薇;⑤草类:百喜草,芒箕,香根草,假俭草,糖蜜草,马唐,山类芦,小冠花,狗牙根,结缕草,苇状羊茅。

(2)侵蚀沟道水土保持林草配置体系:主要包含沟岸防护林草、沟坡水土保持林草和沟底防冲林草。①沟岸防护林草:在沟缘或与沟缘相连接的地方设置乔灌混交林,一般选萌蘖性较强的品种,如紫穗槐、白蜡条、胡枝子等。②沟坡水土保持林草:选择根蘖性较强、易于串根蔓延的树种或藤本植物,如栎类、枫香、柳、夹竹桃、龙须草、芒箕、金合欢、葛藤等。③沟底防冲林草:一般修建谷坊和拦沙坝,再配合营造沟底防冲林。谷坊外坡常用带状灌草混交,内坡可用草、灌乔混交,坝顶宜种草,如黄檀、台湾相思、苦楝、新银合欢、胡枝子、夹竹桃、木豆、竹、黄荆、枫香、油茶、猪屎豆、田菁、芒萁等。④崩岗防护林草:在排水天沟上部栽植乔灌草混交林,崩壁削成台阶后种植灌草植被护坡,在沟道中修建谷坊群。适于崩岗边缘和崩壁台阶造林的主要草树种有:马尾松,湿地松,台湾相思,绢毛相思,麻栎,木荷,枫香,油茶,胡枝子,芒萁,黑沙草,糖蜜草,猪屎豆,象草,棕叶芦,葛藤等。

(3)石质和土石山区防护林体系:采取封山育林育草结合飞播造林的方法,培育以栎类、漆树、冷杉、落叶松、油松、桦树为主的针阔叶混交林,并结合坡面治理工程,离居民点较近的地方可发展薪炭林和经济林。

薪炭林是指以生产薪炭材和提供燃料为主要目的的林木(乔木林和灌木林)。薪炭林是一种见效快的再生能源,没有固定的树种,几乎所有树木均可作燃料。通常多选择耐干旱瘠薄、适应性广、萌芽力强、生长快、再生能力强、耐樵采、燃值高的树种进行营造和培育经营,一般以硬材阔叶为主,大多实行矮林作业。

5.3.2.3 水土保持农业技术措施

水土保持农业技术措施是包括水土保持耕作措施、水土保持栽培措施、水土保持旱作农业技术和水土保持坡地农、林、牧复合系统等在内的融水土保持耕作、水土资源高效利用和建设可持续发展农业为一体的技术体系。

(1)水土保持耕作措施:①等高耕作技术:等高耕作法是沿坡地等高线进行耕作,也称作横坡耕作法,等高耕作法形成的水平犁沟可拦蓄一定量的降雨,增加土壤入渗量,减少坡地水土流失。一般适用于小于10°的缓坡地。②深耕技术:深耕技术往往是同等高耕作同时进行,深耕主要是改善土壤的物理性状,使土层变得更加疏松,通气透水性增强,土壤的入渗量和拦蓄降雨径流量也会更加明显。但是深耕的深度要有限制,一般以30cm以内为佳。③垄沟耕作技术:垄沟耕作技术是在等高耕作技术的基础上改进的一种耕作措施,即在坡面上沿等高线挖培成有一定起伏状的垄沟,可起到拦截坡面径流的作用,在沟内或垄上种植作物。在干旱地区作物一般种植于沟内,在降雨较多的地区作物一般种植与垄上。适用于10°～20°的坡耕地。④少耕免耕法:少耕法是指在传统耕作的基础上,尽量减少整地次数和减少土层翻动的水土保持耕作技术。免耕法是指作物播种前不进行单独耕作,直接在前茬作物的留茬地上播种,在作物生育期间不使用农机具进行中耕松土的耕作方法。⑤机械化保护性耕作:机械化保护性耕作技术是在能够保证种子发芽的前提下,实行少(免)耕播种施肥、深松、控制杂草、秸秆及地表处理4项内容。a. 免耕或少耕播种施肥技术:用免少耕播种机将种子和肥料播施到有秸秆覆盖的地里。b. 秸秆残茬处理技术:农作物秸秆经机械作业处理后留在地表做覆盖物,是保护性耕作技术体系的核心。秸秆的处理方法主要有:粉碎秸秆处理,直立秸秆处理,留根茬处理。c. 杂草、病虫害控制和防治:利用生物方法或化学方法控制杂草病虫害,也可用地表耕作机械或人工控制杂草。d. 深松:根据土壤条件和免耕地表的秸秆覆盖状况确定合理的作业周期及不同深松方式。

(2)水土保持栽培措施:①轮作:轮作技术是将不同品种的农作物或牧草根据它们的生物学特性,在同一块田地上按一定顺序在季节间和年度间轮换种植或复种组合的种植方式,是用地养地结合的一种生物学措施,有利于均衡利用土壤养分和防治病虫草害,能有效改善土壤的理化性状,调节土壤肥力。草田轮作是水土流失地区最常见的行之有效的水土保持栽培措施,根据大量研究,草田轮作不仅具有改良土壤和提高作物产量的效益,而且具有较好的拦蓄降水、减少径流和土壤侵蚀的作用,合理配置的田草轮作一般较农作物单作减少径流和土壤流失量50%以上。②间作套种:间作是指在同一地块,成行或成带间隔种植两种或两种以上生育期相近的作物。套种是指在前茬作物的生长后期,于其行间播种或栽植后茬作物的种植方式。间作套种通过合理的物种配置,增加地面覆盖度,延长覆盖时间,提高作物产量。间作套种一般与其他水土保持耕作措施(如等高耕作、垄沟耕作等)互相配合,其效果更好。

(3)水土保持旱作农业技术措施:①地表覆盖措施:地表覆盖措施是指通过覆盖地表的方法减少地表蒸发造成的水分损失,保持土壤水分,可有效调节土壤表层温度,为作物提供良好的生长条件的一项水土保持农业技术措施。地表覆盖措施由于表层覆盖物的保护,可有效防止雨滴击溅侵蚀和径流冲刷。主要有地膜覆盖和作物秸秆覆盖两大类。②雨水集蓄利用技术:雨水是农业生产的主要水源,尤其是在干旱地区,更是农业生产的唯一水源,因而常将这些地区的农业称为雨养农业。在干旱半干旱地区,为了充分利用降水资源,通过雨水集蓄工程和雨水高效利用技术,来提高雨水的生产效率,增加作物产量,称为集雨农业。集雨农业主要是通过人工措施调整雨水的时空分布,进行雨水的叠加利用,减小雨水地表径流损失和水土流失,其利用方式有就地利用和异地利用方式两种,前者指利用小地形汇集与拦蓄雨水,增加降雨入渗量,提高土壤含水量,为作物生长提供更多的水分;后者指通过一定的汇集场地、蓄水设施和灌溉设备将雨水集流场上的降雨输送到田间供作物生长的方法。

(4)水土保持综合治理措施:水土保持综合治理就是在广泛深入调查的基础上,通过全面分析,确定农林牧各业用地比例,合理布设水土保持工程措施,特别注意治坡与治沟并举,三大措施相互配合,治理与管护兼顾,生态效益与经济效益并重。①工程措施与林草措施结合:工程措施具有改变地形,拦蓄径流,固定坡面和沟壁地形,为植被生长提供良好的水土条件。林草措施对防止坡面径流冲刷侵蚀,调节坡面径流特征,增加降水入渗量具有很好的作用。两种措施相结合具有较好的水土保持效果。②工程措施与农业技术措施结合:农业技术措施主要以改良土壤性质,促进降雨入渗,减少土壤水分蒸发损失,提高水土资源利用率和地面植被覆盖度为主要目的,在减少水土流失的同时,增加作物产量与植被生长量。而大部分工程措施都具有拦蓄坡面径流与泥沙、增加降雨入渗的作用,因此在水土保持综合治理中,绝大多数情况下需要将水土保持工程措施与农业技术措施有机地结合起来,才能达到有效防治水土流失的目的。③林草措施与农业技术措施相结合:农业技术措施本身就是通过农业技术方法为农作物生长创造一个良好的生长环境,因而它对林草措施同样是适用的,反过来林草措施也可增强农业技术措施的作用。

5.4 面源污染治理农业生态工程

农村面源污染治理的"4R"控制技术,即源头减量(Reduce)、过程阻断(Retain)、养分再利用(Reuse)和生态修复(Restore)技术,四者之间相辅相成,构成一完整的技术体系链。"4R"控制技术体系是以污染物削减为根本,从污染物的源头减量入手,根据治理区域的污染汇聚特征进行过程阻断,通过对养分的循环再利用减少污染物的入水体量,并对水体进行生态修复,从而实现水质改善的目的。

5.4.1 源头减量(Reduce)技术

源头减量技术即通过农村生产生活方式的改变来实现面源污染产生量的最小化。针对高度集约化的农田,可根据作物高产养分需求规律以及土壤供肥特征等进行肥料优化管理,采用新型缓控释肥或新的按需施肥技术,提高肥料利用率,减少化肥用量;也可通过种植制度等的调整如改稻麦轮作为稻-绿肥轮作、稻-蚕豆轮作或稻-休闲来减少化肥投入量;也可通过施用肥料增效剂、土壤改良剂等增加土壤对养分的固持,从而从源头上减少养分流失。针对果园的养分流失,可采用果园生草覆盖技术,既减少了土壤的地表径流,也可增加果园有益昆虫的数量,增加生物多样性而减少果树病虫害的发生,减少农药用量。针对分散畜禽养殖和农村固废,改传统的养殖方式为生态养殖方式,如改变传统的水冲圈养猪方式为生物发酵床养殖,并加强对畜禽粪便以及农村固废的管理和无害化处理,减少露天堆放,从而减少污染的发生。针对陆域水产养殖,可采用优化投饵方式,并循环用水,实现养殖废水的循环利用,从而达到污染物的零排放或最小排放。针对村镇地表径流,通过增加地面的透水性能,如设置生态吸水路面等,减少地表径流的源头发生量。

5.4.2 过程阻断(Retain)技术

过程阻断技术是指在污染物向水体的迁移过程中,通过一些物理的、生物的以及工程的方法等对污染物进行拦截阻断和强化净化,延长其在陆域的停留时间,最大化减少其进入水体的污染物量。目前常用的技术有两大类,一是农田内部的拦截,如稻田生态田埂技术(通过适当增加排水口高度、田埂上种植一些植物等阻断径流)、生物篱技术、生态拦截缓冲带技术、设施菜地增设填闲作物技术(夏天蔬菜揭棚期种植甜玉米等填闲作物对残留在土壤中的多余养分进行回收利用,阻断其渗漏和径流)果园生草技术

（果树下种植三叶草等减少地表径流量）。另一大类是污染物离开农田后的拦截阻断技术,包括生态拦截沟渠技术、人工湿地塘技术、生态 T 型潜坝技术、生态护岸边坡技术、土地处理系统等。这类技术多通过对现有沟渠塘的生态改造和功能强化,或者额外建设生态工程,利用物理、化学和生物的联合作用对污染物主要是氮磷进行强化净化和深度处理,不仅能有效拦截、净化农田污染物,还能汇集处理农村地表径流以及农村生活污水等,实现污染物中氮磷等的减量化排放或最大化去除。

5.4.3　循环利用(Reuse)技术

循环利用技术是指将污染物中包含的氮磷等养分资源进行循环利用,达到节约资源、减少污染、增加经济效益的目的。对达标排放的农村生活污水尾水以及河道低污染水,可回灌农田尤其是稻田,通过植物的吸收以及土壤等的吸附固持,实现低污染水中氮磷养分的再利用,不仅能控制污染,还能减少化肥投入,实现生产和环境的双赢。如低污染水的稻田净化技术,即利用稻田对旱地排水以及农村生活污水尾水等低污染水进行净化处理,稻季只需补充正常施肥量的 30% ~40% 左右即可保证达到农户的正常产量,可减少养分环境排放量。此外,还可对旱地(果园和菜地)的径流进行收集,回灌到稻田中去,实现养分的循环利用。针对陆域水产养殖,可采用水产养殖污水序批式置换循环再利用技术,实现陆域水产养殖用水的内循环,基本实现污染的零排放。农村固体废弃物和生活垃圾等,其中的有机部分可采用无害化堆肥技术,畜禽粪便可采用肥料化、沼气化等技术,实现废弃物中养分资源的循环再利用。

5.4.4　生态修复(Restore)技术

生态修复是农村面源污染治理的最后一环,也是农村面源污染控制的最后一道屏障。狭义地讲,其主要是指对水体生态系统的修复,通过一些生态工程修复措施,恢复其生态系统的结构和功能,包括岸带和护坡的植被、濒水带湿地系统的构建、水体浮游动物及水生动物等群落的重建等,从而实现水体生态系统自我修复能力的提高和自我净化能力的强化,最终实现水体由损伤状态向健康稳定状态转化。目前常用的技术有河岸带滨水湿地恢复技术、生态浮床技术、水产养殖污水的沉水植物和生态浮床组合净化技术等。针对农村河道的低污染水,以水稻作为浮床植物,采用水稻组合生态浮床修复水体技术,弥补了传统生态浮床处理效率不稳定、应用过程中成本无法部分补偿的缺点,不仅可获得一定的水稻产量,对开放水域 NH_4^+ – N、TP 的处理效率可达到 19% 和 22% 以上。通过多种技术的应用组合,可以达到农村面源污染的有效控制。

更广义地讲,生态修复是指农业生态系统的整体修复,通过生态工程措施恢复和提高系统的生物多样性,从而实现生态系统的健康良性发展。

5.5　农田土壤重金属污染治理农业生态工程

5.5.1　生物修复技术

生物修复是指利用特定的生物吸收、转化、清除或降解环境污染物,实现环境净化、生态效应恢复的生物措施,主要包括植物修复、微生物修复和动物修复。该方法因具有成本低、操作简单、无二次污染、处理效果好且能大面积推广应用等优点,其机制研究及应用前景备受关注。

5.5.1.1　植物修复

植物修复(phytoremediation)是 20 世纪 80 年代初发展起来的,是一种利用自然生长或遗传培育植物修复重金属污染土壤的技术总称。根据其作用机制,该技术主要包括植物稳定(phytostabilization)、植物挥发(phyto-volatilization)和植物提取(phytoextraction)。

(1)植物稳定:植物稳定是利用具有重金属耐性的植物降低土壤中有毒金属的移动性,从而降低重金属进入食物链的可能性。植物稳定主要通过根部累积、沉淀、转化重金属形态,或通过根表面吸附作用固定重金属,降低重金属渗漏污染地下水和向四周迁移污染周围环境的风险。植物根系分泌物能改变土壤根际环境,可使多价态 Cr、Hg、As 的价态和形态发生改变,降低其移动性和毒性。目前,常利用麻疯树、芦苇、芦竹、荻、五节芒、纤维大麻、芥菜和红麻等经济植物,对重金属污染农田进行植物修复,有利于实现生态、环境效益的统一。植物稳定修复只限制重金属的移动性,把其保留在土壤中,存在潜在风险。植物稳定修复若与原位化学钝化技术相结合可能会显示更大的应用潜力。

(2)植物挥发:植物挥发是利用植物根系吸收金属,将其转化为气态物质挥发到大气中,以降低土壤污染,但易造成二次污染。目前对 Hg 和 Se 的研究较多。有学者将细菌 Hg 还原酶基因转导入拟南芥,获得转基因植物的耐 Hg 能力大大提高,且能将从土壤中吸收的 Hg 还原。同时表达 MerA 和 MerB 转基因烟叶能通过叶绿体加快对 Hg 的吸收。目前,通过转基因植物控制重金属单质挥发、促进植物提取效果是今后研究的重点。

(3)植物提取:植物提取是利用植物从土壤中吸取一种或几种重金属污染物,并将其转移、贮存到地上部分,随后收割地上部并进行集中处理,达到降低或去除土壤重金属污染的目的。植物提取应用的关键在于筛选具有高产和高去污能力的植物。到目前为止,国内外共发现超富集植物约 450 余种,其中 Ni 超富集植物最多,约 320 种;Cu 超富集植物 34 种、Co 超富集植物 34 种、Zn 超富集植物 18 种、Se 超富集植物 20 种、Pb 超富集植物 14 种、Mn 超富集植物 9 种、As 超富集植物 5 种。自 20 世纪 90 年代后期以来,我国已经发现了不少超富集植物,如 As 超富集植物蜈蚣草、大叶井口边草,Cd/Zn 超富集的东南景天、圆锥南芥、天蓝遏蓝菜,Mn 超富集的商陆,Cd 超富集的龙葵等。

木本植物、蔬菜和农作物对重金属也有一定的富集能力。有学者对栖霞矿区各树种综合富集 Pb、Zn、Cd 的能力进行了测定,结果表明,白榆、泡桐和构树富集能力最强。部分研究人员通过盆栽实验研究了重金属复合污染土壤中油菜和萝卜对重金属耐性和提取能力,萝卜要强于油菜。还有人研究了水稻、大豆和玉米对受轻度和中度污染土壤中 Cu、Pb、Zn 的富集能力,发现玉米和水稻对 Cu 提取效果较好,大豆对 Zn 提取效果更佳。

草本与木本的联合修复可有效提高重金属提取和修复效率,缩短修复周期。研究人员选取超富集植物东南景天和玉米,遏蓝菜和黑麦草,通过水培和盆栽实验,在污染土壤中进行套种,证实了不同植物间联合修复的可行性,研究结果发现虽然超积累植物生物量减小,但重金属总提取量有所增加。赖发英等采用实验小区的方法,研究了乔、灌、草多层次植物对重金属污染农田土壤的修复作用。结果表明,利用木本和草本植物立体模式来净化污染面积较大的土壤,效果明显,是治理重金属复合污染的一条新途径。目前重金属污染农田的植物修复技术还处于田间试验与示范阶段,尚未做到大规模推广,对修复成本、修复植物后续处置风险等环节也尚未进行系统评价,因此还需更多的大田实验数据来支撑这项技术的研究和推广。

5.5.1.2　微生物修复

微生物修复是利用活性微生物对重金属吸附或转化为低毒产物,从而降低重金属污染程度。用于修复的菌种主要有细菌、真菌和放线菌。研究发现用黑曲霉去除模拟土柱中 Cr(VI),结果发现,土壤含水量为田间持水量时,土壤中 Cr(VI) 质量分数为 250 mg·kg^{-1},15 天内 Cr(VI) 去除率为75%。微生物能氧化土壤中多种重金属元素,一些自养细菌如硫-铁杆菌类（Thiobacillus ferrobacillus）能氧化 As^{3+}、Cu$^+$、Mo^{4+}、Fe^{2+} 等。假单孢杆菌（Pseudomonas）能使 As^{3+}、Cu$^+$、Mo^{4+}、Fe^{2+} 等发生氧化,降低其活性。筛选具有重金属抗性的土著微生物更能适应土壤的生态条件。有人从甘蔗中筛选的放线菌（Streptomyces sp.）,在 7 天不加任何营养物质的条件下,可将土壤中 50 mg·kg^{-1}Cr(VI) 的生物利用率降低 90%,因此,Streptomyces sp. 在重金属污染修复和生物技术改进方面提供了非常有用的证据。

从目前来看,微生物修复是最具发展潜力和应用前景的技术,但微生物个体微小,难以从土壤中分离,还存在与修复现场土著菌株竞争等问题。因此,驯化和筛选高效菌株,构建菌种库,优化组合修复技术(如动物-微生物、植物-微生物等),将是未来研究的重点。

5.5.1.3　动物修复

动物修复是利用土壤中某些低等动物(如蚯蚓和鼠类等)吸收土壤中重金属这一特性,通过习居土壤动物或投放高富集动物对土壤重金属的吸收和转移,然后采用电激、灌水等方法从土壤中驱赶出这些动物集中处理,从而降低污染土壤中重金属质量分数的方法。例如,蚯蚓对土壤中重金属的吸收能力为:Zn > Cu > Pb > Hg。同时蚯蚓还可改良土壤,保持土壤肥力。研究人员发现了腐生波豆虫(Bodoputrinus)和梅氏扁豆虫(Phacodiniummetchni – coffi）对 Pb 具有很高的富集量。动物修复技术不能处理高浓度重金属污染土壤,除蚯蚓外,对于其他也具有很强修复能力的土壤动物有待于进行深入研究。

5.5.1.4　联合修复

植物与微生物的联合修复,特别是植物根系与根际微生物的联合作用,已经在实验室和小规模的修复中取得了良好效果。通过对蜈蚣草 – 微生物联合修复土壤 As 污染的研究,发现 Comamonas sp. Ts37 和 Delftia sp. Ts41 能显著减少闭蓄态砷的质量分数,菌根菌能显著提高土壤有效砷含量,接种丛枝菌根（AM）可提高植物地上部生物量,还能增加地上部对 As 的吸收量。同时蚯蚓 – 菌根相互作用对土壤、植物系统中 Cd 的迁移转化作用,结果表明蚯蚓增加了黑麦草根部 Cd 的积累,菌根促进了 Cd 从黑麦草根部向地上部转移,二者具有协同作用。

参考文献

[1] 曹蓉,王宝贞,王琳,等. 东营的生态塘污水处理系统[J]. 中国给水排水,2003,19（13）: 153 – 156.

[2] 陈长太,王雪,祁继英. 国外人工湿地技术的应用及研究进展[J]. 中国给水排水, 2003,19（12）: 105 – 106.

[3] 樊霆,叶文玲,陈海燕,等. 农田土壤重金属污染状况及修复技术研究[J]. 生态环境学报, 2013(10):1727 – 1736.

[4] 贾莉,荣慧芳. 生态工程技术在池州市农村生活污水处理中的应用前景[J]. 池州学院学报, 2015, 29(6):68 – 71.

[5] 李建华,袁利,于兴修,等. 生态清洁小流域建设现状与研究展望[J]. 中国水土保持, 2012(6).

[6] 刘超翔,胡洪营,张健,等. 人工复合生态床处理低浓度农村污水[J]. 中国给水排水, 2002,18（7）: 1 – 4.

[7] 沈小青,王卫琴. 地下土壤渗滤系统处理农村生活污水应用研究[J]. 工业安全与环保,2009,35（7）: 15 – 17.

[8] 苏东辉,郑正,王勇,等. 农村生活污水处理技术探讨[J]. 环境科学与技术,2005（1）: 79 – 81.

［9］王树乾,杨健,陆雍森.蚯蚓微生物生态滤池处理城镇生活污水研究［J］.环境导报,
　　　2002(5)：14－15.

［10］吴亚英.人工湿地在新西兰的应用［J］.江苏环境科技,2000,13(3)：32－33.

［11］杨林章,施卫明,薛利红,等.农村面源污染治理的"4R"理论与工程实践——总体
　　　思路与"4R"治理技术［J］.农业环境科学学报,2013,32(1):1－8.

［12］张建,黄霞,刘超翔,等.地下渗滤处理村镇生活污水的中试［J］.环境科学,2002,23(
　　　2)：57－61.

第 6 章　农村庭院生态工程

在农业生产过程中,不可避免地要产生有机废弃物,例如畜禽养殖产生的粪便、作物的秸秆和农产品加工产生的下脚料等,加上农业规模化和产业化发展因素,有机废弃物在局部地区过多的堆积而一时无法合理处置已经造成了环境污染。有效处理废弃物是保证农业生产正常进行的必要措施,通过增加或引入新的生产环节,不但能够化害为利,而且能够生产新的产品。要实现农业系统内部物质和能量的良性循环,必须通过肥料、饲料和燃料这 3 个枢纽,因而"三料"的转化途径是整个生态系统功能的关键环节。以沼气为纽带的庭院生态工程系统正好是实现"三料"转化的最佳途径,起着回收农业废弃物能量和物质的特殊作用。它对于促进农业生态的良性循环,发展农村经济,提高农民生活质量,改善农村环境卫生等方面都起着重要的作用。

6.1　农村庭院与庭院经济

6.1.1　农村庭院

农村庭院是指农户住宅院落及其周围邻近环境的闲散土地和零星水域,包括庭、院、园 3 个立体空间层次。庭是指房屋内外及其上下空间;院是指房前屋后的院落、空间和周边隙地;园是指宅基地周边附近的小面积自留性土地、山地、水面等可开发利用的资源空间。

截至 2016 年年底,我国大约有 2.3 亿农户,农村庭院面积约 670 万 hm^2,约占我国现有耕地面积的 6%。其中大多数农村庭院仅仅进行了简单的养殖或种植活动,利用程度很低,基本处于闲置或半闲置状态。如何有效开发农村庭院逐渐引起政府和农民的关注。

农村庭院是我国农户繁衍生息和从事生产劳动的重要场所,具有独特的生态环境、特定的自然景观、多产业的经济活动特征。农村生态系统不仅被各种自然因素左右,同时还要受到复杂的社会因素和经济因素的强烈制约。因此农村庭院系统实际是一个特殊的生态系统。它的特点有:

(1)生物种群高度密集:在庭院这个很小的范围内,人类和生物高密度共生,有限的土地上集中了动物、植物、微生物。集中了生产与生活所需的空间,生产者、消费者、分解者形成了复杂的食物链关系,是一个很活跃的复合体。我们必须遵守生物种群间相互作用的规律。所以,如何利用生物种群间关系,通过人工调控,建立起高效平衡,发挥生物间能量转换和物质循环规律是我们要深入探讨的课题。

(2)多级生产共存:农村庭院生态系统不仅与其他生态系统一样,具有由生产者、消费者、分解者共同形成的食物链网络关系,同时还存在着农产品的生产、加工、贮存等复杂的人类社会生产行为,构成生物性生产过程与人类社会生产过程相互作用的格局。因此,农村庭院生态系统比起其他的生态系统来就更加复杂和多样。

(3)庭院自然环境受到人工高度调控:在庭院生态系统中,除了复杂的自然环境外,更多的是由人类建造和调控的人工环境。如农房大都坐北朝南,庭院背风向阳;土壤比较肥沃,遇旱能浇,遇涝能排;特别是周围有房屋、树木、围墙等作屏障,受不利自然气候影响小,能形成良好的生态环境,从而增强抗御自然灾害能力。在这种环境下,可以生活着在自然环境下不能生活的种群。即使同一个生物种群,在农村庭院生态系统中的生长发育过程与在农田生态系统里的生长发育规律也有很大差别。

(4)与人类文明并存:农村庭院系统除了存在与其他生态系统的共性外,还由于其主要的生物种群是人类。因此它还具备人类文明的特征,主要包括:经济水平、人口结构、知识水平、法制观念、道德水平、风俗习惯、宗教信仰等。这些因素集中于这一个个小小的农村庭院,时刻在影响着农村庭院生态系统的结构和功能。

（5）物质能量的高度密集区：农村庭院生态系统是农业生态系统物质能量的集中地。农业生态系统所生产的绿色植物产品大约有 80% 左右的能量和物质都要集聚在这里。它的能量、物质的富集、转化、交换远比其他生态系统复杂。研究农村庭院生态系统能流和物流的转换、循环特征，是调控这个系统的重要工作。例如，这个系统中的物质、能量具有短期的突集性，极容易造成物质、能量的浪费和损失，同时也容易造成环境污染。因此，怎样使农业生态系统所生产的物质能量，按人类的意愿在农村庭院生态系统中进行循环转化，最大限度地形成经济产品，从而增加本系统的综合效益。同时又不会由于有机质的富集给环境带来不良影响，这就需要进行大量的调控工作。

6.1.2　农村庭院经济

农村庭院经济是指农户以家庭院落为基础，充分利用庭院空间、当地资源和劳动力优势，因地制宜地从事种植业、养殖业和农产品加工业等各种庭院生产经营，是高效、安全、节约资源、改善环境、解决农村劳动力就业的农业经济模式。

我国自古以来就有利用农村庭院饲养畜禽、种植果蔬花草的传统，为现代庭院经济的发展奠定了基础，但是真正意义上的庭院经济是 20 世纪80 年代以后才开始发展起来的。它的特点主要有：生产经营项目繁多，模式多种多样；投资少，见效快，商品率高，经营灵活，适应市场变化；集约化程度高；利用闲散、老弱劳力和剩余劳动时间。庭院经济的优点在于能合理开发农业土特产资源，继承和发展传统技艺，是农村商品生产的重要基地，是消化农村剩余劳动力的有效途径，是提高农民生产技术和积累经营经验的园地，也是农民致富的门路。

我国大部分人口分布在农村或小城镇，家家户户都有大小不等的庭院可以利用，发展庭院经济有很大潜力。其重要作用主要体现在：

（1）经济性：可以利用院落占用的土地资源，利用闲散劳力和不宜到大田劳动的劳力，通过系统组合，使生产中的各种废弃物得到充分利用，用较少投入获得比较高的效益。

（2）满足社会的各种需求，增加农户的经济收入：庭院经济通过适当改造，能尽快生产出各种名、优、特产品，经济效益高。一个普通庭院通过 3 ~

5 年的时间就可以较快地改变成为高效的院落生态系统。

（3）美化居住环境：庭院经济可以把经济建设和环境建设有机地结合起来，既可获得较高的经济效益，又美化了生活环境，使经济效益、生态效益和社会效益实现高度统一。

（4）庭院经济还为新技术在农村的推广提供了一个有效的试验点。

6.1.3 农村庭院环境现状和问题

我国是农业大国，农村人口多、面积大，但长久以来由于过度强调经济发展，忽略了环境问题，加上农民本身素质参差不齐，农村环境得不到维护，生态环境不断恶化。日益严重的人居庭院环境污染和生态环境破坏，已成为制约农村可持续发展的瓶颈因素。主要问题有：

（1）生活垃圾、生活污水没有得到处理：随着农村经济的不断发展，各种不易降解的工业制品大量进入农村并被广泛使用，如电子产品、塑料和注塑产品等，但对于这类难降解工业制品却没有相应的处理措施，给农村环境造成了严重污染。此外，我国农村生活垃圾还具有随意露天堆放的特点，据统计，我国农村每天约有 1.2 亿 t 生活垃圾没有经过任何处理，全部露天堆放，这不仅占用了大量的土地资源，同时还使垃圾中的各种有毒有害物质不断向外界释放，污染周边环境。

污水的随意排放也是农村的另外一个污染源。每年农民日常生活产生超过 250 亿 t 的生活污水全部直接排入周围的环境，对农业生产、农民生活构成了极大的环境隐患。

（2）生物质燃烧导致大气污染：我国广大农村由于生存条件的限制，燃料问题比较突出，大多时间是以秸秆甚至乡间杂草作为主要燃料。这些秸秆在燃烧过程中，释放大量的烟尘，成为农村一个重要污染源。

（3）村庄基础设施和服务设施差：对外交通不通畅，村内道路、给水、排水、通信等基础设施配套性、共享性差，教育、文化、卫生、环保、家政等事业落后，这是全国村庄的通病。据 2005 年建设部对 9 省 74 个村的调查结果表明，其中 40% 的村庄没有集中供水，60% 的村庄没有排水沟渠和污水处理，40% 的村庄雨天出行难，晴天是车拉人，雨天是人拉车，90% 的村庄没有任何消防设施，90% 的垃圾是随处丢放。显然这样的人居环境是不能容忍和接受的。

(4)村庄布局散乱的态势未得到根本改善:"十五"期间,村镇布局虽然有所改善,但自然村数量过多、布局分散、规模过小的问题仍然十分突出,村庄人均建设用地仍然偏大。由于自然地理环境的影响,一些平原地区的村落分布相当密集,村庄首尾相接,犬牙交错,非常混乱,增加了基础设施配套建设难度。

(5)村民住宅建筑品质低:尽管农村住宅与城市住宅相比从户均面积上看,都比较大,农民也舍得花钱建设大房子,但是由于村庄内部没有统一的规划和好的标准引导,而且农村建房以个体为主,致使农房建设布局散乱,房屋建筑形式单一,外部装修不到位,从外观上看显得杂乱无序,一定程度上影响房屋间通风采光和视觉景观。另外农民建房不顾实际需要,盲目攀比,既造成了资金的巨大浪费,还使村庄应有的传统风貌、地方特色和乡土气息丧失殆尽,形成了"千村一面"的类同现象。

(6)"空心村"现象比较严重:近年来,随着经济的发展,农民生活水平日渐提高,很多农民告别了过去低矮潮湿的土砖茅房,建起了阔气的小洋楼。但在一些地方,乱占滥建现象比较普遍,不少农民放着旧宅地基不用,竞相在村庄周围占用良田建房,造成村内大量旧房闲置,形成了"空心村"。正如民间对它的描述:"外面像个村,进村不是村,老屋没人住,荒草杂生。""空心村"现象不仅严重影响了土地的集约化利用和农业的规模经营,而且还制约了农村人居环境的改善。

(7)农村社区公共服务和管理功能薄弱:长期以来,财政的基础设施投资主要面向城市,许多地方的农村基础建设基本上靠农民投工投劳自行解决。农村经济发展水平低、自身经济积累不足,严重制约着农村基础设施建设,农村抵御自然灾害的能力极其脆弱。

(8)村庄规划和建设管理缺失:按照我国城市规划和管理体系,一个城市的城市总体规划包括市域城镇体系规划和中心城区规划,因此当一个城市的中心区域建设加快需要扩大时,势必要修订规划,相应的城镇体系规划也需要按照发展的要求而变更。城镇体系规划属于战略性规划范畴,不能直接用于指导实践,需要由村庄布局规划和村庄建设规划这类实施性规划对农村空间发展实行有效的管制。由于长期以来城市的规划指导,农村即使有规划也是依附于城市规划,当城市规划需要时,农村规划就会相应地被调整。这样致使农村用地规划和功能划分始终不能保持相对较长时间的稳定。这些年来从农村到城市的建房速度都相当快,农民居住条件也经历了从草房、瓦房、楼房到洋房的变迁,一代人要造几次房,这既有经济发展带来的因素,又有建设理念的问题,但更有城市规划与村镇规划衔接问题和规划与建设管理相脱节的问题。这些问题造成的后果是村庄布局散、规模小、建设乱,加上农民盲目仿效与攀比,村庄建设杂乱无章,导致"只见新房、不见新村,只见新村、不见新貌"的局面。

6.1.4　生态宜居美丽乡村建设

党的十八大以来,以习近平为总书记的党中央站在实现中华民族伟大复兴的高度对生态文明建设做了顶层设计和总体部署,将生态文明建设提升到"五位一体"总体布局的战略高度,开创了生态文明建设新时代。近年来,由于政府的大力支持,我国生态文明建设成效显著,城市生态功能日益凸显。但是,在偏僻的农村地区由于生态环境恶化所带来的恶果已经影响到农民生存、农业发展、农村稳定。因此,优化农村人居环境,建设宜居美丽乡村势在必行。农村人居环境建设体现在人与自然的和谐发展上。

改善农村人居环境,建设生态宜居乡村,实现乡村的振兴,首先要做好以下几件事:

(1)道路硬化:条件好的和比较好的村,可以铺水泥路、柏油路;条件差的可以铺砖石路。把硬化村内街道和连接公路的主村道作为一项重要任务来完成。道路硬化主要起到了这几个作用:①方便功能。方便生产和生活,假如没有路,人就是个体的,就会永远处在愚昧状态,有了路,人类就从愚昧走向了文明。②交流沟通功能。有了路,人与人之间、人与外界的交流沟通就快速便捷。③审美健康功能良好的路本身就是一道风景,它会给人一种愉悦,路不好给人的感觉就不好。④基础功能。整个人类社会活动的基础就是路,有了路才有一切,有了路才有发展,有了路才有与外界沟通的欲望。⑤走向未来的功能。重视路就是重视发展,就是重视未来。

(2)卫生洁化:重点解决柴草乱垛、污水乱泼、粪土乱堆、垃圾乱倒、畜禽乱跑问题,把沼气池建设作为净化的根本措施,从根本上解决长期以来农村厕所脏和农村街院卫生差的状况:①畜禽养殖污染治理。合理划定禁养区、限养区和非禁养区,促进养殖业的优化布局。严格禁止在非禁养区外新建、扩建养殖场,对禁养区内的所有畜禽养殖场进行整治和清理。同时,结合大中型沼气工程建设,大力开展能源型、生态型治污。在畜禽养殖场推广建设沼气池,沼液用于果园、农田施肥。把"治污"和"沃土"两项工作结合起来,一方面利用生猪养殖排泄物来生产有机肥,另一方面以有机肥来提高地力。②农村生活污水治理。根据当前农村生活污水的现状,主要从两个方面进行治理:一方面积极推进农村卫生厕所改造。按照"一改二拆三建"的原则,对农村生活污水进行无害化处理。第一是改,即鼓励农户改造室内卫生厕所,建设三格式化粪池和户用沼气池,补助政策实行"户改市补"。第二是拆,即列入改厕计划的村,村内所有简易厕所、露天粪坑都要在规定时间内拆除,拆除后的土地所有权收归村集体,由村里实施绿化等公建,补助政策实行"户拆村补"。第三是建,即建造公厕,就是对部分人口密集度较高的居住区或公共场所,建造一定数量的生态公厕,供农户使用,补助政策实行"村建政府补",稳步推进农村污水集中收集处理。③农村生活垃圾治理。根据农村区域广、居住散的实际,采取 3 种模式抓好垃圾集中收集处理工作:一是"就地分拣、就地处理"模式。对部分山区偏远乡镇及平原乡镇中的偏远村,由村里建设分拣站集中收集垃圾,由村保洁员分拣减量后,选择合适地点就地填埋,有害垃圾统一送填埋场处理。二是"村收村运、乡镇处理"模式。对少数离填埋场特别远的乡镇,在乡镇建设无害化填埋场,村里收集的垃圾自行运送到填埋场,由乡镇负责进行卫生填埋。三是"村收村运、乡镇中转、市处理"模式。对绝大部分平原地区,由乡镇建设中转站,村里收集的垃圾就近运送到中转站后,由乡镇负责中转到市填埋场,进行卫生填埋。

（3）村庄绿化:这既是改善居民居住环境的现实需要,也是发展经济、增加农民收入的有效途径。按照宜林则林、宜果则果、宜草则草的原则以及经济林与生态林相结合、四旁植树与环村林带相结合的原则,大力推进生态绿化建设,要按照生态效益和社会效益相统一、人与自然和谐发展的要求,组织种树种草,切实改善农村生态环境,努力实现"村镇在林中、人居在绿中"的村镇环境。①村庄绿化规模不宜过大,应该树立节约型绿化理念。在开展村庄建设规划编制时,做好村庄绿化规划设计,绿化工程施工前,应请绿化专业技术人员进行指导。园林事业管理部门要关注新农村建设,送技术下乡,培训村干部的园林绿化技术知识,增强绿化环境、美化村庄观念,为村庄绿化提供高效优质服务。②村庄绿化从建设和谐型生态村和农民的切身利益出发,避免拆屋建绿。尽量利用村庄现有的古树周围,利用道路两侧、溪流两岸、水塘周围等自然地形,本着因地制宜的原则,将当地的文化特色、乡土特色、地形特色融入绿化建设当中。结合村庄建筑风格进行科学组合,增强绿化与周边环境的协调感。③村庄绿化应做到经济实用与观赏价值相结合的原则。在选择树种花草时,不宜追求名贵品种,以坚持适地种树为原则,选择种植成本低,成活率高,具有一定观赏价值的植物树种,贯彻植物多样化原则,以乔木为主,乔、灌、花、草合理搭配。积极采用野生植被建设绿化村庄,注重村民休闲养生,种植花草,配置园林小品及体育锻炼休闲设施,提高绿化利用率。④村庄绿化要加强管理。种了不养等于白种,将节约型的社会管理理念贯穿整个村庄绿化建设的全过程,绿化管理与环境卫生管理相结合。农村没有稳定的管理经费,尽量取得村老人协会、离退休干部、在家休养职工的支持,让富有集体事业心的老人发挥余热,为村庄建设出力,建设和谐美好家园。

(4)村容美化:村容美化是道路硬化、卫生洁化、村庄绿化的结合。在农村人居环境生态建设中,把道路硬化、卫生洁化、村庄绿化和村容美化相结合。在新农村建设中,应把"村容美化"基础工作抓好,让村庄美起来。当然,美化村容千万不能搞形式主义,一定要求真务实,从实际出发,尊重农民意愿,组织村民自觉美化庭院村庄,创造良好的生产生活环境。

6.2 农村庭院生态工程

6.2.1 农村庭院生态工程的概念

农村庭院生态工程,是生态工程的一个重要分支,是指在农村住宅与其周边零星土地或水域范围内进行的,应用生态工程的理论和系统论的方法,对其环境、生物进行保护、改造、建设和资源开发利用的综合工艺技术体系。

农村庭院生态工程中的资源开发利用部分,即"庭院经济"。当然庭院经济的形式多种多样,可以脱离于生态工程之外而存在。庭院生态工程的核心内容是农村能源的利用,沼气技术可以说是农村庭院生态工程的重要组成。

6.2.2　庭院生态工程技术体系

（1）庭院环境建设与调控：农村庭院生态系统的环境因子，包括 3 个基本组成部分：所在地区的自然环境，人工建造的环境，社会经济和人文环境。要提高和优化农村生态环境效益，可从 3 个方面入手：一是如何选择好农村庭院生态系统的自然环境；二是如何建设好农村庭院生态系统的人工环境；三是要符合当地的社会经济和人文环境。这三者之间关系十分密切。一个良好的自然环境，往往是农村庭院生态系统的重要基础。但是，在自然环境很好，而人工环境质量较差的情况下，也不能保证农村庭院生态系统的和谐。

（2）农村庭院资源的开发利用：农村庭院本身就属于我国农村和农业生产的一种特殊资源，合理高效地开发与利用农村庭院资源对于我国农业和农村发展具有重要意义。农村庭院资源主要包括以下几个部分：①农村庭院与其周边地带的零星土地资源：农村庭院所占有零星的土地资源距离人类生活场所很近，便于经营管理和利用农民剩余劳动力、闲暇劳动时间或老年、妇女劳动力进行劳动力集约型开发利用。可以就近利用农村庭院产生的有机废弃物（粪便和有机垃圾）进行小规模、高品质的农副产品生产。②农村庭院具有特殊的环境资源：农村庭院范围内，由于人类生活影响和建筑物的存在，形成了与农田有一定差异的自然环境（特殊的土壤条件或小气候）。利用农村庭院这种特殊的环境资源进行具有庭院特色的生产项目，可以取得很高的效益。③农村丰富的农产品与副产品资源：农村庭院是农副产品集中贮存的基本场所，利用这些庭院进行农副产品的加工转化和贮藏保鲜，使农产品成为成品再输送到市场或者利用农业副产品经过转化"变废为宝"，是提高农业生产效益的一条重要途径。④农村大量的剩余劳动力资源：当前我国农村大量的剩余劳动力和农村老、弱、病、残人员，他们本身既是农村的消费群体，又是发展农业生产的重要潜在资源。利用农村庭院合理消化这些劳动力资源，不但可以产生很高的经济收益，同时还具有重要的社会效益。

针对农村庭院这些特殊资源，根据"环境与经济协调理论"，通过空间的多层次利用、时间结构的合理调控、人工食物链的"加环"与"解链"、农产品加工贮藏保鲜等特殊工艺技术,进行高效益的转化,实现农村庭院可持续发展的前景十分广阔。

6.2.3 农村庭院生态工程主要技术

针对环境建设和资源开发,庭院生态工程的主要技术包括如下几个方面:

(1)生物及庭院空间的合理利用组装技术。运用生态位原理,根据农业生物的生态特性及其生活在庭院中的时空位差,合理地组装各种优质、高产、高效的农业生物,进行生产。

(2)物质多级利用和转化再生技术。在现有的生产及食物链上加环,组成新的食物链,提高初级产品的转化和利用效率,增加产品种类、产量和产值,同时对环境起净化作用。

(3)种养加一体化配套生态技术。把加工业、养殖业和种植业紧密结合起来,使产品通过加工的环节增值,在加工中产生的废弃物可以在系统中进一步循环利用,使资源得到充分利用,提高经济和生态效益。

(4)能源的合理开发利用技术。利用沼气技术,提供廉价能源,带动整个庭院生态系统稳定良性循环;利用太阳能技术,为作物、畜禽生长生产创造良好的生态环境。

6.2.4 农村庭院生态工程的特点

农村庭院生态工程不同于其他的生态工程,在结构上体现出高度的多样性,其主要特点是:

(1)经营的灵活性。可充分利用庭院闲散土地和剩余劳动力,凭借就近易于管理的优势,从生产条件和技术专长出发,来选择经营项目,并根据资源条件和市场需求变化,来调整经营方向,从事相应的商品生产。

(2)生态的特殊性。庭院是一个独特的生态系统和良好的小气候环境,土壤比较肥沃,受不利自然气候的影响小,从而增强抵御自然灾害的能力。

(3)开放的立体性。充分挖掘生产季节时间差,发挥庭院空间潜力,形成多层次立体开发,综合利用农业资源,集约经营农林、养殖、加工各业,把季节性生产变为全年生产。

（4）经济的速效性。庭院生态工程一般实行集约经营，规模较小而效益比较高，生产周期短，容易周转，很快就有经济收益。

（5）管理的自主性。庭院生态工程经营管理以家庭劳力为主，能促进家庭管理自主性，充分利用时间，种养结合，积极经营，发展商品生产。

（6）经营的商品性。有利于加速自给自足经济向商品经济转化，加速商品经济的发展。

（7）结构的合理性。庭院生态工程实质是一个高效益的人工生态系统，系统内各业有机结合，交织成网络结构，增强了自我调节能力，促使产业分工更加完善，结构日趋合理，特别是庭院多种经营，为其他行业提供了大量的原料。

6.3　农村庭院生态工程模式

农村庭院生态工程多以沼气技术为纽带，种植、养殖、加工多业并举，互相促进，共同发展，实现各种资源的多级转换、循环利用。由于地域条件、技术差异以及要求的不同，农村庭院生态工程形成了多种多样的类型和模式。

6.3.1　庭院种植类型

这是我国传统的庭院生态工程类型。选择蔬菜、花卉、果树、药材等易于管理的植物种植在庭院周围，精细管理，既可增加家庭经济收入，又能绿化、美化住宅环境。

6.3.2　种养结合类型

（1）"蔬菜－畜禽－鱼"模式：在菜园中间套作种植多种蔬菜，为鱼和畜禽提供青饲料，畜禽的粪便及废水可以喂鱼、加工有机肥料。

（2）"畜禽－果树－菌"模式：栽植果树，树间套种蔬菜或露天栽培食用菌，畜禽的粪便栽培食用菌后，为果树提供优质的有机肥。

（3）"设施种植－养殖"模式：建造日光温室、塑料大棚等，主要开展蔬菜覆盖栽培,或畜禽养殖,蔬菜栽培以反季节蔬菜为主。

6.3.3 立体栽培类型

(1)"畜禽－沼气－果－菌"模式:以庭院畜牧业为主的"四位一体"模式。把畜禽的粪便作为沼气生产的原料,沼气作为照明加工的能源,沼渣、沼液用作果树的优质有机肥,沼渣还可以作为果树下套栽食用菌的培养基原料。

(2)"桑－蚕－猪－果"模式:利用庭院土地种植桑树养蚕,蚕沙喂鱼、肥田,养猪提供肥料,种植果树提供商品,增加收入。

(3)"葡萄－药材－鱼"模式:合理利用庭院空间,实行高矮作物间作,上层搭架种植葡萄,地面种植药材等经济作物,水体养鱼。

6.3.4 种养加复合类型

把种植、养殖、加工、经营、服务综合考虑,形成完善的"生产－加工－销售"的完整系统,充分利用庭院生态系统的集约性、交互性的特点。

6.3.5 庭院微循环类型

庭院微循环类型是目前最有发展前景的庭院生态工程类型,具有良好的综合效益。该类型主要内容包括利用农作物秸秆作为食用菌的生产原料,食用菌的废料为家畜提供饲料,家畜粪便发酵产生沼气,沼气可作为生活能源,沼液、沼渣可作为农作物肥料。这种以沼气为纽带,形成以农带牧、以牧促沼、以沼促农"配套发展"的良性循环体系。

6.4 农村庭院生态模式案例

人们最初认识沼气,注重的是它的能源功能,随着科学技术的发展和人类认识能力的提高,沼气的生态功能和环卫功能越来越被人类所认识,沼气已经成为联结养殖和种植、生活用能和生产用肥的纽带,成为实现燃料、肥料和饲料转化的最佳途径,在农村庭院生态模式和生态农业中起着回收农业废弃物能量和物质的特殊作用。发展农村沼气,建设农村庭院生态模式,既可为农民提供高品位清洁能源,又可以通过生态链的延长增加农民收入,同时,能够保护和恢复森林植被,减少农药化肥用量和大气污染,改善农村环境卫生,促进农业增产、农民增收和农村经济可持续发展。

以沼气为纽带的农村庭院生态模式是农民在自己住宅院内及与宅基地相连的自留地、承包地、山坡、水面上,依据生态经济学的基本原理和系统工程学的基本方法,充分利用庭院设施、资源、劳动力等优势,因地制宜地从事以庭院沼气为纽带的种植、养殖、农副产品加工等各种庭院生产经营,从规划到布局,从物质、能量的输入到输出,更趋向于科学、合理、高效、低耗、优质、高产,经济效益、生态效益、社会效益俱佳的经营模式。它具有巧用食物链(网)和共生生态关系,把绿色植物的生产,食草、食肉动物的饲养和微生物的转换有机地串联起来,使物质多次循环利用,能量高效率利用,形成一个布局合理、环境优美的生产、生活两用基地,并能获取较高的经济效益和生态效益。

以沼气为纽带的农村庭院生态模式是庭院生态农业的基本单元,它结合了院园生态的特点,将生态农业更加集约化、精细化、人为化。除了充分利用时间、空间、资源、劳动力外,还具有经营范围小、管理方便、劳动效率高、经营灵活等特点。农村庭院生态模式以庭院高效沼气技术为纽带,将种植业、养殖业和加工业科学结合,多层次对土地、空气、光热、动植物废弃物等自然资源进行深度利用,用较少的投入获得最大的效益,有利于生态平衡,使庭院处于周期性的良性循环之中,是一种经济和生态效益较为可观的经营模式(图6-1)。

中国在发展以沼气为纽带的农村庭院生态模式中,研究、探索出南方"猪沼果"、北方"四位一体"和西北"五配套"等多种农村庭院生态模式典型模式,并大面积示范推广。这些模式将农村沼气、庭院经济与生态农业紧密地结合起来,变革了农村传统的生产、生活方式和思想观念,实现了农业废弃物资源化、农业生产高效化、农村环境清洁化和农民生活文明化,取得了显著的经济、生态和社会效益。农民称这些模式是"绿色小工厂""致富大车间",纷纷靠模式"盖新房、娶新娘、奔小康"。

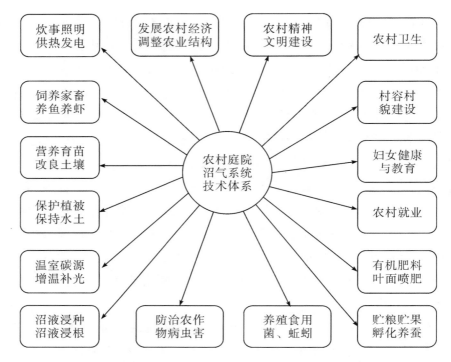

图 6-1　沼气系统与农业生产系统要素的关系

6.4.1　南方"猪沼果"庭院生态模式

南方"猪沼果"庭院生态模式是以农户为基本单元,利用房前屋后的山地、水面、庭院等场地,主要建设畜禽舍、沼气池、果园等几部分,同时使沼气池建设与畜禽舍和厕所三结合,形成养殖-沼气-种植三位一体庭院经济格局(图 6-2),形成生态良性循环,增加农民收入。

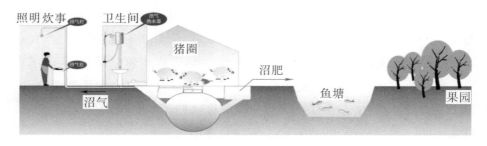

图 6-2　南方"猪沼果"庭院生态模式结构示意图

　　该模式的基本要素是"户建一口池,人均年出栏 2 头猪,人均种好 1 亩果"。基本运作方式是:沼气用于农户日常做饭点灯,沼肥用于果树或其他农作物,沼液用于鱼塘和饲料添加剂喂养生猪,果园套种蔬菜和饲料作物,满足庭院畜禽养殖饲料需求。

　　该模式围绕农业主导产业,因地制宜开展沼液、沼渣综合利用。除养猪外,还包括养牛、养羊、养鸡等庭院养殖业;除与果业结合外,还与粮食、蔬菜、经济作物等相结合,构成"猪 - 沼 - 果""猪 - 沼 - 菜""猪 - 沼 -鱼""猪 - 沼 - 稻"等衍生模式。

　　南方"猪 - 沼 - 果"庭院生态模式运行如图 6 - 3 所示。

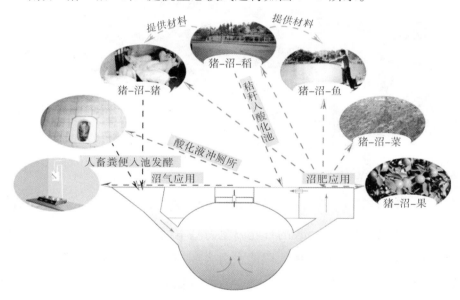

图 6 - 3　南方"猪沼果"庭院生态模式运行示意图

6.4.2　北方"四位一体"庭院生态模式

　　北方"四位一体"庭院生态模式是以设施农业工程为基础,通过动植物的共生互补、废弃物的循环利用以及生物物理防治等措施,达到改善设施生态环境、减少连作障碍和农药化肥残留,实现系统高效生产和可持续发展的一种现代农牧复合生态工程模式。生态温室工程模式是生态农业在设施农业领域具体应用的产物,是现代设施农业与生态农业学科之间的交叉渗透而形成的新型农业模式。

6.4.2.1 北方"四位一体"模式的原理

北方"四位一体"庭院生态模式是在农户庭院内建日光温室,在温室的一端地下建沼气池,沼气池上建猪圈和厕所,温室内种植蔬菜或水果(图6-4)。该模式以太阳能为动力,以沼气为纽带,种植业和养殖业相结合,形成生态良性循环,增加农民收入。

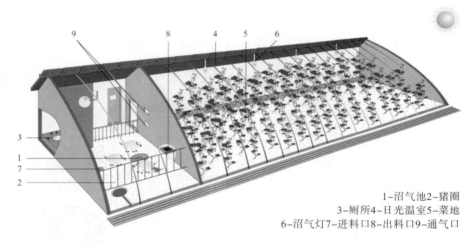

1-沼气池2-猪圈
3-厕所4-日光温室5-菜地
6-沼气灯7-进料口8-出料口9-通气口

图6-4 北方"四位一体"庭院生态模式结构示意图

该模式以200~600 m² 的日光温室为基本生产单元,在温室内部西侧、东侧或北侧建一座20 m² 的太阳能畜禽舍和一个2 m² 的厕所,畜禽舍下部为一个6~10 m³ 的沼气池。利用塑料薄膜的透光和阻散性能及复合保温墙体结构,将日光能转化为热能,阻止热量及水分的散发,达到增温、保温的目的,使冬季日光温室内温度保持10℃以上,从而解决了反季节果蔬生产、畜禽和沼气池安全越冬问题。温室内饲养的畜禽可以为日光温室增温并为农作物提供二氧化碳气肥,农作物光合作用又能增加畜禽舍内的氧气含量;沼气池发酵产生的沼气、沼液和沼渣可用于农民生活和农业生产(图6-5),从而达到环境改善,能源利用,促进生产,提高生活水平的目的。

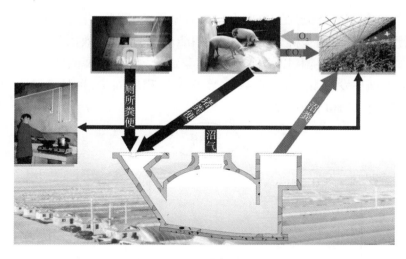

图 6－5　北方"四位一体"庭院生态模式运行示意图

6.4.2.2　北方"四位一体"模式的单元功能

（1）沼气池。是"四位一体"模式的核心，起着联结养殖与种植、生产与生活用能的纽带作用。沼气池位于日光温室内的一端，利用畜禽舍自流入池的粪尿厌氧发酵，产生以甲烷为主要成分的混合气体，为生活（照明、炊事）和生产提供能源；同时，沼气发酵的残余物为蔬菜、果品和花卉等生长发育提供优质有机肥。

（2）日光温室。是"四位一体"模式的主体，沼气池、猪舍、厕所、栽培室都装入温室中，形成全封闭状态。日光温室采用合理采光时段理论和复合载热墙体结构理论设计的新型节能型日光温室，其合理采光时段保持4小时以上。

（3）太阳能畜禽舍。是"四位一体"模式的基础，根据日光温室设计原则设计，使其既达到冬季保温、增温，又能在夏季降温、防晒。使生猪全年生长，缩短育肥时间，节省饲料，提高养猪效益，并使沼气池常年产气利用。

6.4.2.3　北方"四位一体"模式优化设计

依据农牧复合生态工程的原理和方法，采用生态加环、生态延链和生态接口技术，对传统集约型日光温室生产方式进行以沼气为纽带的生态温室工程优化设计和组装配套，建立以日光温室群为基础，根据温室种植面积配套适合的畜禽养殖规模和沼气发酵装置容积；根据温室生产需肥量，通过集中供肥系统，将处理后的沼液分送到各个温室，做果树、蔬菜、花卉种植的叶面肥和根部追肥,分离出的沼渣做果树、蔬菜、花卉种植的基肥和追肥,形成以日光温室群为基础,以太阳能为动力,以高效沼气工程为纽带的以农促畜、以畜促沼、以沼促菜、畜沼菜结合、持续发展的能源－生态－经济良性循环发展系统(图6－6),实现产气积肥同步,种植养殖并举,能流、物流良性循环(图6－7)。

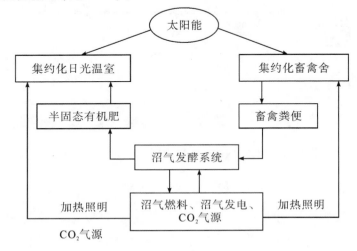

图6－6 "四位一体"模式结构

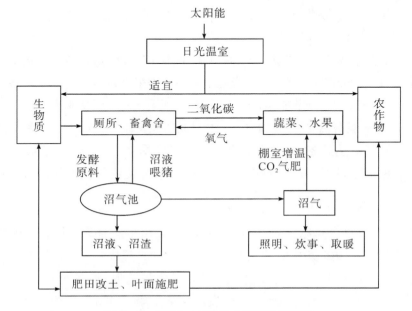

图6－7 "四位一体"模式能流物复循环

（1）温室畜禽养殖子系统：在以沼气为纽带的生态温室工程模式中，畜禽养殖子系统是实现以畜促沼、以沼促菜、畜 - 沼 - 菜结合的前提。其养殖规模可根据温室面积及蔬菜生长周期内的需肥量确定。

（2）高效沼气发酵子系统：生态菜园工程模式通常是在常温发酵工艺条件下，依据不同温区的水力滞留期和进料总固体百分比浓度，根据畜禽养殖数量和经营该模式的成年人人数确定沼气工程系统规模。形成以集约型日光温室群为基础，以太阳能为动力，以旋动式高效沼气工程为纽带的以农带畜、以畜促沼、以沼促菜、畜沼菜结合、持续发展的能源 - 生态 - 经济良性循环发展系统。

（3）日光温室工程子系统：日光温室结构优化设计应考虑有效利用太阳能光热资源，具有良好的采光屋面，能最大限度地透过光照，吸收太阳辐射的热能；具有优良的保温和蓄热构造，能够在密闭条件下，最大限度地减少温室散热，同时应有较大面积、蓄热能力强的贮热体；温室结构应具有抵抗当地较大风雪荷载的强度，既坚固耐用又避免大面积遮光，同时应具备易于通风、排湿、降温等环境调控功能，有利于作物生长和便于人工作业的空间。

6.4.2.4　"四位一体"模式日光温室优化设计

（1）温室方位：坐北朝南，东西延长，以利于前屋面接受太阳光。方位角可偏东或偏西，但不宜超过 10°。南偏东 10°，则中午阳光与前屋面提前 40 分钟垂直，可使温室的温度早升高，有利于作物光合作用；南偏西 10°，则阳光会晚 40 分钟垂直。北纬 40°以北地区，以南偏西 5°～10°为宜。北纬 38°以南地区，可偏东南 5°～10°。

（2）温室屋面采光角 α_0：屋面采光角决定温室的采光性能，使冬季阳光最大限度地进入温室内，降低阳光在温室屋面的反射率，应使入射角为 0。屋面采光角的计算公式为：

$$\alpha_0 = 90° - H_s \qquad (6-1)$$

式中：α_0——屋面采光角（°）；

　　　H_s—— 太阳高度角（°）。

根据温室合理采光时段理论，温室生产冬至日前后每日应能保证有 4 个小时以上较好的光照条件，也就是要求冬至日 10 时至 14 时，太阳直射

光对温室斜面 OH 入射角应控制在40°以内(图6-8)。

朝向正南的温室,其方位角为0。通过优化设计,得到不同纬度的合理采光时段设计屋面采光角 α_{01}、α_{02} 的数值如表6-1所示。

设计屋面采光角 α_0 对高纬度地区以 α_{01} 为取值基准,对低纬度地区以 α_{02} 为取值基准,对中纬度地区可在 α_{01} 和 α_{02} 之间选取。跨度小的温室,应以 α_{02} 为取值基准。

(3)后坡仰角 β:温室后坡与水平面的夹角叫后坡仰角(图6-8)。后坡仰角过小时,在寒冷的冬季温室内后屋面见不到阳光,影响温室的温度。当后屋面角度大于当地冬至日太阳高度角时,可使温室冬至日前后中午洒满直射阳光,这样后墙和后屋面可以贮存热量,又可以向温室反射光线增加光照。所以后屋面仰角要大于当地冬至日太阳高度角7°~8°,较适宜角度为35°,不低于30°,使后屋面在11月上旬至次年2月上旬之间中午前后接受直射阳光,增加温室的温度。

(4)跨度 L:温室的跨度是指从温室内北墙根起至南侧底脚的距离(图6-8),一般为6~7.5 m之间,并配建一定的屋脊高度,以保证前屋面有较好的采光角度。一般北纬41°以北地区跨度不宜超过7 m,北纬36°~40°地区跨度不宜超过7.5 m,北纬35°以南地区不宜超过8 m。

(5)高度 H:温室的高度是指屋脊到水平地面的垂直距离,称为脊高(图6-8)。适当增加脊高,可以加大前屋面采光角度,有利于白天的透光,提高室温,而且使温室空间变大,热容量增大。但脊高过高,不但浪费材料,也不利于保温。如果脊高偏矮,那么就会使前屋面角度变小,太阳辐射的入射量大大减少。在建造温室选择脊高时,高纬度地区以表6-1中 H_{01} 为宜,低纬度地区以 H_{02} 为宜,中纬度地区可在 H_{01} 与 H_{02} 之间选取适当的高度值。

(6)前屋面形状及角度:前屋面的角度是指塑料薄膜屋面与地平面的夹角,前屋面角度大,温室内获得太阳辐射就多,室内的温度、光照就好。但不是屋面角越大越好,要结合温室整体结构、造型、使用面积、空间的合理利用、作物生长特性等因素综合考虑。一般在北纬40°以南地区,一斜一立的温室采光屋面的角度应保持23°~25°,北纬40°以北地区应保持25°以上;拱弧形温室的前底角处切线角应保持60°左右,拱架中段南端起点处切线角保持30°,上段南端起点处的切线角保持20°左右。

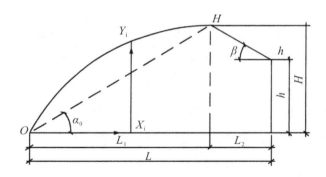

图 6-8　日光温室结构参数示意图

表 6-1　不同纬度生态温室主要结构参数

纬度	跨度 L=6.0	跨度 L=6.5	跨度 L=7.0	跨度 L=7.5	后坡投影 L₂
32°	$H_{01}=1.95$ $H_{02}=2.67$	$H_{01}=2.15$ $H_{02}=2.94$	$H_{01}=2.34$ $H_{02}=3.21$	$H_{01}=2.54$ $H_{02}=3.48$	1.00
33°	$H_{01}=1.97$ $H_{02}=2.68$	$H_{01}=2.17$ $H_{02}=2.96$	$H_{01}=2.38$ $H_{02}=3.23$	$H_{01}=2.59$ $H_{02}=3.51$	1.20
34°	$H_{01}=2.07$ $H_{02}=2.79$	$H_{01}=2.28$ $H_{02}=3.08$	$H_{01}=2.50$ $H_{02}=3.37$	$H_{01}=2.72$ $H_{02}=3.66$	1.20
35°	$H_{01}=2.17$ $H_{02}=2.90$	$H_{01}=2.39$ $H_{02}=3.20$	$H_{01}=2.62$ $H_{02}=3.50$	$H_{01}=2.84$ $H_{02}=3.81$	1.20
36°	$H_{01}=2.27$ $H_{02}=3.02$	$H_{01}=2.51$ $H_{02}=3.33$	$H_{01}=2.74$ $H_{02}=3.64$	$H_{01}=2.98$ $H_{02}=3.96$	1.20
37°	$H_{01}=2.32$ $H_{02}=3.07$	$H_{01}=2.57$ $H_{02}=3.40$	$H_{01}=2.82$ $H_{02}=3.72$	$H_{01}=3.07$ $H_{02}=4.05$	1.30
38°	$H_{01}=2.43$ $H_{02}=3.19$	$H_{01}=2.69$ $H_{02}=3.53$	$H_{01}=2.94$ $H_{02}=3.86$	$H_{01}=3.20$ $H_{02}=4.20$	1.30
39°	$H_{01}=2.53$ $H_{02}=3.31$	$H_{01}=2.80$ $H_{02}=3.66$	$H_{01}=3.07$ $H_{02}=4.01$	$H_{01}=3.34$ $H_{02}=4.36$	1.30

纬度	跨度 $L=6.0$	跨度 $L=6.5$	跨度 $L=7.0$	跨度 $L=7.5$	后坡投影 L_2
40°	$H_{01}=2.53$	$H_{01}=2.80$	$H_{01}=3.09$	$H_{01}=3.37$	1.50
	$H_{02}=3.29$	$H_{02}=3.65$	$H_{02}=4.02$	$H_{02}=4.38$	
41°	$H_{01}=2.63$	$H_{01}=2.92$	$H_{01}=3.22$	–	1.50
	$H_{02}=3.41$	$**H_{1-2}=3.40$	$H_{1-2}=3.50$	–	
42°	$H_{01}=2.74$	$H_{01}=3.04$	$H_{01}=3.35$		1.50
	$H_{02}=3.53$	$**H_{1-2}=3.40$	$*H_{1-2}=3.50$		
43°	$H_{01}=2.85$	$H_{01}=3.16$	$H_{01}=3.48$		1.50
	$***H_{1-2}=3.20$	$**H_{1-2}=3.40$	$*H_{1-2}=3.50$	–	

注:L 为温室内跨度,L_2 为温室后坡水平投影,H_{01} 为温室脊高低限值,H_{02} 为温室脊高高限值,H_{1-2} 为介于 H_{01} 和 H_{02} 之间的值。$***\alpha_{1-2}=35.42°$;$**\alpha_{1-2}=34.22$;$*\alpha_{1-2}=32.47°$

(7)长度:生态温室种植区的长度一般为 40~60 m,加上畜禽舍应该是 43~63 m。最短不要低于 30 m,否则,不但单位面积造价高,而且山墙遮阴面积大,影响作物生长;如果建得太长,将降低坚固程度,并给管理和保持室内温度一致性等带来困难。

(8)墙体:生态温室的墙体作用是承重、隔热、贮热。白天大部分热量被贮存在地中、墙体和后屋面,夜间热量被释放,使室内外最低温差值可以达到 25~30℃。为达到上述要求,应采用异质复合保温墙体。内层选择贮热系数大的材料,外层选用导热系数小、热阻大的材料。即在墙体、内层使用蓄热能力强的材料,如块石、红砖作承重墙,而在承重墙和外层保护墙之间选用保温能力强的材料,如聚苯板、珍珠岩、干燥处理的稻壳等,以达到既保温又蓄热的目的。

6.4.2.5 "四位一体"模式的效益

(1)以庭院为基础,充分利用空间,搞地下、地上、空中立体生产,提高了土地利用率。

(2)高度利用时间,生产不受季节、气候限制,改变了北方一季有余,两季不足的局面,使冬季农闲变农忙。

(3)高度利用劳动力资源。北方模式是以自家庭院为生产基地,家庭妇女、闲散劳力、男女老少都可从事生产。

（4）缩短养殖、种植时间，提高养殖业和种植业经济效益。一般每户年可养猪 20 头，种植蔬菜 150 m²，年效益可达纯收入 5000 元，是大田作物的 45 倍。

（5）为城乡人民提供充足的鲜肉和鲜菜，繁荣了市场，发展了经济。

6.4.3　西北"五配套"庭院生态模式

黄土高原地处中国西部，是中国温湿季风区向西北内陆干旱区的过渡地带。这里日照充足，四季分明，昼夜温差大，发展苹果具有得天独厚的自然优势。但由于经济落后，干旱少雨，农村能源严重紧缺，农民以秸秆和薪柴为主要生活能源，导致植被破坏严重，水土流失日益加重，致使该区生态和经济双重失调。构建和发展以沼气为纽带的生态果园工程模式，既可解决农村能源问题，又可增加农民的经济收入，是促进农业增产，农民增收，农村经济发展，恢复和重建黄土高原生态环境的有效途径。

6.4.3.1　西北"五配套"模式的原理

西北"五配套"庭院生态模式是由沼气池、厕所、太阳能暖圈、水窖、果园灌溉设施等 5 个部分配套建设而成（图 6 - 9）。沼气池是西北"五配套"庭院生态模式的核心部分，通过高效沼气池的纽带作用，把农村生产用肥和生活用能有机结合起来，形成以牧促沼、以沼促果、果牧结合的良性生态循环系统（图 6 - 10）。

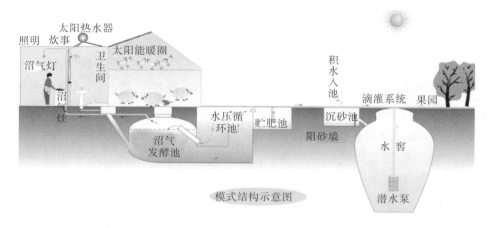

图 6 - 9　西北"五配套"庭院生态模式结构示意图

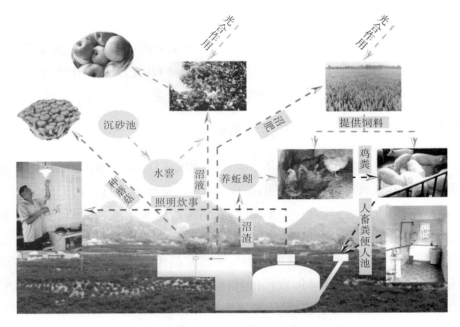

图 6 - 10 西北"五配套"庭院生态模式运行示意图

6.4.3.2 西北"五配套"模式的单元功能

(1)高效沼气池。是西北"五配套"庭院生态模式的核心,起着联结养殖与种植、生活用能与生产用肥的纽带作用。在果园或农户住宅前后建一口 8 m³ 的高效沼气池,既可解决点灯、做饭所需燃料,又可解决人畜粪便随地排放造成的各种病虫害的滋生,改变了农村生态环境。同时,沼气池发酵后的沼液可用于果树叶面喷肥、打药、喂猪,沼渣可用于果园施肥,从而达到改善环境,利用能源,促进生产,提高生活水平的目的。

(2)太阳能暖圈。是西北"五配套"庭院生态模式实现以牧促沼、以沼促果、果牧结合的前提。采用太阳能暖圈养猪,解决了猪和沼气池的越冬问题,提高了猪的生长率和沼气池的产气率。

(3)水窖及集水场。是收集和贮蓄地表径流雨、雪等水资源的集水场、水窖等设施,为果园配套集水系统,除供沼气池、园内喷药及人畜生活用水外,还可弥补关键时期果园滴灌、穴灌用水,防止关键时期缺水对果树生育的影响。

(4)果园灌溉设施。是将水窖中蓄积的雨水通过水泵增压提水,经输水管道输送、分配到滴灌管滴头,以水滴或细小射流均匀而缓慢地滴入果树根部附近。结合灌水可使沼气发酵子系统产生的沼液随灌水施入果树根部,使果树根系区经常保持适宜的水分和养分。

6.4.3.3　西北"五配套"模式优化设计

依据农牧复合生态工程的原理和方法,采用生态加环、生态延链和生态接口技术,对传统集约型果园生产方式进行以沼气为纽带的生态果园工程优化设计和组装配套,建立以集约型果园为基础,利用果树行间种植固氮牧草,在增加果园土壤有机质和氮含量的同时,每 667 m² 可产鲜草 480 ～ 580 kg,为养殖畜禽提供青鲜饲料,促进生态果园工程模式养殖业的发展;根据果园种植面积配套适合的畜禽养殖规模和沼气发酵装置容积,利用沼液做果树的叶面肥和根部追肥,利用沼渣做果树的基肥和追肥,或者养殖蚯蚓,饲养畜禽,形成以集约型果园为基础,以太阳能为动力,以高效沼气工程为纽带的以农带牧、以牧促沼、以沼促果、果牧结合、配套发展的能源 – 生态 – 经济良性循环发展系统(图 6 – 11)。

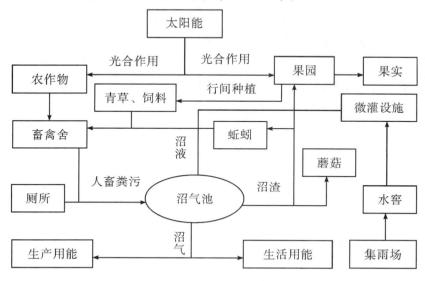

图 6 – 11　"五配套"模式结构图

(1)果园种草子系统:传统果园管理大多沿用清耕除草的做法,即将果园内的杂草全部清除,地表裸露,有的仅间种少量农作物。这种做法导致果园的生态防护功能低,易造成水土流失、土壤肥力下降。依靠化肥、农药的投入来提高产量,不仅增加了生产成本,而且果品品质也受到很大影响。"果园种草",即在果园行间种植对果树生产有益的牧草,建立"果 – 草 – 牧 – 沼 – 肥"互促驱动、良性循环的生态体系,以达到保持水土、培肥地力、改善果树生态条件、提高果品产量和质量的目的。

我国果园种草的可选草种主要有白三叶草、黑麦草和苜蓿等,"果沼畜"模式选用引自新西兰的白三叶草。该草是一种多年生豆科植物,三出复叶,小叶倒卵形,头形总状花序,生白色小花,果荚小而细长,种子细小。这种植物的生态特性:一是适应性强,分布广,具有一定的抗寒、耐阴和耐瘠薄能力,在全国大部分地区能正常越冬,可在30%的透光率下正常生长,对土壤 pH 值的适应范围为 4.5 ~ 8.5;二是生长周期长,生物产量高,可连续生长 7 ~ 9 年,年产鲜草 40 ~ 60 t·hm^{-2},是食草畜禽的优质饲草;三是侵占性强,防护功能好,具有很好的固土防蚀、水土保持功能;四是固氮能力强,培肥效果好,一年可固定氮素 150 ~ 195 kg·hm^{-2},可在瘠薄山地种植,能培肥土壤地力;五是一种较好的观赏植物和蜜源植物,花期长达 5 个月,叶形美观,具有很好的观赏价值。

果园套种白三叶草的播种时间为 3 月 5 日至 5 月 15 日或 8 月 31 日至 10 月 5 日。播种量 7.5 ~ 11.25 kg·hm^{-2},播种深度 1.5 ~ 2.0 cm,套种条带宽度为 1.2 ~ 2.0m(图 6 – 12)。3 ~ 4 天后出苗,幼苗越冬后于次年 4 月份成坪。苗期注意防除杂草,干旱时适时浇水。当高度超过 30 cm 左右时进行收割,留茬 10 cm,一年收割 2 ~ 3 次。

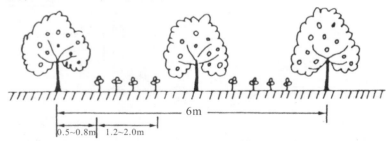

图 6 – 12　果园套种白三叶草模式

利用果园行间种草,可使果园处于绿色覆盖状态,减少土壤水分的蒸发和表层土壤的雨水冲蚀,对于旱地苹果生产的蓄水保墒具有特别意义。果树行间种草能够诱引和藏匿害虫的天敌,有利于生物防治害虫;选择花期与苹果花期接近的牧草,有利于招引蜜蜂等昆虫促进苹果的授粉坐果;能够培肥土壤,增加土壤有机质;调节果园小气候,缓和温差,减少苹果日烧,改善果园的生态环境;每 667 m² 可产鲜草 480 ~ 580 kg,为养殖畜禽提供青鲜饲料,促进农牧复合生态工程养殖业的发展,起到保墒、抗旱、增草促畜、肥地改土的作用(图 6 - 13)。

图 6 - 13　果园套种三叶草保墒抗旱和肥地改土的功效

(2)畜禽养殖子系统:在以沼气为纽带的生态果园工程模式中,畜禽养殖子系统是实现以牧促沼、以沼促果、果牧结合的前提。其养殖规模根据果园面积及水果生长周期内的需肥量确定。

(3)高效沼气发酵子系统:容积计算是沼气发酵装置设计的前提,生态果园工程模式通常是在常温发酵工艺条件下,依据不同温区的水力滞留期和进料总固体百分比浓度,根据畜禽养殖数量和经营该模式的成年人人数确定沼气工程系统规模。

(4)集水和节灌子系统:集水系统是收集和贮蓄地表径流雨、雪等水资源的集水场、水窖等设施,为果园配套集水系统,除供沼气池、园内喷药及人畜生活用水外,还可弥补关键时期果园滴灌、穴灌用水,防止关键时期缺水对果树生育的影响。

集水系统规划设计主要考虑集水能力、水窖容积和为果园节水补灌一次的最低需水量等因子,保证一定面积的集水场能充分蓄积一定的水量,使之满足相配套的蓄水容量和补灌最低需水量。

(5)沼肥综合利用子系统:沼气发酵不仅是生产沼气——能源的厌氧微生物过程,而且伴随这一过程富集了有机废弃物中的大量养分,如氮、磷、钾等大量营养元素和锌、铁、钙、镁、铜、铝、硅、硼、钴、钒、锶等丰富的微量元素;同时在沼气发酵过程中,复杂的厌氧微生物代谢产生了许多生物活性物质—丰富的氨基酸、B 族维生素、各种水解酶类、全套植物激素、腐殖酸等,是一种养分全面,既适合根施,又适合叶喷的高效有机肥,用于果树,能及时补充果树生长对养分的需要,同时可防治果树病虫害并提高果树的抗逆性。

沼渣做基肥:在秋冬果树施基肥时,将沼肥与秸秆、麸饼、泥土混合堆沤腐熟后,分层埋入树冠滴水线外施肥沟内,落叶果树每株 4～6 kg,常绿果树每株 6～10 kg(图 6 − 14)。

图 6 − 14　沼渣炭基有机缓释肥基施

沼液做追肥:在树冠滴水线外侧挖 10～15 cm 浅沟浇施。在果树萌芽抽梢前 10 天,每株施沼液 2 kg,新梢抽生 15 天后,每株施沼液 3 kg。新植幼龄果树,在 3～8 月,每隔半个月,追施 1 次沼液。

沼液做叶面喷肥:在花期、果实膨大期和冬季清园 3 个时期,选择晴天上午 8～11 时、下午 3～6 时,或阴天用沼液喷施果树叶面,以叶面布满水珠而不滴水为宜。对结果多的果树,在沼液中加入 0.05%～0.1% 的尿素,幼树或挂果少的果树,加入 0.2%～0.5% 的磷钾肥。果实膨大期,加入 0.15% 的尿素和 0.2% 的磷酸二氢钾喷施。沼液喷施用于防虫害:在虫害多发期,选择气温高的下午,在提取的沼液中添加适量适宜的农药、洗衣粉,用喷雾器将沼液喷施果树叶面(图 6 − 15)。

图 6 – 15 沼液醋基有机水溶肥叶面喷施

6.4.3.4 西北"五配套"模式的效益

西北"五配套"庭院生态模式实行鸡猪主体联养,圈厕池上下联体,种养沼有机结合,使生物种群互惠共生,物能良性循环,取得了省煤、省电、省劳、省钱;增肥、增效、增产;病虫减少、水土流失减少;净化环境的"四省、三增、两减少、一净化"的综合效益。

(1)拉动了种养业的大发展。西北"五配套"庭院生态模式将农业、畜牧业、林果业和微生物技术结合起来,养殖和种植通过沼气池的纽带作用紧密联系在一起,形成无污染、无废料的生态农业良性循环体系。沼肥中含有 30% ~ 40% 的有机质、10% ~ 20% 的腐殖酸、丰富的氮、磷、钾和微量元素以及氨基酸等,是优质高效的有机肥,施用沼肥可以改良土壤,培肥地力,增强土地增产的后劲。用沼液喷施果树叶面和沼渣根施追肥,不仅果树长势好,果品品质、商品率和产量提高,还能增强果树的抗旱、抗冻和抗病虫害能力,降低果树生产成本。通过果园种草,达到了保墒、抗旱、增草促畜、肥地改土的作用。

(2)加快了农民致富奔小康的步伐。西北"五配套"庭院生态模式解决了农村能源短缺问题,增加了农民收入。建一口 8 m³ 的旋流布料沼气池,日存栏生猪 5 头,全年产沼气 380 ~ 450 m³;用沼气照明,全年节约照明用电 200 度以上,折合人民币 100 余元;用沼气作燃料,节约煤炭 2000 kg,折合人民币 300 元;一口 8 m³ 的旋流布料沼气池年产沼肥 20 t 左右,可满足 0.4 hm² 果园的生产用肥,节约化肥折合人民币 1000 元/年。用沼液喷施果树,能防治蚜虫、红蜘蛛等病虫害发生,年减少农药用量 20%,0.4 hm² 果园用药节约人民币 200 元/年。利用沼肥种果,可使果品品质和商品率提高,增产 25% 以上。

(3)改善农业生态环境。西北"五配套"庭院生态模式促进了庭院生态系统物能良性循环和合理利用,一方面为农民提供了优质生活燃料,降低了林木植被资源消耗,提高了人力资源、土地资源以及其他资源的利用率;另一方面有利于巩固和发展造林绿化的成果,提高林木植被覆盖率,保护植被涵养水源,改善生态环境。另外,长期施用沼肥的土壤,有机质、氮、磷、钾及微量元素的含量显著提高,保水和持续供肥能力增强,能为建立稳产、高产农田奠定良好的地力基础。

(4)促进了农村精神文明建设。西北"五配套"庭院生态模式使人厕、沼气池、猪圈统一规划,合理布局,人有厕,猪有圈,人畜粪便及时入池,经过沼气池密封发酵,既杀死了虫卵病菌,又得到了优质能源和肥料,减少了各种疾病的发生与传播。加之用沼气灶煮饭,干净卫生,使农村的环境卫生和厨房卫生彻底改善,减轻了妇女的劳动强度,提高了农民的生活质量。

6.4.4 农村庭院生态模式特征

农村庭院生态模式是以沼气为纽带,整合利用可再生能源技术和高效生态农业技术,建设以农村户用沼气为纽带的各类庭院生态模式工程,同时根据实际需要,配套建设太阳能利用工程、省柴节煤工程和小型电源工程。从农民最基本的生产生活单元内部着手,引导农民改变落后的生产生活方式,使土地、太阳能和生物质能资源得到更有效的利用,形成农户基本生产生活单元内部能流和物流的良性循环。以增加农民收入为目的,同时达到提高农民生活质量、发展生态农业、生产无公害农产品的效果,实现家居环境清洁化、庭院经济高效化和农业生产无害化的目标。

家居环境清洁化的建设内容包括沼气池、太阳能热水器、太阳灶、太阳房、省柴节煤炉灶及高效预制组装架空炕连灶,由此解决农民的生活用能,提高农民的生活质量,减少林、草等生物质能的消耗;庭院经济高效化的建设内容包括"三位一体""四位一体"和"五配套"等庭院生态模式工程,由此实现农民家庭内部农牧结合,促进种植业和养殖业;农业生产无害化的建设内容包括沼液、沼渣等高效有机肥施用相关生态农业技术,建设无公害农产品生产基地,由此提高当地农产品质量,带动农业向优质、高产、高效发展。

农村庭院生态模式建设具有显著的特点:一是以人为本,从农民最关心的家园建设入手,重视改变他们的最基本的生产生活条件,围绕人的需求,为了人的利益,实现人的发展;二是强化综合,通过对农户家园沼气池、畜禽舍、日光温室等多项农村能源技术和种植、养殖技术的优化组合,综合开发,实现集约化发展;三是循环再生,通过以沼气为纽带的庭院生态模式的推广,形成种植业生产、养殖业消费、微生物分解的生态循环,实现生态与富民的协调;四是注重实效,大力推广适用技术、成熟技术,通过典型带动、效益吸引,增强农民建设的主动性;五是着眼大局,大处着眼,小处着手,以微观系统的生态良性循环来促进宏观系统的生态环境改善,兼顾国家生态利益和农民长久生计。

农村庭院生态模式建设把生态环境建设寓于农民增收和农村社会发展之中,通过以能源开发利用为纽带的农村庭院生态模式建设,用综合效益吸引,使国家生态环境建设的目标与农民的切身利益紧密结合,一方面把生态建设任务分解到农户,集千家万户的力量和效益于一体;另一方面,燃料和生计问题的解决及农民收入的增加,引发了农民生活方式的改变,为农村和农业现代化的发展奠定了一定的基础。

农村庭院生态模式建设把国家的投入直接补给农民。以沼气建设为例,政府直接把项目款下拨给农户,国家一份拨款文件,农民一份用户卡片,确保中央投入直接补助到农民身上,更好地发挥了投资效益。这一做法,小中见大,充分体现出党和国家对老百姓的悉心关怀,拉近了党群和干群关系。

农村庭院生态模式建设把最适用的技术打捆送给农民。如沼气综合利用中的北方"四位一体"南方"猪－沼－果"和西北"五配套"等庭院生态模式的推广,改变了过去单打一的一般做法,注重适用技术的整合,通过沼气池这一物化的载体,从建到用,向农民推广一整套生态种植、养殖等具有较高科技含量的适用技术,同时采取区域性联片规划,注重规模,突出重点建设区域,所以,很快使农民见到了成效。

农村庭院生态模式建设把最好的产品送给农民。对农村庭院生态模式富民工程建设的重点项目实行持证上岗和专业化施工,确保建设质量。对农村户用沼气及新能源利用工程的关键配件等实行公开招标和集中采购,让农民得到最好的产品和服务,并初步探索了项目的科学化、集约化管理方式,因而深受广大农民的欢迎。

6.5 农村庭院生态农业发展

中国是农业大国,也是农业基础十分薄弱的国家。农业不但维持着全国 13 亿人口吃饭的头等大事,也承担着全国近 8 亿农民的生活、就业、繁荣等一系列关系到国家兴衰的历史重任。农村庭院土地,不但是培育、发展、恢复农业劳动力的唯一所在,同时也是发展农业生产的一个重要基地,是我国农业生产系统的一个重要的组成部分。

6.5.1 农村庭院生态工程与农业结构调整

农业结构调整是提高农业生态系统功能的重要手段,也是实现农业产业化的需要。在我国现行的家庭经营承包责任制条件下,调整农业结构的根本动力主要来自 3 个方面:政府的宏观指导、市场规律的调节作用、直接从事农业生产的农民自己。

虽然从理论上讲,农业结构调整的动力是以上 3 个方面综合作用的结果,但是,由于我国目前的农业是由农民一家一户分散经营的特殊产业,农业收入是农民生活的重要来源,农业的直接受益者是农民,农业效益高低最直接的感知者也是农民。不管是政府的宏观指导,还是市场调节,都必须通过农民来实现,农业结构调整最重要的动力还是来自农民本身。因此,农户家庭的需要,农民对新品种、新技术、新工艺掌握的水平,农民对于市场动向的了解程度和农民对于政府宏观指导的理解程度,才是农业结构调整成败的关键。

目前农民迫切希望改善农村的生态环境、居住条件,提高生活质量,进一步增加经济收入,渴望掌握新技术,能够享受到现代化带来的诸多便利。农民的需要推动了农村庭院生态工程的发展,而庭院生态工程也促进了农业结构的调整,形成良性互动。

6.5.2 农村庭院生态工程与现代农业发展

中国现代农业发展的关键问题之一,就是用先进科学技术来武装农民,用新品种新设备来武装农业,用高度的集约经营技术提高土地生产力,通过包括平面结构、立体结构、时间结构、食物链结构等生物种群调控来提高农业资源的转化效率。

基于中国耕地资源贫乏和劳动力资源相对富余的现实条件,实施劳动力密集型农业,将是相当长时间内我国农业发展的基本格局。因此,农村庭院生态工程实际上是农民在实施大规模现代农业生产以前,所进行的预备性实验。同时,从农村庭院生态工程的内容里也可以看出,其中的一些工程项目实际上就是未来农业可持续发展的重要组成部分。

6.5.3 农村庭院生态工程与农业循环经济

农业循环经济是把农业生产、农产品加工和有机废弃物资源化有机地连接在一起,形成资源低消耗、产品再加工、资源再利用的周而复始的循环经济体系。农业循环经济的基本原则是减量化(Reduce)、再利用(Reuse)、再循环(Recycle,即"3R"原则)。

发展农业循环经济对我国具有特殊重要的意义。我国自古以来就是农业大国,改革开放以来,我国农业取得了巨大的成就,以占世界7%的耕地养活了占世界22%的人口,对世界稳定与发展做出了极大的贡献。但是,传统的粗放型的农业发展模式,对农业采取掠夺性经营,导致农业资源的枯竭和生态环境的破坏,严重威胁农业和农村的可持续发展。发展农业循环经济是改变这种状况的有效途径,是新农村建设的重要战略举措。

农村庭院生态工程实质上是把种植、养殖、加工和环境紧密结合的工艺技术体系,实现高效利用资源、保护生态环境的目的。因此,庭院生态工程实际上是农业循环经济的一种实现方式,庭院生态工程的建设有利于推动农业循环经济的发展。

6.5.4 农村庭院生态工程与小城镇建设

随着中国人口的增加、经济的发展和农业高新技术的应用,农村大量剩余劳动力的就业问题与农民收入增长迟缓等矛盾逐渐突出。鉴于我国人口数量庞大以及耕地资源、水资源、能源等相对不足的基本国情,不可能走发达国家城市化的老路,把大量的农村剩余劳动力全部转移到大中城市,因此,实施农村小城镇建设,就成了未来我国农村经济发展、农民就业、农业结构调整、农民增收的一个重要手段。

在农村小城镇建设过程中,如何体现经济效益与生态效益、社会效益的统一,将会是一个十分迫切的问题。因此,农村庭院生态工程的经验和大量成熟的技术,就可能成为今后我国农村小城镇建设的重要技术依托。

参考文献

[1] 白生菊.青海农村能源庭院生态模式[J].青海大学学报(自然科学版),2001(03):40-41,51.

[2] 白义奎,王铁良,呼应,等.北方农村"五位一体"庭院生态模式[J].可再生能源,2002(03):15-17.

[3] 党建国.青海省农村能源庭院生态模式技术应用[J].中国沼气,2006(02):55-58.

[4] 范志浩.河池农村庭院林业生态建设模式探讨[J].中南林业调查规划,2007(03):36-38+47.

[5] 方炎,王久臣.农村庭院生态模式富民工程:寓生态环境改善于农民致富增收之中[J].中国农村观察,2001,(4):49-52.

[6] 高春雨.西北地区农村庭院生态模式模式研究[D].中国农业科学院,2005

[7] 郭荣.吕梁农村庭院生态经济模式探讨[J].山西水土保持科技,2003(02):14-15.

[8] 李承珠,朱永鹏.农村庭院绿化建设生态模式探讨[J].青海农林科技,2007(04):38-39.

[9] 李典荣.沼气工程在"猪-沼-果"模式中的作用[N].农民日报,2004-1-10-07.

[10] 李肖亮.西北地区新农村基础设施规划方法研究[D].西安建筑科技大学,2007.

[11] 李志华.农村庭院生态模式建设环境效益评价研究[D].西北农林科技大学,2006

[12] 林明太,陈国成.基于循环经济的农村庭院生态农业模式及效益分析——以莆田市荔城区为例[J].中国农村小康科技,2009(08):68-72.

[13] 林明太,陈国成.莆田农村庭院生态循环农业发展模式及效益分析[J].沈阳农业大学学报(社会科学版),2009,11(03):350-353.

[14] 马跃峰.农村新型庭院致富模式——"四位一体"能源生态开发技术[J].新疆农业科技,2000(03):37-38.

[15] 邱凌,谢惠民,张正茂,等.自动循环沼气发酵装置与技术研究[J].干旱地区农业研

究,2000,18(增刊):160 - 164.

[16] 邱凌,张正茂,谢惠民.农村沼气工程理论与实践[M].西安:世界图书出版公司,1998.

[17] 王轶,孔向军,陈旭,等.金华市新农村农家庭院绿化建设生态模式探讨[J].农技服务,2009,26(11):98 - 99.

[18] 杨立杰.优化农村庭院经济模式　促进生态文明建设[J].商场现代化,2008(34):321.

[19] 张忠信.大力发展以沼气为纽带的农村小康型庭院生态模式工程技术[J].农村科技开发,1999(02):28 - 30.

[20] 赵悦,姜喜峰.以鱼为主的农村庭院综合生态利用模式试验研究[J].吉林水利,2013(01):41 - 42.

第7章 观光农业生态工程

党的十九大报告提出"实施乡村振兴战略",这是以习近平同志为核心的党中央站在中国特色社会主义进入新时代、社会基本矛盾转化的历史方位,着眼于决胜全面建成小康社会,实现中华民族伟大复兴的中国梦而做出的一项重大战略决策。随着乡村振兴战略的全面实施,在希望的田野上必将谱写农村、农业、农民"三农"问题的崭新诗篇,让农村更加美丽、农业更加兴旺、农民更加富庶、生活更加幸福。多年来的实践证明,发展观光农业工程是实现乡村振兴的重要力量、重要途径、重要引擎。在乡村振兴的新时代,观光农业工程要有新作为、大作为。

7.1 观光农业生态工程的内涵

观光农业生态工程是生态农业与生态旅游相结合的新型交叉产业,有多种称谓,如观光农业、休闲农业、城市农业、体验农业、旅游农业、绿色旅游等。乡村旅游应具有乡村性,旅游的区域应属于乡村地域,并且有具有乡村特色的人文和自然客体作为吸引物,以农村原始的自然环境、特色建筑以及乡村景观为依托,在传统农村休闲游的基础上,开发出其他休闲度假模式的新兴旅游方式。

它是在充分开发具有观光旅游价值的农业资源的基础上,以生态旅游为主体,把农业生产、新兴农业技术应用与游客参加农事活动、体验农村风俗文化等融为一体,并充分欣赏大自然浓厚情趣的一种旅游活动。

乡村旅游的特点有：

（1）回归田园的旅游体验。观光农业生态工程最首要的是依托于乡村地域及其原生自然环境，在我们看来，乡村性即为观光农业生态工程的核心，是必须发生在农村地域的旅游活动。观光农业生态工程作为旅游形式的一种，其特色就是有原始的生态环境，有城市人没有感受过的"乡村生活"，与现代化的大都市相比，乡村性更具有一种自由、传统、田园牧歌式的感觉，能够让城市人步入乡村旅游点时立即感觉出与城市的不同，能让他们在城市中紧绷的神经放松下来，只有这种与城市不同的乡土特色才能吸引来更多的游客，这也是乡村旅游中最宝贵的资源。

（2）融合生态与文化性。观光农业生态工程区域关键应有良好的生态环境，大自然的原生态是乡村旅游的亮点，正因如此才能吸引来自城市的游客。乡村生态游也是其特色所在，良好的生态环境是吸引城市人到乡村旅游的首要条件，当前环境下，越来越多的人注重健康生态的生活方式，因此他们对于乡村生态游十分青睐。这种旅游方式是绿色的、可持续的，它既能满足游客的需求，又不影响乡村原来的形态，体现了生态、文化和经济协调的发展要求。与此同时，如果将观光农业生态工程与文化相结合，可以使景区更有档次和品位，这样能给游客留下更深的印象，提高景区的口碑，为景区提升知名度，也能让景区的农民受到文化的熏陶，提升当地村民的文化素养，这种乡土文化与农村自然风光相结合的方式是乡村旅游未来新的发展趋势。

（3）注重参与性。说起观光农业生态工程与其他旅游方式的不同点，不得不提的就是它非常注重乡村生活的体验与参与，而不仅仅是单纯的观赏。它与一般的旅游产品相比有更为明显的参与需求，因为它有使游客深入体验乡村氛围和田园社会的功能。游客通过亲自参与农业劳动，在田间地头领略乡村生产和生活。城市人到乡村旅游的首要目标即为对乡村生产生活方式的体验。

7.2　观光农业生态工程的功能

（1）生产功能：观光农业生态工程的重要作用之一是向城市提供安全

的农产品。主要是指为都市提供安全、优质、卫生的鲜活农产品,以满足都市消费需求。

(2)经济功能:乡村生态旅游是农业与工业融合过程中的农业形态,乡村生态旅游可利用现代工业、科技装备,大幅度提高农业的生产力水平,提高农业的经济效益,实现农业增产,农民增收。

(3)旅游功能:休闲旅游是乡村生态旅游的重要组成部分。乡村生态旅游的发展将不断推进农业观光与农业休闲旅游的建设。

(4)生态功能:主要是指充分发挥生态农业和都市农业洁、净、美、绿的特色,改善城市的外围环境,营造人与自然、都市与农业和谐的生态环境,创造良好的生态居住空间。推进生态住宅建设。使郊区农业成为城市的花园和绿色生态屏障,防止城市过度扩张。发展乡村生态旅游不仅是改善农村生态环境的需要,也是建设生态城市的必由之路。

(5)社会文化功能:主要是指在农业区开辟景观绿地、市民农园、农业公园等,为都市居民提供接触自然、体验农业以及观光休闲的场所,满足市民了解农业和农村的需求。让市民体验农耕和丰收的喜悦,增进身心健康,让青少年接触农耕文化,在回归自然中获得新的生活空间,凸显现代生态农业的文化内涵与教育功能及示范辐射作用。

7.3 观光农业生态工程的类型

观光农业生态工程的形式多种多样,规模可大可小,国内外的类型也有所不同。

7.3.1 国外观光农业生态工程类型

由于历史背景(环境)差异,各国乡村旅游在发展思路(战略)、经营管理方法、生产经营制度等方面形成了主题鲜明、亮点突出的乡村旅游农业发展模式,它们各具特色与优势,经概括总结之后,共有以下5类典型发展模式。

(1)日本:绿色观光农业——政府扶持型发展模式。

由于日本土地资源极度稀缺,导致农村土地资源与人力资本两者的经营管理费用（成本）长期居高不下,为此,日本农业生产经营活动自开始就存在着明显的先天缺陷,农民弃耕现象比较突出。为此,日本政府希望通过采取有力的行政措施与法律手段,来全力保障农业生产经营活动向规范、健康方向发展,这为乡村旅游农业的健康发展带来了巨大契机,使得日本的农业得到了长足的发展,经过长时间的发展与传承,形成了一种不同于他国的乡村旅游农业开发模式,即政府扶持型发展模式。政府扶持型模式的典型特征就是指政府建立完善的法律框架与做出高效的制度安排,通过税收、补贴、公共产品等手段对乡村旅游农业经营的全过程进行宏观调控与规范化管理,从制度层面为乡村旅游农业健康、持续发展提供强大法律支撑与机制保障,其内容涵盖基础设施建设、产品开发与营销、税费优惠、人才培训及环境保护等各个方面。如日本成立了"都市农山渔村交流活性化机构",该机构是农林水产省下属的事业单位,主要负责日本休闲农业经营的日常管理,并为休闲农业提供相关技术培训与业务等系列服务。《市民农园整备促进法》的颁布催生了大批量市民农业园面世;1994 年,日本出台了《农山渔村余暇法》,该部法律明确要求国家相关部门要尽最大可能确保日本休闲农业资金畅通,并对日本休闲农业的经营管理体制、景点布置与基础设施建设等问题提出详细要求;《农山渔村宿型休闲活动促进法》为拓展日本旅宿型休闲活动,实现体验民宿行业健康、和谐发展制定了一整套措施,为日本休闲农业生产经营活动规范化、智能化、网络化提供了强有力的法律和制度保障。日本出台一系列休闲农业法律法规使得休闲农业得以迅速、健康发展,截至 2017 年年底,日本休闲农业观光设施已超过 8000 多个,每年接待旅游者多达 1000 万人次。

　　(2)法国:专业农场——非政府组织型发展模式。

　　法国巴黎是欧美等发达国家最先开展乡村农业旅游的城市,19 世纪中期以来,法国开始大力发展旅游休闲农业产业,在农村全面推行"休闲农业"模式,以专业农场经营为供给主体的休闲农业产业得到了飞速发展,目前,休闲农业已成为促进法国农业经济增长的重要因素之一。在此过程中,法国非政府组织机构起到了举足轻重的作用,其中,法国农业协会最为典型。

　　1954 年以来,以"法国农家旅舍网"为代表的法国农业中介性机构相继成立,法国行业协会力量也不断壮大,行业间自律的作用逐渐凸显。非政府组织型的休闲农业模式主要适用于行业协会十分发达的国家,在法国,各级休闲农业行业协会为休闲农业网络信息平台建设充分整合休闲农业资源,为农户、农业企业等休闲农业参与主体提供经验交流、业务咨询、技术培训、产品营销等一站式服务,加强休闲农业参与主体之间的行业自律。

法国各个农业行业协会在政府的指导、监督下开展工作,并通过制定全国性的休闲农业产业长期发展的行业规范与质量标准,用于指导开心农场、悠闲垂钓、狩猎农场以及露营农场等休闲农业具体项目。

(3)美国:市民农园——社区参与型发展模式。

社区参与型乡村旅游农业发展模式主要适用于以农业生产活动为支柱性产业,农业资源丰富、人口众多的国家。其中,美国市民农园是社区参与型休闲农业发展模式的典型代表。

第二次世界大战结束之后,美国在农村开始实施大规模、大范畴的土地转移计划,大部分农业生产用地开始转化为野生动物保护(游憩)用地,美国各地休闲农场数量与规模开始井喷式增加。与此同时,在美国各级政府政策、财政的大力扶持下,以往休闲牧场度假这种颇为"贵族化"的娱乐模式也逐渐成为了美国普通市民普遍追求的一种大众化消费模式。

美国市民农园主要采用农场与社区互助的经营模式,在经营过程中,居民与农园主共同承担经营费用、风险与分享盈利。美国市民农园多以乡村自然生态、农业原始资源为主,少有人工再造景观,这种经营模式促使农民、市民之间的关系更加亲密,有效满足了美国市民的需求。通过发展休闲农业,休闲农业经营主体迅速实现了就业增收,大力改善了农村生产生活环境。

(4)澳大利亚:葡萄酒庄园——产业协同型发展模式。

"以农促旅,以旅带农"是产业协同型休闲农业发展模式核心特征,该模式以优势农业生产为依托,全面拓展农业生产经营活动的经济功能,如观光、休闲、科普、度假、体验等,深入创新休闲产业之间的组合形式,最终实现农业生产经营活动与休闲娱乐活动的完美结合。其中,澳大利亚葡萄酒庄园是产业协同型发展模式的典型代表。

　　澳大利亚葡萄酒庄园以优美的农村田园风光、特色鲜明的农家餐饮、葡萄酒的独特酿制工艺、精深的历史文化为吸引物,深层次拓展了休闲农业产品内涵,促进农村经济快速发展,农民收入水平得以明显提升。

　　产业协同型休闲农业发展模式主要适用于农业产业化经营规模大、经济效益较高的国家,其以农业特色景观、农产品独特加工工艺体验作为特色,拓展观光、休闲、娱乐、体验等系列农业深层次产品。与此同时,产业协同型休闲农业发展模式加强了农场、旅游、交通、休闲、零售、娱乐等产品与企业之间的紧密合作,有效地促进了本地特色农业生产活动与产品的有机结合,全面带动了当地相关产业高速发展,产生了强大的经济协同效益。

　　(5)德国:市民农园——生活生态型发展模式。

　　生活生态型模式产生于特殊的社会人文环境之中,其充分发挥了农业生态功能,有效地满足了现代都市居民放松身心、回归自然的需求。德国市民农园是生活生态型休闲农业模式的典型代表,该模式既是一种特色休闲农业发展模式,同时也是一种新型城市(镇)规划管理手段,其以满足广大城市居民参与农耕休闲体验需求为中心任务,巧妙地将农业生产、生活、生态三者有机结合在一起。在实际操作过程中,市民农园所需土地由地方政府提供或向农民租借,用于种植花草、蔬菜、果树,体验农耕乐趣、接近大自然。德国市民农园最终形成了以体验农耕乐趣、品尝健康食物、开展休闲社交、美化绿色环境、退休人员娱乐为核心的五大特色功能。截至 2016 年年底,德国已有 10 万多个市民农园,总占地面积达 5.6 万 hm^2,共超过 800 万人直接或间接参与了市民农园的经营管理。

7.3.2　中国台湾的观光农业生态工程类型

　　台湾是休闲(乡村旅游)农业发展的先行地区,台湾《农业发展条例》第 3 条将休闲农场定义为"经主管机构辅导设置经营休闲农业之场地",截至 2016 年,台湾共有 376 家合法登记的休闲农场,已成为休闲(乡村旅游)农业发展的主力军。经过 50 多年的发展,已形成了一套较完整的规划运营体系,不仅使游客获得农业休闲体验、了解农业文明,而且还可利用当地丰富的农业资源,调整农业结构,拓宽农业功能,延长农业产业链,改善农村生态环境,增加城乡互通交流,促进农村农业经济的活化与再生。台湾休闲农业对台湾旅游产业的发展发挥着重要影响,其收入在旅游业收入中占有相当比重。

目前,台湾休闲农业以其独特的农业生产方式、民风民俗、乡村风光、乡村民宿,呈现出各种多层次、多元化经营模式。据其经营性质,可分为农特产业型、文化导向型、自然生态型、服务导向型、综合导向型5种类型。

(1)农特产业型:台湾是著名的水果之乡,并且很多还是台湾地区所特有的品种,经营者很好地开发了这一资源,把学习乡村知识和参与农家活动巧妙地结合起来。开展以农特产品为主的果园、蔬菜或农作物采摘体验活动,不仅丰富了游客们的体验经历,还满足了游客的求知欲。开阔的经营思路和独特的文化背景促使台湾休闲农业向着农特产业发展。

(2)文化导向型:台湾由于历史、地理的各种原因,形成了独特的文化和民俗,其特有的旅游文化资源就是其旅游资源中的"宝中宝",对于游客们具有很强的吸引力。台湾有着一些传统的手工艺,如:剪纸、布贴纸草编等,不管是在喧闹的大城市还是在幽静的乡村都有着很强的吸引力。一些地区将这些"宝中宝"引入了当地的民俗旅游,萌生了一种新型的经营模式,使得这些传统技艺得到保存和发展,同时也推动了乡村的发展。

(3)自然生态型:台湾有着天然的生态环境优势,如果对这些生态环境做大规模的更改,不仅仅是破坏其生态环境,而且也将阻碍其休闲农业的发展。因此,台湾休闲农业在开发的过程中,充分考虑到了环保这个敏感的问题,而且做得到位。各种绿色廊道的设置、慢行系统的完善为以自然生态体验为特色的休闲农业的发展奠定了良好的基础。

(4)服务导向型:服务导向型主要是以出售旅游服务为主,农业生产活动为辅的经营类型,通过向游客提供相关服务而获取报酬。这种服务导向型的休闲农业类型强调的是不仅要对游客提供优质的有形资源,还包括无形的服务,如教育解说、教学体验、风味品尝、乡村旅游、生态体验、农庄民宿。在日益激烈的旅游市场的竞争中,服务导向型通过旅游过程服务甚至旅游的售后服务赢取了市场竞争力。

(5)综合导向型:综合导向型的休闲农业,就是通过充分合理的挖掘、利用台湾地区所特有的农特产品、乡土文化、民俗风情、生态资源等,对其进行深度的整合,最终形成一种内容丰富、功能齐全而又独具特色的综合性休闲农业产业,其主要经营活动包括教育解说、教学体验、风味品尝、乡村旅游、生态体验、果园采摘、农作体验、农庄民宿等。

7.3.3 中国大陆的观光农业生态工程类型

(1)农业观光型:主要以设施农业(连栋温室)、组培车间、工厂化育苗、无土栽培、转基因品种繁育、航天育种、克隆动物育种等农业高新技术产业或技术示范为基础,并通过生态模式加以合理联结,再配以独具观光价值的珍稀农作物、养殖动物、花卉、果品以及农业科普教育(如农业专家系统、多媒体演示)和产品销售等多种形式,形成以高科技为主要特点的生态农业观光园。

(2)创意型:农业企业有效地将科技和人文要素融入农业生产,进一步拓展农业功能、整合资源,把传统农业发展为融生产、生活、生态为一体。农业企业通过赋予农业生产更多的"知识、文化、技术和品牌"含量,提升了农业产品的"消费审美附加值",将传统的农业产品透过"创意"工具,转化为更具审美价值形态、健康生态理念、文化创造内涵的全新农产品,紧密对接当今"创意经济时代"的巨大市场需求,从而大大提升农业生产的附加值。比如,陕西汉中市共种植了 112 万亩油菜花,形成了连绵数公里的动感花海,利用不同花色的油菜花,用种植和修剪技术呈现出"汉中欢迎您"的字样,同时还布置了形态不一、多姿多彩的稻草人,花田里的创意稻草人和油菜花相映成趣,是艺术美与自然美的巧妙融合。

(3)休闲型:一般由企业利用特有的自然和特色农业优势,经过科学规划和建设,形成具有生产、观光、休闲度假、娱乐乃至承办会议等综合功能的经营性生态农庄,这些农庄往往具备赏花、垂钓、采摘、餐饮、健身、狩猎、宠物乐园等设施与活动。

7.4 观光农业生态工程模式

综合目前的国内研究,根据不同的影响因素和划分标准,乡村生态旅游开发模式可以归纳为以下 2 种:

7.4.1 农家乐模式

（1）散化的农户自主经营型：我国最初开发乡村旅游的地区，主要集中在成都、北京、深圳等一些大城市的周边地区，形成了以成都"农家乐"、北京"民俗村"为代表的乡村旅游发展雏形阶段，1987年4月，在《成都晚报》上第一次出现了"农家乐"这一名称，1991年成都郫县农科村正式推出了"农家乐"的招牌。农户以家庭为单位依托乡村公共环境资源，以各自庭院为空间，组织家庭成员自发地为城市游客提供以"特色农家餐"为主的"农家乐"初级产品。"农家乐"由此成为国内乡村旅游的代名词，并在全国得以快速普及与发展。"农家乐"的出现与发展对于丰富城市居民多样化的休闲需求、增加农民自主就业机会、提高农村居民收入、农村产业结构调整、美化农村环境及促进城乡交流等方面发挥了积极作用，为多元化乡村旅游的普及与发展奠定了基础，同时也顺应了促进国内旅游模式由传统观光旅游向休闲旅游的渐变。早期的"农家乐"是农户自发自主的经营，是对乡村旅游市场需求的一种自主反应，"农家乐"入市门槛低，首先出现在一些资源享赋区及城市近郊区，其空间形态首先表现为沿主要交通或景观廊道散化分布的农家院落。因此，自主经营的"农家乐"的发生与发展明显受资源、农家庭院地理位置以及资金等因素的影响，而那些远离交通或景观廊道的农户将很难以"农家乐"的形式参与并分享旅游所带来的利益。至于有条件与能力发展"农家乐"的农户，由于单体发展，受资金、技术、理念的制约，产品只能局限与满足于简单的、粗糙的农家餐的供给，抗市场风险能力差，且随着"农家乐"户数的不断增加，同乡村区域经营业户之间的恶性竞争加剧，影响彼此的长远生存与发展。

（2）社区主导的乡村旅游合作社发展模式：社区型的"农家乐"是指为规避自发性"农家乐"的劣势，在政府、企业或社区力量的有效组织与规范下所形成的能以一种统一的形象或品牌对外宣介的"农家乐"形态。而其重要的组织形式则是乡村旅游合作社。从经济学角度看，专业合作是与企业相仿的一种替代市场功能的制度安排。专业合作经济组织的优势在于能形成互惠互利的机制，将部分市场关系内部化，减少中间环节，节省中介成本，争取公平竞争与发展的机会，获得平均利润，并合理地分享增值和交易利益。因此,"农家乐"自主经营模式向专业合作组织过渡是市场发展和农民理性选择的必然结果。

乡村旅游合作社是由农户自发成立的专业合作社组织,以增加农户收入为宗旨,实行民主管理、共同分享收益的新型合作社。它通过对松散的经营个体资源的整合,使乡村旅游由个体经济向集聚型经济转变,体现乡村旅游的规模化效应,实现乡村旅游的产业化发展。同时,通过制度的建设与完善,对价格、服务质量等制定统一标准与规范,避免个体"农家乐"经营户之间的恶性竞争,最大限度地保障了农户的利益;统一市场宣传,塑造统一的品牌形象,以提升乡村旅游的区域竞争力。如早期的成都三圣乡的"五朵金花"、北京周边的民俗村与浙江安吉等地的"农家乐",通过社区或合作社的有效组织,形成了各自的发展模式与特色,成为国内乡村旅游规模化发展的榜样。当然这些模式成功的原因首先在于发展早且拥有一定的乡村资源禀赋,其次是依托相对规模与成熟的城市客源市场,如北京、上海、成都,还有就是空间的相对集聚与规模化,容易形成集聚效应与规模效应,进而形成品牌效应。而 2012 年江苏省南京市江宁地区由地方街道办事处打造的"江宁五朵金花",就是通过社区主导,规模化发展取得集聚效应,快速成长起来的一个新的地域性"农家乐"品牌。

乡村旅游合作社在发展中也体现出其自身的问题,首先乡村旅游合作社是一种松散的合作组织,大多"农家乐"经营农户不愿交纳相关的费用,只能作为合作社的一般会员而非真正的股东,没有明确责权利的界定与约束,因而造就了农户与合作社之间松散的合作关系;二是因为农户不愿对合作社进行相关的投入,造成合作社缺乏资金,加之运行机制不健全,无法对外营利,农户不能从其中获得超过平均利润以外的盈余,合作社自然失去了对农户的吸引力;另外,参与合作社的农户的诉求也日趋多样化,不仅仅体现在客源推介这个简单的层面上,也体现在通过合作社获得优惠贷款、土地流转、平抑淡旺季、个体形象宣传等多层面的需求,而现行的乡村旅游合作社不能完全满足这些需求,这也降低了合作社的吸引力;三是参与合作社的"农家乐"经营者大多文化水平低,自给自足观念强,而对于企业化、产业化运作的认识差,忽视长远利益的建设,更关注当下眼前的私利,容易出现诚信不足的现象,导致合作社信誉的降低,加剧了合作中的摩擦成本,如在旅游旺季,"农家乐"经营户完全可以不通过合作社而获得充分的客源,但由于信息的不畅,这为合作社带来了诸多业务安置上的困难,自然影响到合作社的信誉与形象。

7.4.2 景区化模式

景区化发展成为现阶段国内乡村旅游发展的一种常见形态。乡村旅游景区化模式的快速发展,主要源于地方政府对乡村旅游资源资本化的追逐。在乡村旅游发展初期,散化的以家庭为单位的"农家乐"不能有效地形成空间与利益上的规模效应,地方政府更偏向于对特色乡村资源享赋的区域进行圈地实施景区化开发,以追求市场的规模效应并相应地完成招商引资任务,因而这种模式在一定程度上沿袭了传统大众旅游发展模式的一些特征。因此,乡村旅游景区发展模式是指在政府主导下对资源享赋优异的乡村旅游区域进行规划,吸引外来资本进行封闭式景区化开发、经营与管理的一种乡村旅游发展模式,乡村旅游景区化模式又可细分为精致型与复合型两种。

(1)精致型乡村旅游景区:所谓的精致型乡村旅游景区是指通过土地置换等形式,将景区内的原始居民外迁,对原有的乡村空间与景观进行重塑,为游客打造一个精致、浓缩的乡村旅游景区,如山东省沂南县的竹泉村景区,这种模式因村民的重新安置而需较大的投资,但能为经营者带来经营管理上的便利,并能最大限度地保证投资方的利益。

精致型的乡村旅游景区虽然从形式上看似为城市居民提供了一个纯正与完美的乡村旅游空间,但因乡村居民的缺失而导致景区乡村文化的空心化。乡村居民是传统乡村文化传承与展示的载体而成为乡村旅游资源不可分割的一部分,正是由于他们的存在,串联起了乡村性的各个要素,并与各要素充分交融在一起形成了区别于城市的乡村景观与文化。虽然有些景区返聘了一些原始居民在景区内进行相关民俗的表演与生活场景的再现,如山东省的竹泉村景区以及浙江省乌镇西栅景区,但这种舞台化的场景替代不了乡村生活的原真性,从而导致乡村旅游模式与旅游内涵的不统一,很难从理论与形式上区别于传统意义上的大众旅游。

(2)复合型乡村旅游景区:复合型乡村旅游景区则是指乡村居民依然

生活在被划定为景区的原居地中,并能按一定方式参与乡村旅游的经营与管理的一种景区化模式,如江西省婺源县的李坑景区、山东省临沂市的蒙山人家景区等。这种模式虽然给投资方带来经营管理上的难度,但至少保持住了乡村生活的原真性,为旅游者提供了一个原汁原味的乡村旅游空间,保证了游客乡村体验的真实性,与精致型乡村旅游景区相比,其更符合乡村旅游内涵的界定。但在景区后续的经营管理中,对于景区管理方而言,最大的问题在于如何有效地协调与处理景区内村民与景区利益的关系,使二者共同成为乡村旅游景区发展中的受益者,推动景区长远而可持续的发展。

　　不论是精致型还是复合型的乡村旅游景区化发展模式,其具体经营模式大多采用整体租赁经营模式,由政府授权,将一处特色的乡村旅游资源体打包由一个企业整体租赁经营,企业对乡村旅游资源进行统一的规划、开发、经营与管理,并按约定的比例由所有者和经营者共同分享经营收益。这种经营模式实际是政府出资源、企业出资金,共同受益的一种方式。其核心前提是景区资源的所有权与经营权实现了分离,即国家拥有资源的产权,企业拥有资源的经营权。其优点在于:一是外来资本能保证对景区较长时间段的投资需求,而且企业在经营、管理、市场营销等方面更专业,能更好地把握市场的需求变化,从而促进景区的快速发展;二是整体租赁模式明确了各相关利益者的责、权、利,进而形成一个利益相关、相互监督与制约的利益共同体,其中企业负责景区的日常经营,政府负责景区的规划、环境的保护,以及景区外围公共设施的配套与完善,同时对企业的经营行为负有监管作用,以避免企业逐利的本质所带给景区无序的破坏,从而保证景区的可持续发展。

　　但整体租赁经营在发展中也不可避免地存在着一些问题,其一,在整体租赁模式中,由于政府与企业的互益的关系更容易结成利益共同体,而容易忽视景区内原居民的利益,导致景区利益分配的不均衡,进而产生景区企业与景区内居民的矛盾,正如前文所提及的江西婺源李坑景区所出现的居民与开发商之间的冲突;其二,如果政府监管不到位,企业的逐利性质可能造成景区资源的过度开发,甚至是破坏,诸如对乡村村落公共空间格局、建筑文化的肆意改变等;其三,即使存在政府监管,但这种监管依然存在交易成本,因为根据新制度经济学的基本原理解释,降低交易成本的根本途径在于建立、健全各种法律及法规等各项制度,以降低人们的投机倾向,这最终自然涉及政府在乡村旅游旅游发展中的规制与制度建设等问题。因此,整体租赁模式的发展方向应是:整体租赁＋制度规范。

7.5 观光农业生态工程景观类型

7.5.1 观光农业生态工程景观分类

观光农业生态工程景观资源分为自然景观、农业景观和人文景观资源群 3 大类。

（1）自然景观:严格地说,自然景观是未经人类干扰和开发的景观。这里所说的自然景观是指基本维持自然状态、人类干扰较少的景观。山地景观是农业生态旅游景观资源中的重要组成,包括高山、低山、丘陵、岩溶、峡谷景观等。水景观以水流或水体作为主体的景观,包括河流、湖泊(包括人工水库)、溪水、瀑布、泉水等。植被景观植被是流域生态系统的主体。特异自然景观不一定以其美感吸引人,而主要是以奇异、罕见和特有的科学价值来吸引人。

（2）农业景观:农业景观是乡村生态旅游景观的主体部分,主要有以下类型:农田景观、防护系统景观、农林牧渔结合景观、村屯庭院景观和农村景观。

（3）人文景观:一般人文景观包括皇家园林、文人园林、陵墓、庙宇、房屋建筑、村落布局乃至特殊的文化习俗都可以说是人文景观的范畴。人文景观主要集中于空间环境和文化功能上。自然改造景观主要有水利工程景观、交通系统景观等。

7.5.2 观光农业工程农业景观规划

农业景观是以大农业为背景,展现以作物、林木、植被和动物等生物景观为主体的自然景观。在乡村生态旅游的景观规划中,应充分利用当地特有农业所产生的景观,并利用景观规划设计的原理及方法加以改进和调整。

（1）种植业景观

农田种植美化的季相构图：调整落叶、常绿植物的比例，增补针叶树、阔叶树及其他观赏植物。局部可突出一个季节的特色，形成鲜明的景观效果，如北京妙峰山的玫瑰、大兴的西瓜节等，使农业景观趋于游憩的需要。

农路、农田边缘的美化：农田、道路两侧或与其他景观交接的边缘地带，简称"田缘线"。田缘线是游人最直接的观赏部分，对农业景观质量有着显著影响。在游览的过程中，应加强空间的多样性，使游人既可感受到闭锁的近景，又有透视的远景。全部用多层的垂直郁闭景观布满道路或田缘，会使游人在视线上感受到闭塞、单调，易引起心理上的疲劳。因此，在道路的两侧及农田的边缘，一般应保持一定的水平郁闭度，为游人提供良好的庇荫条件，形成浓郁的乡村气氛。但注意垂直郁闭度应小一些，其中二层或三层可透视的林分结构占 2/3 左右，多层郁闭的结构在 1/3 以下，使游人的视线可通过林冠线下的空隙透视深远的景观，避免封闭游人的视线。观赏价值较高的花灌木、自然式的草本花丛及地被植物层的高度一般应在视线以下，使林下的空间深度在风景艺术上具有独特的价值。

农田空地及荒地周围景观的营造：农田空地及荒地是观赏周围景观的最佳位置，因此注意田缘线和田冠线（即植被顶面轮廓线）应多变。田缘线以自然式为主，避免僵硬的几何或直线条；田冠线高低起伏错落，才能形成良好的景观外貌。其次，空地的尺度适当是十分重要的，尺度过大会使景观质量受到损害，过小景观的开朗性表现不出来。根据景观与视角的关系，当闭锁空间的仰角从 6°起，风景价值逐步提高，到 13°时为最佳，超过13°以后风景价值降低。因此，当设计田间空地时，植株的高度与草地或水面的直径比为（1∶3）～（1∶10）为宜。此外，还要考虑土壤特性、草本植物种类及覆盖能力、游憩活动的功能及生态特性。综合考虑诸因素，确定合理的面积。最后，在空地的边缘，应适当保留孤立木和树丛，使其自然向田野过渡。较大面积的草地上，可保留或栽种适量的遮阴树，为游人提供必要的遮阴。在重点地段，可栽种一些观赏性较高的花灌木，或不同季节观赏的缀花草坪。其中荒地最好开发为文娱活动区、服务区或道路，以免减少可耕作土地，又有效利用了闲置的土地。

（2）森林景观

道路、山脊和河流等带状景观设计：为利于林木生长发育，林区中多采用等株、行距规则式的栽植，但形式比较呆板。因此，可在靠近林道的两侧和交叉路口、随地形起伏、蜿蜒的山脊和河流等处，以自然的形式布置风景树群或孤植树，使游人视线所及的环境自然活泼。林中的道路在满足采伐运输功能要求的同时，道路应以自由流动大曲率的线型为好，随树群迂回曲折，并途经林区主要景点；铺装就地取材，与自然环境相协调。注意沿路应创造美的林相，风景应尽量有所变化。为丰富游人的审美感受，还应注意道路路面的光影变化。

森林景观的营造：由于生产上的要求，林区树种的选择和配置是有限度的。混交林比纯林具有材质好、生长快、适应性强、景观良好的特点。因此，大力营造混交林应根据不同树种的习性，使其互补、互助有良好景观，如松和山毛榉、松和枫、松和白桦等。

而防护林的营造应结合农业景观的建设，在坚持适地适树、防护功能的原则外，注意林相的四季景观效果。如北京的防护林模式为：第一层为毛白杨或白皮松等高大的阳性树种；第二层为半阴性小乔木元宝枫或花灌木榆叶梅、珍株梅等；第三层为小灌木或地被植物。

为满足游人观赏的需要，重点需进行林缘线的美化，形成层次丰富、色彩绚丽、四季有景可观的森林彩带。除去路旁和拐角处有碍视线的树木，选择生长力强，花、果、叶、枝有较高观赏价值的树种。特别注意至少要构成老龄、中龄、幼龄 3 个龄级；树种上有针叶树、阔叶树、大乔木、小乔木、灌木、花卉、地被等。注意布局要自然，竖向上层次错落，平面疏密结合，避免规整种植。

林中的草坪面积不能过大，一般不超过 1 hm^2，草地宽 10 ~ 50 m，长度不限，向前延伸，形成风景透视线。草地形状不能呈规则的形状，边缘的树木呈自然布置小树群，树群的面积不应小于总面积的 50%。树群应结合林木更新，以小树群混交为好；每个树群面积以 5 ~ 20 hm^2 为宜，最大不能超过 30 hm^2。在 1 hm^2 的面积上，布置小树群 4 ~ 5 个，中树群 2 ~ 3 个，大树群 1 ~ 2 个。小树群的间距 40 ~ 50 m，中树群的间距 60 ~ 70 m，大树群的间距 70 ~ 100 m。大小树群应交错配置，避免了小林分的形成、散生混交平均分配以及带状混交形成呆板景观,主调鲜明,形式自然活泼,风景效果好。

（3）牧业景观

草原和草地景观应与林地交错分布,一方面利于观赏,同时使牧草生长茂盛,为牧业的发展提供充足的饲料。在牧业景观中,动物是农业景观中的重要组成部分,在保证生产的前提下,对动物合理利用,将会给生态农业游园游憩活动增添许多情趣。

（4）渔业景观

在以池塘养殖为主的地区,应提高集约化程度,调整产业结构,发展名、特、新品种。利用渔业的设备、空间、经营活动场所、生态、自然环境及人文环境资源,让人们认识渔业与体验渔村的生活,展现乡土特色,发挥观光功能,特别是可利用特殊的地形地貌——溪谷、山涧、海岸等,特殊的景致——晨曦、日落、云海等。还可与历史文化、乡土特色,民俗活动相结合,提高游客参与的兴致。

参考文献

[1] 杜江,向萍. 关于乡村旅游可持续发展的思考[J]. 旅游学刊, 1999, 14(1):15 – 18.

[2] 何景明,李立华. 关于"乡村旅游"概念的探讨[J]. 西南大学学报(社会科学版), 2002, 28(5):125 – 128.

[3] 何景明,马泽忠,李辉霞. 乡村旅游发展中存在问题的调查与思考[J]. 农村经济, 2004(7):36 – 38.

[4] 何景明. 国外乡村旅游研究述评[J]. 旅游学刊, 2003, 18(1):76 – 80.

[5] 李德明,程久苗. 乡村旅游与农村经济互动持续发展模式与对策探析[J]. 人文地理, 2005, 20(3):84 – 87.

[6] 马勇,赵蕾,宋鸿,等. 中国乡村旅游发展路径及模式——以成都乡村旅游发展模式为例[J]. 经济地理, 2007, 27(2):336 – 339.

[7] 王兵. 从中外乡村旅游的现状对比看我国乡村旅游的未来[J]. 旅游学刊, 1999(2): 38 – 42.

[8] 王继庆. 我国乡村旅游可持续发展问题研究[D]. 东北林业大学, 2007.

[9] 王琼英,冯学钢. 乡村旅游研究综述[J]. 北京第二外国语学院学报, 2006(1): 115 – 120.

[10] 王云才. 国际乡村旅游发展的政策经验与借鉴[J]. 旅游学刊, 2002, 17(4):45 – 50.

[11] 肖湘君. 我国乡村旅游可持续发展研究[D]. 湘潭大学, 2006.

[12] 肖佑兴, 明庆忠, 李松志. 论乡村旅游的概念和类型[J]. 旅游科学, 2001 (3):8 – 10.

[13] 张丽娜. 乡村旅游开发研究[D]. 云南师范大学, 2000.

[14] 周玲强, 黄祖辉. 我国乡村旅游可持续发展问题与对策研究[J]. 经济地理, 2004, 24(4):572 – 576.

第 8 章　区域集约农业生态工程

区域集约农业生态工程是在一定的区域内,按照"整体、协调、循环、再生、多样"的生态学原理,遵循发展农村经济与农业生态环境保护相协调,自然资源保护与其开发增殖的实现可持续利用相协调的原则,基于生态系统承载能力的前提下,充分发挥当地生态区位优势和产品的比较优势,在农业生产与生态良性循环的基础上,开发优质、安全和无公害农产品,使得农业生态系统体现出结构合理、功能高效,不仅能获得可持续的较高产量,而且能达到资源匹配、环境友好、食品安全基本要求的区域农业生态系统。

8.1　生态农场构建与发展

8.1.1　生态农场的特征及内涵

生态农场指符合生态学原理,遵循"整体、协调、循环、再生、多样"原则,并吸收优良传统实践和现代技术的可持续农业生产经营单元。具体来说,"生态农场"是指那些采用了一系列生态友好型农业技术体系,并优化了生物与生物、生物与环境相互关系,使得农业生态系统体现出结构合理、功能高效,不仅能获得可持续的较高产量,而且能达到资源匹配、环境友好、食品安全基本要求的农场。

我国生态农场应具有以下特点:

(1)本地化

生态农场是建立在合理和充分利用当地自然资源和生产条件基础上

的凸显本地化的农场。在不同区域和地区，只有在对当地资源禀赋特点进行全面总结和提炼的基础上，才能建立起因地制宜、独具特色的生态农场。

（2）整体性

生态农场与普通农场的区别，主要在于生态农场通过对资源和能源利用的整体规划、设计和实施来提高系统生产率，从而避免了对自然资源的过度消耗和对生态系统平衡的破坏。

（3）稳定性

包括生态系统功能的相对稳定和社会经济效益稳定增长两方面。生态系统功能的相对稳定包括营养物质和能量平衡，可维持一个稳定的输入和输出。农场经济效益的稳定增长应建立在对营养物质和能量动态平衡基础上的，对多目标的投入、产出与循环进行成本效益分析，选取经济效益最优化的方案，以达到系统产出经济效益稳定增长的目的。

8.1.2 典型生态农场模式和技术

生态农业是 21 世纪农业可持续发展的必经之路，而生态农场是生态农业的一种拓展，它逐渐地衍生为生态农业的有效载体。生态农场是一种以保护自然生态环境为基础，以开发田园旅游资源为重点的新型农业，遵循循环经济规律，以市场为导向，高新科技为支撑，在现有的农业基础上，遵循可持续发展要求。它是以生态学理论为依据建立起来的新型农业生产模式。由于近年来不断发生的食品安全问题，越来越多的消费者开始关注到生活必需品及其质量上。生态农产品的市场逐渐成为食物需求的主流市场。就农场而言，生态农场生产和常规农业生产相比，虽然产出产品的数量相比传统的农产品要少一些，但是生态农场的农产品的品质远远高于普通的农产品，其获得的经济价值也远远高于普通的农产品。生态农场不仅提高了农产品的品质，同时也保护了农场周围的生态环境，推动了农业的发展，一定程度上也减少了农村劳动力盲目流入城市。

留民营生态农场位于北京大兴区长子营镇，是北京市首批农业观光游示范点。留民营村早在 1987 年就被联合国环境规划署授予"中国生态农业第一村"。农业观光园占地面积 13 余万 m^2，园内有新型日光温室 31 栋、全自动连栋式大棚 1 栋，为有机食品生产基地，所产蔬菜全部是施用有机肥、不喷洒农药的有机蔬菜。

留民营生态农场运用生态学原理,以沼气工程为纽带,充分发挥自然资源的优势,合理调整生产结构,实现了农业良性循环,取得了生态效益、经济效益和社会效益三者的统一。

(1)调整产业结构,构建生态农业循环体系。

留民营村以前生产结构单一,全村以种植业为主,95%的劳动力从事种植业生产,其产值占全村总产值的78%。农作物产量主要靠化肥投入,每亩(1 亩 ≈ 667 m²,下同)大田平均施用量达 150 kg。由于长期大量使用化肥,造成土壤板结,污染环境,农业生态环境遭到破坏。

为此,留民营村首先调整了产业结构,实行种养并重。10 年来,先后建成现代化规模的畜禽场 5 座和 35 亩水面的鱼塘,常年饲养生猪 5000 头、奶牛 60 头、蛋鸡 10 万只、肉鸭 20 万只、鲜鱼 2 万条。每年可向首都市场供应鸡蛋 120 万 kg、肉鸭 20 万只、猪肉 80 万 kg、牛奶 20 万 kg 和鲜鱼 1 万 kg,养殖业为种植业提供了大量的有机肥,减少了化肥投入,生态农业环境得以根本的改善。同时,为了延长产业链,留民营村还重点发展了无污染的食品加工业和饲料加工厂,年产饲料 2000 t;食品饮料厂可加工制作一定数量的食品罐头,年产汽水饮料 25 万箱;小型屠宰厂年加工禽类 10 万只。

通过产业结构调整,实行种植业与养殖业互补,又将产业链延伸到食品加工,从而使过去的单一生产结构和简单的生态循环关系,逐步转变到多种物质循环与物质循环利用、重复利用的网络结构,形成了一个以沼气为纽带的能流、物流的多重良性循环(图 8 - 1)。

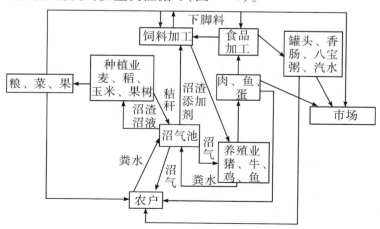

图 8 - 1 留民营生态农业系统循环图

（2）以沼气为纽带，促进生态农业建设。

为净化农村环境和处理农产品加工后的残余物，留民营村投资建成了户用沼气池 162 个、大中型沼气池 2 座，总容积为 2000 m³，全年可处理 15000 t 禽畜粪便，可产沼气 16 万 m³。这些沼气工程的建设，除满足了全村居民和百人食堂全年全天候的使用需要外，还可用于发电照明与烧锅炉，全村每年节约标煤超过 2000 t，减少了过去因燃烧秸秆、煤炭和禽畜粪便处理不当所带来的环境污染。

同时，沼气发酵残留物内含有丰富的有机质、腐殖酸、氮磷钾和微量元素等营养成分以及多种氨基酸、活性酶类物质、生长素。这些净化后的有机肥料的广泛施用，对改良土壤、提高肥效、饲养禽畜，都收到了理想效果；对农作物的抗病增产、促进生长和抗逆方面都发挥了很大的作用。

留民营村每年可生产沼渣 10512 t、沼液 104440 t。他们运用这些成果，将沼渣制成专用肥，将沼液作饲料添加剂或调配成生化农药，用于大田底肥追肥、温室滴灌及叶肥喷施、饲养禽畜，均减少了化肥和农药的用量，增加了土壤有机质，提高了农作物和肉、蛋、鱼的产量。

（3）发展庭院和立体农业，生态农业效益显著。

留民营生态农场发动群众，人人动手，共栽种各种林木 4.2 万株、果树和良种苗圃各 100 亩，农户庭院还栽种了不少的石榴、柿子和枣树，实现了两渠（灌渠、排渠）、两路（主干路、田间路）、一个网（农田网）、两环（环村、环田）、两厂（养殖厂、加工厂）、一个园（村级公园）的绿化目标。目前该村林木覆盖率已由原来的 6% 提高到现在的 35%，改善了田间小气候，土壤耕层水分含量相应增加，有利于农作物的生长。由于发挥了林木放氧、吸毒、减噪和防风沙的功能作用，使该村空气新鲜，环境优美，环境效益突出。

与此同时，留民营生态农场和中国林科院共同进行农林间作、立体结构的试验示范。他们利用空间上的多层次和时间上的多序列，安排产业结构。按照生态学理论，将农作物和林木处于不同的生态部位，各得其所，相得益彰，既充分利用光热资源与土地资源，又形成了农作物良好的生态环境。该村实施桐粮间作 300 亩，桐、枣、粮间作 200 亩；每亩间作泡桐 5 株、枣树 10 株。间作不仅提高了农作物产量，还增加了经济效益。

8.1.3　生态农场建设路径

（1）建立和形成国家层面的由常规农业向生态农业转型的顶层政策体系。

近年来我国农业生态化进程明显加快，以农业面源污染防治攻坚战为重心的农业绿色发展行动逐步展开，在有机肥替代化肥、畜禽粪污处理、秸秆综合利用、耕地质量建设等方面启动了一系列重大项目并初见成效。然而多数行动是一种压力出现下的被动应急计划，而非主动升级作为。总体上目前我国还缺乏对常规农业转型的迫切性认识，具体由常规向生态农业转型的目标、路径和战略还尚未确立。

为有效推动农业的绿色发展，应在深入分析和借鉴主要发达国家农业转型经验的基础上，从顶层建立和形成国家层面的推动农业生态转型的政策体系，完善和确立我国农业生态转型的基本法律法规，强化农业、环保等部门的环保生态职能，形成国家、省、县不同层次的相应政府协调管理机构，并尽快建立相应的来自科研院校机构的技术支撑体系；完善生态农产品认证及管理体系，建立融合有机、绿色、生态等为一体的产品标识体系，绿色标志需要提出化肥农药"双减"的具体比例，鼓励发展生态农业，对生态农产品进行统一管理，并实施生态补偿制度；启动新一轮全国生态农业示范县（区）建设行动计划，切实从区域层次对农业和环境进行整体协调布局和建设。

（2）开展广泛的宣传和培训，提高各级政府、农场经营者及公众对生态农业的认知水平。

当前生态农场存在的一些突出问题如种养结构不合理、生态技术缺乏、产品销售困难、未得到倾斜政策支持等，其根源是各级政府和公众对生态农业的认识水平还很局限。各方只考虑开发现存资源的见效快、产值高的项目，很少考虑到农业资源的保护和利用，只重视经济效益和眼前利益，未考虑环境效益和长期生态效益，致使那些保护资源、环境友好以及具备生态服务功能等的生态型技术在农业生产中难以得到推广和应用。

因此，为了使生态农业发展实现根本性的提升，需要从上到下提高各级政府及公众对生态农业的认知水平和重视程度。政府应把生态农业建设作为今后绿色发展的重要抓手，积极制定促进生态农业发展的具体行动计划及相关政策，在全社会大力开展广泛而有效的发展生态农业的宣传工作，全面提高各参与方对生态农业的认识水平。针对广大农场经营者受教育程度较低、对生态农业认识淡薄等情形，各级部门应通过主流培训平台对农场经营管理及技术人员进行有计划的培训，包括生态农场规划、先进生态技术交流、生态农场示范等，逐步提高生态农场经营者的技术和管理水平，培养一大批懂农技、善经营、会管理，具备综合技能的现代生态农业经营管理人才，努力提高农业从业者的科技水平、生态意识和品牌意识。同时各地要通过政策引导，支持生态农业企业/农场与大专院校和科研院所进行合作，一方面开展产学研合作，加快科技成果的转化与应用，另一方面注重教育和培养年轻大学生及科技人员，吸引他们到农场来，为生态农场的长远发展积累软实力。

(3)建立生态农场建设和评估标准，开展全国范围的认定工作。

我国家庭农场发展历史比较短，生态农场更是一个新生事物。国家未来要发展生态农业，生态农场必将成为一个重要的实施载体，需要开展生态农场建设标准、评估及认定工作。在生态农场标准和认定体系建立和完善过程中，需要理顺标准体系中的层级关系，同时要将生态农场标准的建立与生产活动紧密结合到一起，生态农场建设还应与有机产品、绿色食品、生态农产品等的认证联系起来，这样可以对农场环境、生产过程到产品标准实施全链条追溯管理。同时在生态农场标准发布实施期间要建立有效的认定和监督机制，特别是低成本核查机制的建立，确保真正优质的生态农产品不受"劣币驱逐良币"的影响。

用传统方法对生态农场进行评估，容易低估多样化生态农场的综合效益。因此有必要建立全新的评估指标体系，例如：长期生态系统健康、资源物流去向、农业和整体经济可持续发展的相互关系、产出的可持续性、生计的稳定性、真实的食物和营养安全以及农场主应对债务、气候冲击的生存力等。也就是说需要建立的是衡量生态农业和可持续粮食系统的指标体系。因此指标的构成应涵盖营养质量、资源效率、对生物多样性影响、生态系统服务的提供和对于生计及公平贸易的影响等。评估体系的结果可以作为给农民支持奖励和补贴的依据，也可以用来描述不同生产体系的正外部性和负外部性。这些方法应进一步发展并且和政策制定联系起来,以便让常规化农业的外部成本和多元化生态农业体系的外部收益都得到内在化,同时将这些信息传递给政策制定者,并用于教育消费者。

（4）制定生态农场推荐性技术清单,推动国家实行绿色生态农业技术补贴。

目前我国的农业补贴仍多基于普惠制,近年来针对水资源耗竭、耕地质量退化启动了一些生态保护项目,包括轮作休耕、黑土地保护等,也大多属于生态环境保护工程,基本没有针对生态农场的建设补贴。国家及地方政府主管部门应尽快出台真正激励生态农场发展的政策法规,如统筹国家涉农补贴政策,取消不利于环境保护的补贴政策,调整建立环境友好型农业的补贴优惠政策体系;通过建立生态农场推荐性技术清单,引导各级政府对于实施这些生态农业技术的生态农场进行专门补贴;通过税收政策、财政补贴政策等获得资金对发展生态农场提供应有的生态补偿,并进一步完善相应的法规体系,建立相应的补偿机制,做实生态补偿工作,激励生态农场切实转变生产模式和经营方式。

（5）借助"互联网+",建立全国范围的生态农产品信息与销售网络。

当前,在农业由追求产量向注重质量转变的过程中,农业生产端和消费端普遍存在巨大落差,一方面农产品销售难、价格波动大,往往增产不增收,另一方面城镇居民对健康生态农产品的需求日益扩大,却很难买到安全、放心、优质的农产品。由于农业生产数据化、信息化、互联网化程度较低,优质农产品的信息难以传达给消费者,导致优质无法实现优价。

广大生态农场经营者,要借助飞速发展的"互联网+",积极拓宽思路,抓住机遇,通过利用已有电商平台或自主建立网络平台,学习新知识,宣传和销售自己的农场产品,省去中间商直接面对消费者,在增加产品销量的同时亦可达到提高利润的目的。农场还可引进体验式消费、观光采摘和会员制配售等方式,满足消费者群体的需要,促进生产方与消费者的相互了解、沟通和互信。

政府主管部门应引导和推动全国范围生态农产品信息与销售网络体系的建立,积极推广"互联网+农业"技术、农业大数据技术和精准农业技术,加强生态农场的物联网建设,以及农业信息管理系统、生态农业专家系统、智慧农业体系以及生态农产品质量的可追溯能力建设，推行二维码、射频码等技术应用，使生态农场安全生产全程实现信息化、公开化、透明化和可视化管理。

（6）加强基于生态农场的科研项目立项，包括长期定位试验、重大技术研发以及生态农产品开发和推广。

在调查中，生态农场面临的一个主要问题是对病虫草害的控制技术。现有的生态措施还不能完全满足农场的需求，依然需要研发新的技术。同时各项生态措施普及率相差较大，各地区农业部门应当进行交流学习，同时加强对本地区农场生态农业技术的普及教育，提高生态措施的普及率。

除此之外，还应加大生态农业的长期定位研究及关键技术研究，加大农业推广资金投入力度，建立健全多元化的生态农业技术推广体系，引导和鼓励高校、科研机构、农业企业、民间组织等为生态农场提供标准化生产、安全生产等方面的技术服务与决策咨询，开展试点示范，大力推进生态农业新技术、新装备的研发，以及生态农业轻简生产技术等，全面推进生态农场与高校、科研院所等的产学研合作，切实提高生态农场的生态农业技术贡献率和生态含量。

8.2　生态农业园区构建与发展

8.2.1　生态农业园区建设路径 – 以邹城市为例

8.2.1.1　主体园区建设

（1）建设核心示范区

抓住国家、省市对现代农业发展的战略机遇，积极争取山东省和国家对农业的优惠政策，建设邹城市现代农业科技产业园，尤其是以"示范展示"为主的产业园先导区的建设。通过核心示范区的建设，将技术、品种、设备示范推广，辐射到二级专业性科技示范区，进而带动标准化生产示范园，形成三级联动。

（2）培育地域农产品品牌

为了更好地推动邹城市特色农产品的对外宣传,提高产品价值,需要通过园区和龙头企业,培育具有地域特色的农副产品品牌和园区形象品牌。推出具有地方特色和资源特点的涉农产品及涉农高端服务产品。同时,利用生态休闲时尚产品的开发,带动地方农产品向精品化、高档化的市场发展,进而提高农业品牌的提升和农业综合收益的提高。

（3）扶持典型的合作组织和专业种养大户

对生产规模大、科技含量高、种植品种新的农场/企业,政府应予以重点扶持。可以通过政策倾斜、资金扶持、专家指导、干部帮带等方式,在培育特色种养专业园、养殖大户、林果蔬菜种植大户、设施种植专业农场的同时,选出具有模范带头作用的典型农户、优秀农业园或涉农企业进行先进表彰。在龙头农场/企业运作上,试点推行“运行公司制、投资业主制、科技推广承包制、联结农户合同制”等运行机制,并规范各环节之间的利益分配,充分发挥专业性科技示范农业园区和龙头企业的示范带动作用。利用“互学互助、共同进步”的方式,带动标准化农业园区和农户快速发家致富,实现跨越式稳步发展。

8.2.1.2　服务平台建设

（1）高效农业展示平台

高效农业展示平台主要通过邹城市现代农业科技产业园核心区和专业性农业科技示范园区开展现代农业优新品种示范推广、节能节水技术推广、农业设施设备展示示范、设施果蔬技术示范等,向农户展示、示范高效农业的先进技术和设施设备。通过高效农业展示平台的展示功能,让农户看到现代高效农业的设施、设备、管理模式、生产效益以及具体的操作方式;同时,在邹城市现代农业科技产业园和专业性农业科技示范园区内不同生产环境设置相应的种植技术规程图、操作技术日历表等宣传图,满足农户对现代农业技术“看得见”的需求,切实打消农户的疑虑。

（2）高新技术推广平台

高新技术推广平台也是依托邹城市现代农业科技产业园核心区和专业性农业科技示范园进行技术推广平台的建设。相对于高效农业展示平台,该平台更侧重于"软件"的建设。通过政府引导、园区主导、企业和合作社参与的形式,与国内外农业科研院所及专家进行联系合作,聘请技术人员、农业专家顾问等专业服务人员开展技术推广、技术指导等方面的工作。

(3)信息技术发布平台

信息技术发布平台主要利用现代农业科技产业园核心区和专业性农业科技示范园技术信息发布室发挥平台功能,进行农业信息、气象信息、市场信息的实时发布。

通过短信平台、广播平台、网络平台,及时发布最新气象信息、耕作灌溉管理信息、农业科技和市场信息,实现智能化、数字化、网络化,保证农户及时应对恶劣天气、保证粮油、林果、设施蔬菜、畜禽水产养殖等生产的正常管理,减少损失、保障收益。

通过网络简报、电子视频等形式,利用邹城市现代农业科技产业园核心区和专业性农业科技示范园,发布关键的生产信息,进行逐级辐射推广,指导园区及邹城市的农业生产;并定期发布"邹城市农业信息简报",指导各镇街发展特色农业,进行农业产业化经营。

(4)政府引智引资平台

通过实施人才引进战略,"以产引智、因智引资",促进知名企业家、农业高校及科研院所专家等多元化人才进驻邹城市的农业园区,到园区进行技术指导和项目投资。

政府引智引资平台的建设可以有效推动实用性农业科技成果和现代农业技术的转化推广,加强邹城市农业产业经济的快速发展。同时,通过"资本"和"智本"的双重集聚效应,吸引国内外有实力的农业企业和集团助力发展现代农业,强强联合,互促共进,引领山东省及区域现代农业发展。

8.2.1.3 保障体系建设

(1)农业标准化体系

农业标准化是农业现代化建设的重要内容,是确保农业产业正常进行的保障。农产品标准化生产体系建设应根据国家绿色有机农副产品生产标准、山东省及市县各级主管部门的生产标准要求,结合邹城市气候特点、园区周边环境条件特点,按照产前、产中、产后标准相配套的原则,做好产地环境控制、生产技术规程、产品质量检测和安全等生产执行规程标准,以确保产品达到国家绿色食品标准。主要包括绿色有机农副产品生产标准、设施蔬菜标准化生产体系、标准化枣园建设体系、畜牧养殖标准化体系、花卉苗木标准化生产规程、节水灌溉标准体系等。

(2)优质安全农产品生产体系

为确保各级农业园区(项目)农产品的生产环境达到绿色食品要求,需在生产前阶段建立生产环境控制体系,主要进行茬口变换期和定期监测。监测对象包括园区空气、土壤及水质量,并及时根据实时情况进行整改控制。建立强制性例行检测和定期通报制度,各检测点按照统一要求,对生产环境、生产过程、农产品及投入品的质量,实行定期定量例行检测,为提高监测结果的准确性,加强对检测人员的培训。畜禽养殖产前要在畜舍选址、养殖密度、污染物排放等方面进行控制;产中重点监控饲料使用及管理模式,节约水资源、降低粪肥污染;产后着重进行多种方式固体废物、污水的处理。

(3)动植物疫病检疫防控体系

根据生产进展情况,进行特色作物和优势产品各项指标的监测,此体系工作监测内容包括作物的生长状态、病虫害情况,配备病菌培养鉴定设备,并根据果蔬不同生长期采取相应的病虫害防治手段及措施。大力推广使用农业、物理、生物方法防治病虫害。对于畜牧养殖,应按照《免疫操作规程》,增加检疫仪器设备配备,提高防疫检疫能力,做到强制免疫、强制检疫、强制消毒、强制扑疫。

(4)农产品原产地追溯体系

在健全特色农产品质量检测的基础上,建设特色农产品原产地追溯体系。进行特色产品风味品质、安全品质的检测,配备必要的检测检验设施设备,如糖度仪、硬度计、色度仪、农药残留速测仪等设备。通过各项检测指标的关联性建立无损伤检测系统,实现产品按照风味品质、外观品质等综合指标进行销售。形成与当地生产、初级加工、流通相衔接的农产品原产地追溯体系,实现对农产品产前、产中、产后的全程监控,让消费者可以追溯产地,打造品牌。

（5）智能化网络监测系统

利用数字化、信息化技术改造传统农业,建设独具特色、具有一定规模的农业信息化示范基地,应用农业信息系统,围绕林果生产、设施农业、畜牧养殖等产业,建立统一的智能化网络监测管理体系,对农业生产情况进行实时监测管理。建立计算机网络监测体系,积极争取省地市各有关部门的大力支持,形成社会多元化投资体系,保证充足的运作资金和技术力量投入。同时,建立科学规范的管理结构,确保体系高效运作,发挥其信息指导和示范作用,带动农业信息化水平的整体提升,实现农业现代化。

8.3　生态农业县构建与发展

8.3.1　生态农业县建设模式

全国各地按不同的自然生态条件和经济发展水平,从生态农业县建设来看,大致可以分为如下4个基本类型:

（1）生态脆弱地区生态农业县的发展模式

主要代表了我国黄河中上 游地区、长江上中游地区和"三北"风沙地区及其他以山区、高原为主的自然经济条件较差的县域,如陕西延安、宁夏固原、青海湟源县等。这类生态农业县建设的基本模式为"治理与结构优化型",主要通过3个途径实施生态农业建设:一是对恶化的生态环境进行治理,重点是植被恢复;二是加强农业基础设施建设,重点是基本农田建设;三是对农业生产结构进行优化调整,重点是以提高粮食单产为出发点,压缩粮田面积,适度扩大林果牧业面积,实现农林牧综合发展。

（2）生态资源优势区生态农业县的发展模式

其主要分布在南方交通不便,但生态与资源、环境良好的经济不发达地区,如江西婺源、重庆大足县、安徽歙县等。这类县域虽然交通不发达、经济比较落后,但生态资源优势明显。以南方条件较好的山地丘陵为主,发展生态农业的主要模式为"生态保护与生态产业开发型",通过如下3个途径发展生态农业:一是切实保护生态环境和自然资源,保持生态优势;二是加强农业基础设施建设;三是大力开发生态型特色产品,发展生态产业。

（3）农业主产区生态农业县的发展模式

这类地区是我国商品粮、棉、油主产区,以平原为主,种养业发达,农业产业化、机械化、集约化、规模化水平较高,如江苏江都市、吉林德惠市、黑龙江昌图县等。这类生态农业县位于我国农业主产区,以平原农区为主,发展生态农业主要采用"农牧结合型加工增值模式",即以农牧结合为基础,发展农副产品加工业,建立资源高效利用型产业化生态农业技术体系。

（4）沿海和城郊经济发达区生态农业县的发展模式

这类县域经济发达,农业产业化水平、整体技术水平高,代表了我国农业现代化的较高水平和方向,如北京大兴区、广东东莞市。这类生态农业县发展面临的主要问题是农业投入大、劳动力成本高、农业环境污染较为严重,但市场拉动大,要求高,技术力量强,适合发展中高档优质农产品。这类县域生态农业的整体模式为"技术先导精品型"。由于县域生态经济特点明显不同,其生态农业发展的模式也不同,表现出丰富的多样性。

8.3.2　农业生态县建设案例

（1）科学规划,广泛宣传,营造浓厚创建氛围。

①合理规划,科学创建。四川省苍溪县委托四川省环境科学研究院作为规划编制单位,编写组在反复调研、详细收集资料的基础上,经过大纲和报告书两个环节编写、多次征求意见、省环保厅两次组织专家审查,2006 年1 月完成了《四川省苍溪生态县建设规划》,同年 3 月通过了县人大常委会的审议批准。该规划将苍溪县划分为"北部低山林果牧生态经济区、东南部药果林及农贸生态经济区、中南部农牧种养及加工生态经济区、西南部嘉陵江城镇生态经济区"4 大生态经济功能区,确定围绕生态经济建设、人居环境建设、生态文化建设和资源开发保护等方面开展生态县建设,经过全面启动、整体推进、巩固提高 3 个阶段,把苍溪建成经济发达、环境优美、适宜人居的低碳资源转化强县。②强化宣传,全民参与。苍溪县十分注重创建工作的宣传和引导,县广播电视台、《苍溪周报》等大众媒体开设生态县建设专栏,广泛宣传报道生态县建设情况;县委党校、全县中小学、幼儿园开设环境课程,举办生态讲座等多种形式的环保活动;县环保局组建绿色电影放映队,大力开展环保进企业、进学校、进社区、进农村等环保"四

进"活动;在每年结合植树节、爱鸟周、全国土地日、世界环境日、地球日等活动,广泛开展环保演讲、环保知识竞赛及环保书法、绘画等各种生态建设、环境保护宣传活动。通过这些活动,统一了全县干部群众的思想认识,增强了全县上下参与生态县创建的责任感、使命感和紧迫感,提高了创建工作积极性和参与能力,营造了人人保护生态环境,个个参与生态县建设的浓厚氛围,为创建工作打下了良好的舆论和思想基础。

(2)完善机制,强化责任,形成创建工作合力。

①健全组织领导机制。成立由县委副书记、县长任组长,县人大分管副主任、县政府分管副县长、县政协分管副主席任副组长,发展、计划、环保、林业、水电、国土资源、建设等部门为成员单位的领导小组。设立了专抓机构——县生态办,负责组织、协调和督促生态县的创建工作。县委、县政府定期听取环保工作和生态县建设工作汇报,研究部署生态县创建工作目标任务,处理解决建设过程中的重大问题,检查调度创建进展落实情况。②实行专班运作机制。实行重点项目领导挂帅,专班运作。按照全县农业主导产业结构调整规划,依托县农业局专门成立雪梨、猕猴桃、毛兔和生猪四大产业办公室,实行一个县级领导带一个专班、抓一个产业的领导工作方式,县委、县政府主要领导身体力行,深入一线,狠抓督查抓落实;县人大、县政协认真履行法律、民主监督,多次听取生态县建设汇报,组织环保视察活动;各部门各司其职,积极推动联合创建、综合创建;企事业单位和广大市民积极参与节能减排、美化家园等有利于环保和生态的文明活动,形成了四大班子同念一本"生态经"、全县上下共唱一台"生态戏"的良好格局。③强化目标量化考核机制。县委、县政府出台《生态县建设倒扣分考核办法》,将生态县建设的各项任务作为硬指标分解到39个乡镇和36个部门,并签订责任状,做到创建目标具体化、明晰化,创建指标工程化、项目化。同时,将生态环境项目建设完成情况纳入各级领导政绩考核的重要内容,作为年度综合目标考核的重要依据,严格奖惩,实行"一票否决",做到项目建设领导、责任、资金、措施"四落实"。

(3)依托庭院经济,建设现代农业园,做强生态农业。

①以提升庭院经济为载体,统筹城乡经济发展。近年来,苍溪县在庭院经济的基础上,大力探索庭院生态、庭院文化与庭院经济协调发展的有

效途径,逐步总结形成了符合山区实际的"六个一 + 三配套"农业生态循环经济模式,有力地促进了社会经济的发展。"六个一"即:每户建成一个年稳定收入万元以上的生态经济园,一口年产气 400 方以上的沼气池,一个蓄水 100 方以上的防旱池,一眼卫生井,一条硬化便民路,一套生态川北农居,实现园、圈、气生态循环建设配套,退、改、调生态环境建设配套,庭院经济与庭院文化配套。目前,全县 80% 以上农户建有稳定收入的经济园,经济园收入占农民人均纯收入的一半以上;建防旱池 6.5 万口,建卫生井 14 万眼,红层找水打井 1.7 万口,95% 以上的农户喝上了放心水;硬化连户路 6500 km;改扩建生态农居 12 万套,近 60% 的农户住上了舒适的川北生态农居,45% 的农户达到了"六个一 + 三配套"的户办工程标准。②以建设"三园"为重点,做强生态县产业支撑。立足资源禀赋,结合山区县实际,以"六个三"为基本模式,把发展资源节约型和环境友好型现代农业作为主要方向,着力体现其"循环、低碳、有机、和谐"4 种特性,全面打造"高端、特色、精品"特色产业园、统筹城乡发展示范园、乡村生态旅游观光园"三园"合一的现代农业园区。在园区建设中,要始终坚持规划先行、规范建设、规模发展"三规",配套建好路网、水网、线网"三网",着力打造川北民居风貌、庭院文化情景、梨乡优美夜景"三景",创新党政推进机制、项目整合机制、市场经营机制"三制",实现经济效益、社会效益、生态效益"三效"。同时,不断强化项目引领,着力发展突破,拓展项目外延,率先在园区实现城乡一体化发展,构建了特色农业产业园、乡村旅游观光园、统筹城乡示范园和建设生态小康新村的"三园一村"山区农村全面小康新模式。目前,全县已建成 7 个各具特色的现代农业园区,现代农业园区建设形成的"三园一村"建设目标和"六个三"建设模式引起了社会的广泛关注,得到省、市领导和专家的充分肯定。省市领导对现代农业园区建设的经验和做法给予了高度肯定。③以改善基础设施为抓手,夯实农业标准化水平。坚持将农业的无害化、产业化、标准化与生态化有机结合,加快传统农业向现代化农业转变,向绿色生态农业过渡。围绕"1 + 3"特色产业布局,大力开展各具特色的标准化示范区建设和农产品质量认定、认证工作。目前,全县共建成无公害农产品生产基地 106.64 万亩、绿色食品生产基地 20 万亩,苍溪雪梨、猕猴桃鲜果等 17 个产品获国家绿色食品、无公害农产品认证,全县主要农产品无公害、绿色有机面积比重达到90.5%。

（4）综合整治，整体推进，建设优美宜居城镇。

近年来，坚持把创建生态乡镇、省级环保模范县城、国家森林城市、环境优美示范县作为生态城镇建设的重要载体，大力实施城乡环境综合治理"五十百千示范工程"，立足县域发展实际，深入推进城市以山水园林低碳宜居为抓手的品位提升，农村以生态小康新村为载体的生态家园建设，城乡面貌发生了巨大变化。①治管结合打造城市形象。着力于城市风貌塑造，按照"一江两岸，十里风情"总体布局，巩固提升城东红军渡·西武当山、城西中国·苍溪梨文化博览园、城南嘉陵第一庭园、城北中国·苍溪红心猕猴桃植物园建设，形成"一城居中，四园拱城"的"花朵型"城市地理景观。拓宽整治县城四大进出口通道，贯通江南干道、滨江大道和北门干道，实施县城南拓，加快旧城区改造，形成"三纵五横多支路"的主骨架，县城建成区面积由2005年年底的5.2 km² 扩大到8.5 km²，城市化水平达31.9%。全面绿化城周山峦，重点打造了滨江路十里绿色长廊、红军渡红叶大道、肖家坝银杏大道、北门沟桂花大道，构建特色鲜明的城市植被景观，城市人均公共绿地面积达12.2 m²，集镇人均公共绿地面积达12.8 m²，被评为全省绿化模范县。完善城市环保基础设施，县城日处理100 t的城市生活垃圾填埋场、日处理1万t的城市污水处理厂全面建成并投入使用。全县累计建成污水处理设施18处、垃圾填埋场41个，生活污水处理率和垃圾无害化处理率分别达到了56.3%和76.4%。②全力打造生态家园。围绕建成30个示范村庄和40%的村达到"四化"攻坚目标，依托7个万亩现代农业园区和绵延100余km、覆盖10乡51村的"元龙"省级新农村示范片建设，坚持一个园区就是一个主题、一个集镇就是一个节点、一个村庄就是一个景点原则，因地制宜打造各具特色的集镇村落景观，塑造典型，以典型为标杆梯次推进，带动示范村庄向全域拓展。大力推广清洁能源的使用，利用苍溪县丰富的水能和天然气资源，在城镇大力推广使用天然气、液化气和电等清洁燃料，完成全县工业企业燃煤锅炉改造，县城清洁燃料普及率在97%以上。在农村大力推进沼气池建设，引导农民对传统农居进行"四改"（改厕、改圈、改厨、改外观形象），着力打造体现民俗特色、格调一致的"穿斗小青瓦、白墙坡屋顶"川北民居，形成了"房在绿中坐，人在花中行"的生态人居美景。全县建成生态家园户 10.8 万户,小康新村面积达 50.8%,累计建成农村沼气池 12 万口,农户沼气普及率达 82%,60% 的集镇、40% 的村庄达到"四化"标准,呈现出"洁、齐、美"的崭新景象,参与"全省五十百千环境优美示范工程"创建的 1 城 4 镇 30 村通过省上检查验收。③狠抓生态工程建设。以苍溪创建省级生态县、乡镇创建生态乡镇、村社创建生态村"三级同创"为载体,全面加强生态建设。截至目前,全县已建成国家级生态乡镇 1 个、省级生态乡镇 21 个;建成国家级生态村 1 个,省级生态村 20 个,市级生态村 241 个,省级农业生态园区 7 个,培育生态庭院文化户 5 万户,全县城乡呈现出"环境优美、生态和谐、民风文明"的新变化、新面貌、新气象。

8.3.3　生态农业县建设经验

(1)部门协调、科学规划。

全国生态农业县建设是由农业、林业、水利、财政、科技和环境保护等多部门共同组织实施,打破了部门分割、相互牵制的痼疾,各部门在安排建设项目时向生态农业县倾斜,各自保留自己项目名义,这样,单项治理集中到一个县就变成了综合治理,形成合力,发挥了综合效益。各地区在开展生态农业县建设中,都把制定规划作为首要任务,并进行科学论证,经县人大讨论通过,纳入地方发展计划,从而保证了实施的连续性和权威性。同时,国家制定了《全国生态农业建设技术规范》和规划指南,为各地生态农业建设提供了指导。

(2)典型引路、示范带动。

各生态农业县大都是在生态农业村、乡试点的基础上发展起来的。目前,各县生态农业试点的覆盖面积达 25% 以上。国家抓的 101 个生态农业重点县,则带动各省搞了 200 多个县,促进了生态农业试点建设规模的不断扩大,有利于发挥改善生态环境的宏观效益。

(3)政府引导、农民参与。

我国的生态农业强调以生态经济原则指导农 林牧渔各业,并对整个农业乃至农村系统进行合理布局与设计,因而它小可以指导单个"生态农户"或"生态村"的建设,大可以指导到一个县域或市域乃至更大范围以农业为中心、涉及其他各业的建设,如"生态县""生态市"等,因而在规划和试点建设中,需要政府部门进行科学规划和试点建设,而在项目的实施建设和示范推广中,又具有广泛的群众参与性。实质上中国生态农业的众多典型模式就是广大农民亲身实践与创造的结果。这种广泛的民众参与,一方面保证了生态农业的巨大创造性与生命力,另一方面也是对农业发展模式的创新,它实际上走出了一条既符合小规模农户经营体制下资源合理利用、满足作物生产、劳动力充分就业、提高经营收入的多目标要求,又符合农业产业化发展的成功路子,是对发展中国家农村社会持续发展模式的贡献。

(4)成功模式、示范推广。

在生态农业的试点建设中,农业部门始终注重开展成功模式的总结,在总结的基础上加以推广。

(5)依靠科技、强化管理。

在生态农业建设中,从国家到省、区、市专门组织了专家组,确定了技术指导单位,建立责任制,实行合同管理,广泛开展技术指导、人员培训和宣传,把有实用技术和经验的科技人员派到各个示范基地县,把技术送到农民手里,加快了科技转化为生产力的速度。同时,实施一系列优惠经济政策,鼓励千家万户积极参与生态农业建设,成效显著。

8.4 生态农业产业化构建与发展

8.4.1 生态农业产业化

生态农业产业化是指遵循发展农村经济与农业生态环境保护相协调,自然资源保护与其开发增殖的实现可持续利用相协调的原则,基于生态系统承载能力的前提下,充分发挥当地生态区位优势和产品的比较优势,在农业生产与生态良性循环的基础上开发优质、安全和无公害农产品,生态、经济和环境效益高的现代化农业产业。

(1)强化绿色消费理念,规范消费市场健康化。

尽管随着人们对环境的重视,绿色消费已经成为当今新的消费潮流,但是并没有成为主流消费理念。由于人们受教育水平、消费水平等方面的差别,消费选择存在较大差异,绿色环保、健康产品以其高昂的价格无法成为普遍的市场需求。因此,首先要强化人们的绿色消费理念,在产品销售与宣传中开展绿色产品专项营销,凸显绿色环保农产品对人们健康的重要作用,让更多的人认可绿色环保产品,促进绿色消费向主流消费趋势演变。其次,在构建产品分销渠道时,主张环保推广,兼顾农产品生产与消费者利益,同时注意低碳环保行动,实现农产品经济效益与环境效益双赢,建立绿色分销渠道。第三,产品生产、加工、包装、物流过程中强调自然健康无污染,采用低碳技术与环保包装材料,建立环境健康农产品专业物流通道,优先供应绿色食品专卖。从农产品环保生产到销售市场全产业链过程强化绿色理念,规范市场行为,形成崇尚绿色健康产品的市场环境,从而促进农业绿色发展。

(2)建立绿色环保产业链,推进产业链一体化。

生态农业产业化发展离不开绿色产业链构建,通过农业产业链上下游一体化绿色环保生产,是促进农业绿色发展产业化的重要环节。通过产业链上下游密切合作,协调配合,实施国家农业绿色环保生产标准,提高整体生态发展效率。总体而言,在农产品生产的生态循环模式中,兼顾不同类农产品产出,形成生态农业综合产出的购销合同,否则生态农业模式下产品产销的不一致就容易造成闭环生态循环链条的断裂。同时,不同种类农产品加工企业与农户要确保产销市场信息的流通,通过产品质量要求、产销信息交流和一体化产销合同保障企业与农户形成利益联合体。其次,建立农产品供应链产品质量担保制度,确保农产品从生产到加工、流通,再到销售的整体质量。这就要求产品供应链各环节相互配合,承担各自的产品质量安全责任。第三,建立绿色农产品专用供应链通道,特别是生鲜农产品,生产的季节性要求较高,流通环节多,运输配套设施成本高,产品品质保障难度较大,因此,产业链上下游合力建立绿色农产品专业供应链有利于产品供销实效性,以高效的绿色产品市场体系打开销售市场,扩大产品销售,以绿色产业链促进绿色产品市场价值实现。

(3)提高绿色农业技术水平,实现农业生产标准化。

生态农业发展离不开生态农业技术的开发与应用,同时需要完善行业标准体系以指导生态农业发展。因此,我国生态农业发展首先要吸收国际先进农业生产技术,以此提高农产品生产效率,以较少的农业投入实现最大限度的农业产出,降低农业资源消耗,减少浪费。其次要加大绿色农业技术研发,结合精细农业发展和现代信息技术、生物技术发展,探索生态农业发展新模式,提高现代农业技术科技贡献率。再次,通过学习有机农业、循环经济等相关标准,建立具有可操作性的符合中国农业发展特色的绿色农业实施标准,形成包括农产品环境标准、生产技术标准、加工技术标准与绿色包装标准等环节的绿色农业标准体系,以技术规范绿色农业发展质量,倒逼绿色农业发展水平的提高,确保农产品质量绿色环保健康。

(4)创新绿色农业资金保障体系,化解资金风险层次化。

发展生态农业,保护农业生态环境,从农业发展中实现环保目标。绿色农业的发展具有公共产品属性,企业与农户缺乏主动推行绿色农业的激励,因此需要政府给予优惠政策进行扶持,特别是财政金融方面的资金支持。第一,各级政府应联合金融部门对生态农业进行信贷支持,为生态农业产业化发展提供金融支持,同时给予财政税收优惠;在政府财政预算中设立生态农业产业化发展基金,用于支持生态农业产业化发展,建立多层次、多元化的生态农业产业发展投融资来源渠道,创新政府财政与金融保障体系。同时鼓励具有高科技含量的绿色农产品企业实行现代企业管理制度,经正常程序后可以上市融资;规范农村信贷市场,完善农村信贷担保制度,化解绿色农业融资保险。

(5)培育绿色企业,突出生态农业区域特色化。

农业产业化发展需要具有市场影响力的大型企业发挥龙头带动作用,生态农业更需要具有科技实力与市场力量的大型企业带动产业化。所以,需要根据地区农业资源优势,发展特色绿色农业。根据农产品市场需求,以地区特色农业资源为依托,探索生态农业发展模式,重点发展特色农产品种植与加工。其次,培育绿色农产品加工优势企业。通过培育有影响力的大型绿色农产品企业,推进生态农业产业链一体化。一方面,对农产品企业实行政策倾斜,以财政扶持、税收减免、资源优先、技术支持等多方面给予优惠,促进具有市场力量、技术能力较高、经营较为稳健的农产品企业快速发展,从而发挥绿色农业产业化带动作用。

（6）开放生态农业发展模式，提高农业排放处理无害化。

第一，要进行农产品基地生态化改革，生态农业发展要保障农产品供给质量和数量，增加绿色农产品供给，发展绿色农业产业链，确保粮食、蔬果等大宗农产品生产。第二，对传统农产品生产方式进行改革，推广生态农业种植/养殖模式，在实现农产品安全有效供给的同时，保护农业种植区生态环境。第三，推行农业地区森林、湖泊、耕地、植被等的保护工作，必要时实行退耕休耕、封山育林等措施。第四，降低农产品生产废弃物排放，降低化肥农药使用，生产生活采用新能源，实行农业生产污染物无害化处理，降低农业污染物排放，改善农业地区生态环境。

8.4.2　生态农业产业综合标准化

综合标准化是当前生态农业领域一种新型的有效方法，它在生态良好循环的基础上，运用系统分析方法，建立标准综合体，并贯彻实施，最终开发优质、安全、无公害农产品，发展经济效益、环境效益双丰收的现代化农业产业。目前，我国已经在一些地区开展综合标准化试点项目，并取得了一定的成效。国内的一些学者也探讨了综合标准化的建设思路，如有人以园艺植物上的有害生物管理标准为例，构造了一个管理标准综合体结构；有人按产前、产中、产后 3 大要素构建了农产品的标准综合体；有人针对水稻的种子、土壤、水、田间管理、收获、加工这几个过程构建了标准综合体。

8.4.2.1　标准综合体的结构形式

标准综合体是指与实现综合标准化目标有关的全部标准的集合，它们以一定的方式形成某种结构。标准综合体的结构类型包括串列式、并列式和混合式 3 种。

（1）串列式：串列式结构常常反映农业生产、经营或服务的过程链，以目标为导向，前一要素的输出作为后一要素的输入，比较适用于以产品种养殖为主的产品型农业综合标准化对象 。由于内部结构较简单，标准的安排顺序符合农业生产的实际，便于农民贯彻落实标准的内容。

（2）并列式：在并列式结构中，各个要素间并行作用于标准化对象，比较适用于注重职能分工、以提高管理水平为主的农业综合标准化对象。

（3）混合式：混合式结构既包括串列式又包括并列式的要素，从纵向上看，各模块间是并列式结构；从横向看，各个分模块间却是串联式结构，比较适用于区域性的农业综合标准化对象，在系统实际运作时可以串联一条完整、流畅的服务流程。

8.4.2.2 生态农业产业综合标准化案例

以铜陵白姜产业作为综合标准化研究对象，根据综合标准化的系统性原理，以提高白姜品质和产量、压缩生产成本、减少原料投入和能源消耗、实现资源的再生利用、利用独特的白姜文化开发旅游业、促进地区经济的可持续发展为细分目标，参照综合标准化工作指南，结合白姜产业链综合标准化要素，初步构建白姜产业标准综合体。该标准综合体按目标导向原则，以经济、社会、生态综合效益达到最佳值为总目标，以白姜产业链为线索，以种植为中心，并涵盖一、二、三条产业链。

白姜产业标准综合体可以细分成种植、物流加工、休闲观光 3 个模块，各个环节紧密联结成一个统一的利益共同体。不同模块内的要素是由不同的标准或标准综合体来规范或解决。有些要素只需要一个标准就可以解决，有些要素（如白姜的秸秆处理）则需要建立多个小综合体来规范，利用该标准综合体，可以解决白姜生态农业产业化过程中的多重标准化问题。

（1）白姜间作标准——增加白姜产量，提高经济效益。

由于白姜前期不耐高温和强光，根据生态位和互利共生原理，采用生姜与粮（菜）间作的种植模式，如玉米或番茄与白姜间作，效果好。不仅可以利用粮、菜作物为其遮阴，还可以在有限的土地上获得更高的产值与收益，符合现代农业产业化的要求。因此，在白姜生产技术规程的基础上，需要制定白姜间作技术规程这一地方标准。

（2）白姜秸秆处理标准——实现资源的高效利用，建立绿色生态循环系统。

白姜收获后，大量的白姜秸秆被弃之路边或就地焚烧，焚烧秸秆的做法不但浪费了秸秆所含的有机物，还造成环境污染，降低土壤肥力。可以采用以下 3 种方式进行综合利用：一是通过粉碎、堆沤等方式，尽量做到秸秆还田；二是用于发电；三是以白姜秸秆为主料进行食用菌栽培；四是通过发酵处理作为牲畜饲料,过腹还田。因此,需要制定秸秆机械还田标准、白姜秸秆燃用标准综合体、白姜秸秆栽培食用菌标准综合体、白姜秸秆发酵饲料标准综合体。这些小综合体内部需要制定几个标准,如燃用标准综合体包含《秸秆燃料贮运技术规范》、《农作物秸秆燃用检测分析方法》、《农作物秸秆燃用控制标准》等。

利用相关标准和先进技术将整个种植区域内的产品生产链条相互连接,实现了有机物质循环反复利用。白姜秸秆产生的电能可以用于农业生产或休闲,食用菌的菌渣可用作动物饲料添加剂、有机肥、发展沼气、燃料和生态环境修复材料,动物的粪便根据《畜禽养殖粪便集中收集处理技术规程》《粪便无害化处理标准》及相关标准用于发展沼气或姜田有机肥;另外,沼气池的沼渣也可作为种植白姜的有机肥。通过该标准综合体形成的生态产业循环系统,是一个高效利用资源的清洁生产网络,能通过原料到产品、废弃物变原料的途径来实现废弃物零排放或少排放,真正发挥区域的整体功能。不仅能循环利用农业有机废弃物,降低成本,避免全球性能源危机对"石油农业"供给带来的冲击,同时促进食用菌和牲畜业的发展,有利于综合标准化三大效益的最大化。因此,必须及时制定能够与白姜产业化发展相适应的食用菌、饲料发酵、沼池沼气等相关配套标准。

(3)白姜加工模块标准——用标准指导生产,提高产品附加值。

白姜产品主要分为未经加工的白姜、经过初加工的白姜产品和经过深加工的高科技白姜产品。未加工的初级产品需要制定农药检测标准,加工产品还需要制定添加剂使用标准、产品标准、标志包装贮运标准。为加大铜陵白姜产业的开发深度,应制定生姜粉、生姜片、生姜精油、生姜口服液、生姜提取物、姜汁饮料、生姜化妆品等深加工产品标准和检测标准,用标准指导生产。另外,为解决白姜传统的瓶罐包装引起运输不便且成本高的问题,应寻找保鲜、环保、方便的材料,研究制定白姜的包装标准,方便产品运输、装卸和贮存,以减少消耗,降低成本,并减少事故的发生。

(4)白姜产业休闲模块标准——普及白姜文化,打造健康生活。

"中华白姜"已被列入安徽省非物质文化遗产和国家地理标志保护产品,铜陵白姜不仅走到了全国各地,在美国、东南亚以及欧盟也有销售。白姜种植与加工是整个产业链的核心模块,围绕这个核心,又可形成如休闲观光、特色白姜餐饮、白姜文化输出等一系列子系统。从整体上看,各子系统是并联结构,但实际运作过程中,需要组成"田园观光 – 白姜采收 – 白姜制品购买 – 景点 – 餐饮"这样一个串列式结构。标准综合体内部各模块也可以根据游客需要形成多种组合来提供个性化服务,因此,在实施过程中,它是个混合式的动态结构。通过休闲业标准模块中非物质文化遗产保护、餐饮服务等标准的制定、完善及实施,推动白姜 3 大产业的融合发展,最终能生产出符合顾客要求的农产品。同时,该标准综合体的实施向外部输出了多个工作岗位,利用系统有限的人力、物力资源满足人们日益增长的物质文化和精神文化需求,具有一定的社会效益。

参考文献

[1] 白春明,王楠,高源,等. 县域农业发展中的农业园区体系和职能结构规划探索——以邹城市现代农业发展总体规划为例[J]. 汉斯农业科学, 2012(2), 77 – 84.

[2] 高尚宾. 中国生态农场案例调查报告[M].北京:中国农业出版社,2018.

[3] 李卫朋,何舒婷,游泳,等.川西北典型县域生态农业效益评价——以平武县为例[J].西南民族大学学报(自然科学版),2019,45(01):23 – 29.

[4] 李蔚. 县域生态文明建设的环境管理能力提升[D].南昌大学,2018.

[5] 聂媛媛,杨善啸.生态农业产业综合标准化探析——以铜陵白姜为例[J].宿州学院学报,2017(32):3.

[6] 乔玉辉,甄华杨,徐志宇,等.我国生态农场建设的思考[J].中国生态农业学报,2019(2):1 – 6.

[7] 王苗苗.县域生态经济发展的路径分析——以霍山县为例[J].现代商业,2017(25):72 – 73.

[8] 温国松,钱建佐,何成,等.海南生态循环农业发展研究——以屯昌全县域生态循环农业发展为例[J].农业与技术,2017,37(19):168 – 171.

[9] 吴文良.中国生态农业建设成就与展望[J].产业与环境(中文版),2003(S1):103 – 107.

[10] 许鹏.供给侧改革背景下我国生态农业产业化发展路径研究[J].农业经济,2018(06):12 – 14.

[11] 杨加猛,王大春.水网稠密地区的县域生态文明建设路径——以江苏金湖县为例[J].当代经济,2017(36):48 – 50.

第 9 章　都市农业生态工程

　　都市农业一词最早见于 1930 年出版的《大阪府农会报》杂志上,"以易腐败而又不耐贮存的蔬菜生产为主的,同时又有鲜奶、花卉等多样化的农业生产经营",称之为都市农业。都市农业作为学术名词最早出现在日本学者青鹿四朗于 1935 年发表的《农业经济地理》一书中,最初表述为"城市农业区域"或"城市农业生产方式"。直到 1977 年,美国农业经济学家艾伦尼斯撰写的《日本农业模式》一文中才明确提出"城市农业",城市农业即都市农业,因城市在日语中称都市,都市农业在日文中用汉字书写即"都市农业"。

　　我国都市农业的提出与实践始于 20 世纪 90 年代初,其中以上海、深圳、北京等地开展较早。1994 年上海市政府就提出建立与国际大都市相适应,具有世界一流水平的现代化都市型农业的构想,成为第一个将发展都市农业列入"九五"规划和 2010 年国民经济发展规划纲要中的城市。1995 年上海市和日本大阪开展都市农业国际合作研究,并于 1996 年在上海召开了"上海市—大阪府都市农业国际(中日)研讨会",引入了"都市农业"这一术语。1998 年,在北京召开了首次全国"都市农业研讨会",对都市农业在中国的发展起到了巨大的推动作用。2000 年后,上海市和北京市政府等都正式提出了要发展现代化的都市农业。都市农业在我国正处于蓬勃发展的时期。

9.1 都市农业的特征与发展

9.1.1 都市农业的基本概念

现代都市农业作为现代农业发展至某一阶段而形成的农业类型,指的是地处大都市中心以及边缘区域,以大城市为依托,通过现代的科学技术与先进设备,根据城市社会、经济及生活等多方面的需求而培养、建立起来的涵盖生产、生活、科学、文化、教育和生态等,服务于都市经济与城市生活的一种新型农业,一般包括休闲服务和农产品。由此可见,现代都市农业和其他的农业类型之间存在很大的差别,其主要包括以下几种隐含条件:

(1)现代都市农业的范围,即都市城市化地区以及周边间隙地带,其要求把农业的"三生"(生产、生活和生态)功能融为一体,既开发了经济功能,也开发了生态和社会等功能,从而促进全功能性农业的实现。

(2)现代都市农业强调经济、社会和生态效益的统一,从而实现生态和经济的良性循环。

(3)现代都市农业以城市为依托,又服务于城市,也要满足城市的发展需要,被纳入到城市的发展战略与发展规划当中。由此可见,现代都市农业的发展是城市的需求所决定的,将都市对于农业的依赖性充分体现出来,二者是一种相互补充、相互依存、相互促进的关系。

(4)现代都市农业与"三产"相融合。其发展基于"农",并超越于"农",既涉及各种大农业,包括农林牧渔,也融合了很多第三产业,已经成为一种交叉融合性产业。同时,现代都市农业还具有高度集约的经营方式以及高效的生态农业模式,逐步实现了生产、加工与销售的一体化,从而促进了现代农业的发展与都市服务功能的实现。科学化是现代都市农业的中心,商品化是其特征,集约化是其方向,产业化是其目标。

9.1.2 现代都市农业的特征

现代都市农业主要具有如下基本特征:

(1)科技密集化

现代都市农业作为一种科技型产业,高度集中了现代科学技术,具有科技密集化的特征。随着分子生物学、微生物学、现代植物学、遗传学、动物学、工程科学和信息科学的不断发展,现代都市农业在发展过程中广泛应用了育种、土壤改良、栽培、饲养和植物保护等相关农业科学技术,也引进了电子、遥感、原子能和激光等先进科学技术。与此同时,在现代都市农业中,逐步形成了机器体系,使得农业机器发展成为一种重要的生产工具。在现代都市农业中运用科学技术,既能够提升农产品的产量,优化农产品的品质,也可以降低劳动强度、保护生态环境,减少能耗。

（2）产业一体化

现代都市农业作为全球化与农工贸一体化的一个现代企业,已经成为适应大市场的有组织的一种产业体系。农工贸的一体化发展,有利于产业化经营,逐渐拓展并延长产业链,从而达到农产品在生产、加工、运销以及消费等方面的产业一体化。因此,产业一体化不仅能够与我国农业的社会化经营方式相适应,也能够大力推动我国现代都市农业的发展。此外,现代都市农业也是处在拓展中的一种综合型产业,同工业、商业、科技和金融等领域融合在一起,产生了一种新型产业,主要包括农产品加工、观光休闲、医药化工和能源环保等。

（3）农业功能多元化

在社会经济不断发展的同时,人们的生活水平逐渐提高,而现代都市农业的多功能性也随之增强。具体来说,现代都市农业不仅具有供给农产品和促进农民就业等一些传统的经济功能,还逐渐延伸并拓展至休闲、观赏、美化和教育等功能,从而形成了假日农业、观光农业、休闲农业、旅游农业、都市农业、生态保护农业、绿色农业和有机循环农业等诸多新型的农业形态。

（4）农业要素集约化

在现代都市农业中,现代科技与资金等一些生产要素是集约投入并高效产出的。在资本投入不断增加的同时,科学技术得到了广泛的应用,组织管理更加有效,而农业生产也从粗放转变为集约,从劳动集约发展为资金、管理、组织和科技的集约,从而大大提升了劳动产出率与资源生产率,并提高了农业投入要素的集约化程度和现代化水平。

（5）农业发展可持续化

都市农业是一种绿色产业,有利于资源节约及其可持续发展,以产业经济、生态环境与社会发展的统一、协调为目标,不断推动农业的可持续发展。现阶段,可持续发展作为国际理念与行为,在水、土、气、食物安全与生物多样性等很多方面都具有一定的环境标准。所以,都市农业不仅要注重产品,还应该维护人们的生活质量,改善人类的生存环境。都市农业不仅会影响到某一国家或者区域的环境,也会影响到邻近国家或者区域,甚至是全球。

9.1.3 国外都市农业发展

9.1.3.1 欧美都市农业

（1）美国都市农业

美国都市农业被称为都市区域内的农业,占美国总面积的 10%,其生产的农产品价值已占美国农产品总价值的 1/3 以上。其主要形式是"耕种社区"(或称"市民农园")。这是一种采取农场与社区互助的组织形式,在农产品的生产与消费之间架起一座桥梁。参与市民农园的居民,与农园的农民或种植者共同分担生产成本、风险及盈利,农园尽最大努力为市民提供安全、新鲜、高品质且低于市场售价的农产品,也为农园提供了固定的销售渠道,做到双方互利。美国学者认为,市民农园是一种创新与变革,加强了农民和消费者的关系,增加了区域食品供给,促进了当地农业经济发展。

（2）法国都市农业

法国巴黎大区是高度城市化的地区,但仍然有着非常发达的农业,主要以私人农场为主。除农牧业生产外,农业对生态、景观、休闲和教育方面的功能比较显著,即利用农业限制城市进一步扩张;利用农业作为巴黎市与周边城市之间的绿色隔离带;利用农业把四通八达的高速公路、工厂等有污染的地区与居住区分隔开来,营造一种宁静、清洁的生活环境;利用农业作为城市景观,或者种植新鲜的水果、蔬菜、花卉等居民需要的产品;有的作为市民运动休闲的场所,还有的作为青少年的教育基地。

（3）荷兰都市农业

荷兰是世界上人口密度最大的国家之一。这样一个土地十分珍贵、农业资源相对贫乏、在 20 世纪 50 年代尚未解决温饱问题的小国到 60 年代末一跃成为全世界仅次于美国和法国的第三大农业出口国,某些农产品如蔬菜、花卉、猪肉、马铃薯、鸡蛋等的出口量均居世界第 1 位。荷兰的都市农业突出表现在设施农业上,其花卉产量及品质闻名世界。该国农业的骄人成就归功于一流的精耕细作、工厂化设施技术的应用,以及高水平的教育和科研与生产密切结合。目前,荷兰已建成多个超过 10000 m^2 的园艺温室,其中 40% 左右分布在首都阿姆斯特丹,形成了鲜明的都市农业特色,其园艺温室每公顷年销售产品价值高达上百万美元,以占全国耕地 0.15% 的面积生产出占全国农业总产值 20% 的产值。

(4)德国都市农业

德国许多城市是建立在森林之中,号称"森林城市"。德国都市农业以市民农园为代表。市民农园起源于中世纪德国的 Klien Gorden。那时德国人多在自家的大庭院里划出一部分土地作为园艺用地,享受亲手栽植作物的乐趣。而德国都市农业的真正发端一般认为始于 19 世纪。19 世纪初德国政府为每户市民提供了一小块荒丘,市民作为自家的"小菜园",实现蔬菜生产自给自足。19 世纪后半叶,德国正式建立了"市民农园"体制,其主旨是从建立健康社会的理念出发,让住在狭窄公寓里的都市居民能够得到充足的营养。近年来建立市民农园的宗旨已经发生很大变化,转向为市民提供体验农家生活的机会,使久居都市的市民享受田园之乐。市民农园的土地来源于两大部分:一部分是镇、县政府提供的公有土地,另一部分是居民提供的私有土地。每个市民农园的规模约有 2 hm^2。大约 50 户市民组成一个集团,共同承租市民农园,每位承租人租地 100 m^2。

租赁者要与政府签订为期 20~30 年的使用合同,自行决定如何经营,种花、植草、种菜或是栽树,饲养家畜、家禽抑或是养殖、水产品,政府都不干涉,但其产品却不能出售。如果承租人不想继续经营,可以中途退出或转让,市民农园管理委员会选出新的承租人继续租赁,承租人要承担原承租人合理的已投入费用。目前,德国市民农园承租者已超过 80 万人,其产品总产值占到全国农业总产值的约 1/3。

9.1.3.2　亚洲都市农业的发展

(1)日本都市农业

日本是一个土地资源十分有限的岛国。经过近半个世纪的发展,该国都市农业取得了巨大成就,目前主要集中在三大都市圈内,即东京圈、大阪圈和中京圈。其特点:一是呈点状和片状分布。由于日本人多地少,政府为保护耕地采取了一些较为有效的土地税制制度,所以在市区保留了不少面积不大(5 hm^2 以下)的点状分布和面积较大(5 hm^2 以上)的片状分布的耕地;二是蔬果生产占主导地位,这是为市民提供优质农产品和绿化环境的需要;三是园艺生产设施比较先进,在政府财政重点扶持下,市区园艺设施基本上实现了小型化、集约化和现代化,蔬菜从播种到成品包装基本上实现了机械化操作,其蔬菜与花卉生产的80%实现了现化化园艺栽培,商品率在90%以上;四是都市观光、休闲、体验农业是都市农业的重要组成部分。这是为改善生态环境和休闲需要。如日本大阪府的都市农业有近百个观光农园,其中有柑橘类、葡萄类、垂钓类等。还有市民农园、科学教育园地、文化资源利用型的"故乡之家"、"农家别墅"等,各级政府都提供保护政策。

(2)新加坡都市农业

新加坡是一个城市经济国家,国土面积 556 km^2,自然资源贫乏,农产品不能自给,大量靠进口,当地只生产少量蔬菜、鸡蛋、花卉、水产品和奶牛,加上城市化发展后耕地不断减少,所以非常重视以高科技、高产值为主的都市农业。发展模式主要有 3 种:一类是现代化集约型的农业科技园,其基本建设由国家投资,然后通过招标方式租给商人或公司,租赁期一般为 10 年,现有耕地约 1500 hm^2,供 500 多个不同规模的农场经营。其中有一个采用气耕法(即在有空调设施的温室内种植,植物根部暴露在空气中,每隔 5 分钟喷洒含营养物质和肥料的雾水,不喷农药)种植蔬菜的农场,它是世界上第一个在热带国家用气耕法种植蔬菜的农场,生产富有营养而安全的新鲜蔬菜,供应市场。用气耕法种植不仅比传统的土耕法节省土地,而且节省水源,只是这种方式生产成本较高,然而如果生产高档蔬菜,则优于进口。第二类是农业生物科技园,占地 10 hm^2,拥有现代化先进设备,进行动植物基因研究、新品种选育等新农业技术的研究开发工作。第三类是海水养殖场,面积 45 hm^2。新加坡的都市农业具有典型的农业公园特征,既有生产功能,也有供市民参观、学习、休闲的功能。

(3)马来西亚都市农业

马来西亚虽为发展中国家,但由于光热资源丰富,热带雨林广阔,近年来该国政府利用这些有利条件,开发观光农业吸引游客,都市农业发展也颇有成效。其发展模式主要有 4 种:一是建立农业公园。1986 年开始,国家农业部通过投资,在原始森林里创办了第一座国家级农业公园,占地1295 hm²,展示出农业生产的方式与形式,并要求各农业企业公司在此设永久性展览中心。二是每年国庆节举办园艺比赛。鼓励人们多种花草、保护环境。三是建立与农业、农村风俗相关的旅游场所。如在槟城建立蝴蝶公园。四是将观光农业与花卉产业、旅游业结合起来。通过培育、引进花卉新品种、新技术,更新传统品种与技术,提升花卉质量,通过每年举办花卉展销、观赏等活动,促进花卉出口和吸引国内外游客,使其旅游业在国内生产总值中的比重不断提升。

9.1.4　国内都市农业发展

（1）北京都市农业

北京是全国的政治、经济、文化中心。近年来紧紧围绕"人文北京、科技北京、绿色北京"和建设"有中国特色世界城市"的要求,深入开发农业的多功能性,突出应急保障、生态休闲、科技示范等功能,积极探索一条具有北京特色的现代都市农业发展道路。北京土地面积 1.64 万 km²,其中山区占总面积的 2/3,全市农业用地 1644 万亩,其中耕地面积 340 万亩。2011年年末北京常住人口 2018.2 万人,乡村居住人口为 275.3 万人,一产从业人员约 61.4 万人。2009 年,时任中共中央政治局委员、北京市委书记刘淇明确指出:"首都的农业是都市型现代农业,是一二三产相互融合,充分体现人文、科技和绿色特征的低碳产业。"明确了现代都市农业是"建设世界城市的特色产业、首都生态宜居的重要基础、首都高端农产品供应和城市应急安全的基本保障"的定位。这是对北京现代都市农业多元价值的充分认可,也是对近几年北京发展现代都市农业的高度肯定,同时也为未来北京农业的发展指明了方向,提出了更高的要求。2010 年,北京市进一步提出要着眼"基础设施最领先、成果转化首选地、籽种品种顶尖级、机械装备现代化、服务体系最完备、人才素质第一流"的标准发展现代都市农业。这既体现了北京高起点、高标准发展现代都市农业的要求,也彰显了北京在全国都市农业发展中发挥标杆作用和示范作用的信心和决心。2012 年 6

月,北京第十一次党代会明确提出要大力发展现代都市农业,突出强调了增强首都农业的"应急保障、生态休闲、科技示范"三大功能的要求。2013年,北京提出发展现代都市农业的战略任务。由此可见,北京对现代都市农业的认识和所处的环境,以及市里对其的功能定位,为发展高端、高效、高辐射的现代都市农业奠定了基础,已成为保障首都经济可持续发展的必然要求,成为首都城乡和谐发展的必然条件,成为服务首都、富裕农民的必然选择。

（2）上海都市农业

上海是国际化大都市,是长三角地区的龙头,也是我国最早提出发展都市农业的城市。作为一个不断国际化的大都市,上海市高度重视"三农"工作,坚持统筹城乡发展,在建设国际大都市的进程中,同步推进都市现代农业建设。通过加强与周边省区和国外的合作,走开放型都市农业发展道路;依靠科学技术,努力实现农业装备现代化;发展农业龙头企业,坚持产业化经营;重视都市农业的经济功能的同时,更加重视发挥其生态和社会功能,形成了经济社会发展一体化的新格局,开创了上海都市现代农业建设的新局面。一是农产品保供能力逐步增强。蔬菜自给率达55%,其中绿叶菜自给率达90%。二是地产农产品质量安全可控。建立农业标准体系,认证农产品总数达2263个,农产品质量安全检测和追溯体系基本形成。三是农业发展方式加快转变。农业循环经济发展取得实效,设施农业覆盖率达61%,农民组织化水平达到62.5%,主要农作物的耕种收综合机械化水平已达72.3%,农业科技进步贡献率达到62%。四是农业功能不断拓展延伸。建成具有万人以上接待能力的农业旅游点90个,开发了一系列以生态、观光、休闲为主体的农业旅游节庆活动;"农超对接""农标对接""农社对接"和"团购直销"等多种形式的直销对接加快发展。五是农民收入持续较快增长。2011年人均可支配收入达15644元,同比增长13.8%。

（3）广州都市农业

广州市是珠江三角洲地区的龙头。随着广州"南拓、北优、东进、西联"城市发展战略的实施,广州的城市化进程不断加快,城乡差距越来越大,而现代都市农业正好契合了城乡一体化的要求。从20世纪90年代末开始,广州市不断拓展农业多种功能,使广州农业以"高质、高产、高效"和"专业化、商品化、社会化"为主体,逐步由城郊型农业向集生态绿色农业、观光休闲农业、市场创汇农业、高新科技现代农业等功能于一体的都市型现代农业转变,成为广州经济社会可持续发展的重要组成部分。首先,都市型现代农业保障了广州居民菜篮子的有效供给,在一定程度上减缓了物价波动。"十一五"期间,广州蔬菜、水产、家禽的总量实现自给,肉、蛋、奶的自给率都达到 30%。第二,都市型现代农业支撑了广州的绿色生态体系,在广州建设以花城、绿地、水城为特色的生态城市、国家中心城市和国际化大都市中的地位和作用十分重要。第三,都市休闲农业为广州居民提供了旅游观光、科普教育的好去处,调节了市民生活。广州提出"玩农业"和"周末农业"的理念,着力打造农业的休闲功能,拥有观光休闲旅游农业园 83 个,观光休闲农业示范村 12 个,湿地公园 2 个;观光休闲农业旅游年接待游客 1000 余万人次,观光旅游总收入 6 亿余元。同时,结合行政区划调整和各地资源优势,广州以近、中、远郊"三个圈层"发展为基础,以蔬菜、花卉、水果、水产、农林牧渔服务业等产业为主导,以现代化生产基地建设为着力点,大力推进农业优势产业发展和区域布局优化,以 30 个都市型现代农业示范区为核心,逐步规划建设了 10 个蔬菜生产基地和 20 个蔬菜专业村、10 个水果基地和 20 个水果专业村、5 个花卉示范区和 10 个区域性产业基地、10 个渔业基地、31 个万头猪场、96 个年出栏 10 万只以上的家禽养殖场,规模化、集约化生产,农业产业规模化程度达到 21.4%,都市农业正在从数量型向质量效益型、从分散经营向农工贸一体化经营、从传统农业向现代农业转变。

9.2 都市型农业生态工程

9.2.1 生存自助型都市农业

这类都市农业主要是指城市贫困居民或社区利用城市内或郊区的土地从事农业生产,以获得食物或增加经济收入,是对危机或城市贫困的回应,大多属于非正规的或临时性活动,多分布在非洲、部分东欧以及亚洲、拉丁美洲等发展中国家。因此,都市农业可以被定位成一个"减缓危机策略",用来保证城市穷困人口的生存。在经济衰退和社会动荡时期,人口密集城市也采用都市农业作为人类生存策略,以应对危机。

9.2.2 多功能现代化都市农业

多分布在人多地少、经济较发达的亚洲国家和地区,如日本、新加坡、韩国、中国台湾等。由于人口稠密、土地资源稀缺,这些国家或地区的都市农业既要担负较重要的经济或生产功能,重视农业生产技术的现代化、集约化和生产设施的小型化、全自动化和智能化发展,就近为城市居民提供生鲜食品;同时还要满足城市生态与景观美化、避减灾害、市民绿色休闲旅游等不断增长的多样性功能。如日本的都市农业主要以蔬菜、水果生产为主,在政府财政的重点扶持下,园艺设施基本上实现了小型化、集约化和现代化,蔬菜从播种到成品包装基本上实现了机械化操作,其蔬菜与花卉生产的80%实现了现代化园艺栽培,商品率在90%以上;同时,为改善生态环境和休闲需要,观光、休闲、体验农业也是都市农业的重要组成部分。中国台湾地区的都市农业主要采取休闲农业区、观光农园、市场农园、农业公园、休闲农场、教育农园等形式,并且其发展已比较规范,从申请到建设、管理都制定了相应的法规,如休闲农业管理法等。

9.2.2.1 都市观光农业

(1)都市观光农业的概念

观光农业亦称旅游农业或休闲农业,是一种特殊的农业形态。它是与旅游业相结合的一种消遣性农事活动,主要利用当地有利的自然条件开辟活动场所,如开展风景游览、水面垂钓、采摘果实和狩猎捕捞等活动来吸引游客,发展旅游业。观光农业也是都市农业的主要组成部分。在都市农业发展初期,其经济功能占主导地位。随着城市经济的高度发达,人们生活质量的日益提高,都市农业在生态、休闲、科普等方面的功能越来越受到人们的重视。都市观光农业是都市型农业发展到一定阶段的产物。随着人们生活水平的提高和消费观念的转变,人们回归自然的心情日益迫切,观光农业独具的"小桥流水人家"的自然景观和让游客亲自体验农事劳动的乐趣对都市人来说具有莫大的诱惑力,作为一种极富特色的产业,观光农业一定会得到长足的发展。

（2）都市观光农业的功能

①经济功能：我国是一个农业大国，农业资源极为丰富，发展都市观光农业将促进都市经济及主体农业的发展，有利于优化产业结构，促进农村经济全面发展，是今后农业开发的方向之一。发展观光农业可充分利用本地独特的资源优势，以旅游市场需求为导向，全面规划，开发出充满绿色、环境优美、对游客具有吸引力的观光农业区，把资源优势转变为经济优势。以果树种植、花卉生产或水产养殖等为主的旅游农业或"三高"农业，使得农业投入逐渐增大，冲破了传统农业的束缚，农业生产格局出现转变，种养品种从劣质低产向优质高产转化，耕作管理从传统方法向现代技术转化，规模从小生产向规模化生产转化，体制从内向型向外向型转化，并充分利用观光农业较为洁净的环境，发展绿色食品和特种作物的生产，满足人们对无公害食品和观赏植物日益增长的需求，提高农产品的市场竞争力，增加收入。同时，通过观光农业的旅游开发，获得经济收入，实现农业生产的高附加值。

②旅游功能：观光农业不仅包括传统的农业生产经营活动，而且还为游客提供具有乡土气息的吃、住、行、玩、购等方面的服务。在观光农业区，游客可参加各具特色的果园、茶园、花园、菜园、牧场、渔场活动，可以亲自体验农事操作的乐趣，享受丰收的喜悦，可以露营、野炊，真正与大自然融为一体，追求回归自然的愉悦。观光农业对于拓展旅游观光的项目和内涵，减轻市区和旅游热点景区的拥挤程度，提高旅游观光品位起着重要作用。

③生态功能：改革开放以来，随着经济的快速发展，出现了诸如圈地开发热、土地批租热、高尔夫热等现象，以城市为中心的环境污染加剧，诸多城市及其周边地区绿地面积缩减，良田荒芜，自然生态环境受到严重破坏。观光农业把发展生产、保护和美化自然环境、培植资源结合起来，实现生产的良性循环，使城市及郊区成为物产丰富、风景秀丽的生产基地和生活乐园。这些对于保护自然景观，减少环境污染，提高环境质量和生态效益具有重要的作用。

④科普功能：观光农业园中丰富的生物种类使游客大开眼界，并切身

体会人与自然和谐共存的意义。人们可以在农艺师的指导下学习播种、施肥、管理、采摘等农事知识;孩子们可以亲自体会田间劳作的辛苦,享受劳动的快乐。观光农业园可以进行高新农业科技的示范应用和推广,在增加自身效益的同时,带动周围农业经济的发展。观光农业园还可以作为学生夏令营和劳动实习基地。内容丰富、形式多样的观光农业,可以寓教于乐,使游客在观光游览中增长知识,提高人文和自然科学素质,成为推广科普知识的大课堂。

（3）观光农业的类型

我国幅员辽阔,各地的地理位置、资源优势、经济水平及风土人情都有很大差异,观光农业的建设模式和内容应该多种多样和多层次。根据观光农业开发的内容大体可划分为以下几种类型:

①观光农园:在城市近郊或风景点附近开辟特色果园、花园、茶园、菜园、渔场等,供游客观光游览及自行采购新鲜农产品,以增加游兴。

观光农园按旅游者的活动方式来分,一般有以下几种形式:a. 旅游农场:把旅游景点寓于其中,使游客不但享受自然优美景色、人文历史、风土人情,还可使旅游者在观光中了解农业,品尝特产风味食品,把单纯的风景旅游变为经济、文化、科学技术、贸易洽谈、友好往来的活动。如美国堪萨斯州的一个农场主,在他的农园里用各种不同的农作物和土壤,创造出了一幅幅栩栩如生的巨型风景图案和雕塑,不仅使游客欣赏到美丽的自然景色,呼吸到新鲜空气,同时也推销了农产品,使农场效益大增。b. 自助式农场:这种开放式的农场,游客可根据自己的意愿采摘喜爱的蔬菜、花卉、果实,按价付款。一般自己动手采摘的产品价格要高出出售价格。各地的苹果园、葡萄园、荔枝园等,在瓜果成熟季节,游客来此体验丰收的喜悦,并亲自采摘,便属于这种形式。c. 休闲式农场:由旅游者到农场租种少量土地,种植自己喜爱的农作物和饲养小家禽。出租者提供日常管理,供应种苗、农药、肥料、小型工具和进行技术指导。休假日租种者来此参加种植劳动,享受田园自然风光和体验农业劳动的乐趣,并从中学得农业知识。

②田园化农业:以园艺为主,种植蔬菜、花卉、果树,利用池塘进行水产养殖,结合村镇改造美化环境,集农田、菜地、花草、水面、果园、农舍于一体,辅以实验、实习、游览服务设施,创造出田园化农业景观,让游客饱览田

园风光,为非农者进行调剂性劳动、体验农业生产,为学生劳动实习,为国内外有兴趣者学习交流等提供场所。田园化农业应主要在城市近郊发展。

③森林公园:森林公园是一个以林木为主的大农业复合生态群体。在树种结构上,应使针叶树、阔叶树与果树树种相结合;在土地资源利用和空间布局上,要林、果、渔、菜、花相结合,实行乔、灌、草立体绿化,并以森林风光与其他自然景观为主体,配备一定的服务设施、必要的景观建筑、合理的旅游路线。为丰富娱乐内容和调剂旅游淡季,可在适当位置建设狩猎场、游泳池、垂钓区、露营地、野炊区等。还可驯养野生动物供游客参观,以增加森林的原始情调。结合房地产开发,建别墅、度假村,使森林公园成为具有观光、娱乐、游览、休息、度假等功能的场所。

④民俗观光村:选择具有地方或民族特色的村庄,稍加整修,提供可供过夜的农舍或乡村旅店之类的游憩场所,让游客充分享受浓郁的乡土风情和乡土气息,以及别具一格的民间文化和地方习俗。

观光农业与传统农业相比,强化了旅游观光功能,所以观光农业的结构和内容受市场的导向作用较为明显,致使观光农业具有生产的多态性,经营的灵活性,环境的优美性等特点。观光农业具有旅游功能,但它仅是旅游体系的一个分支,与其他性质的旅游的不同之处是它具有明显的乡土性、季节性,未形成独立完整的体系,它有赖于城市旅游业和国内、国际旅游热线的带动和推动。

9.2.2.2　都市生态休闲农业

主要分布在北美、西欧等经济发达、土地资源较丰富的西方国家。这些国家技术先进、农业现代化程度高,农产品供应丰富、价格低廉。都市农业的发展不是出于对食物短缺或城市贫困等危机的回应,而是由于城市政府和居民对农业土地所具有的生态价值及自然美感的重视和对回归自然、亲近自然的农业生活方式的需要和珍惜,其主要形式是市民农园或后院农园。市民农园是指农场主将其在城市地区或附近的耕地或园地划分为小块,分租给城市居民种植其所需要的蔬菜、水果等食物,由市民直接经营或委托农民代为管理,丰收的产品归消费者所有,一些消费者将收获的剩余产品用于交换或送给朋友、邻居、同事。它采取一种农场与社区互助的组织形式,在农产品的生产与消费之间架起一座桥梁,参与市民农园的居民,与农园的农民或种植者共同分担生产成本、风险及盈利,农园尽最大努力为市民提供安全、新鲜、高品质且低于市场零售价的农产品,也为农园提供了固定的销售渠道,做到双方互利。市民农园是美国都市农业的主要形式,在奥地利、德国等西欧国家的发展也很快。

(1)都市花卉业

园艺是 21 世纪最具发展前途的产业之一,而花卉业又是园艺的重要组成部分。目前,花卉业在世界经济活动中成为新兴的和最具发展活力的产业之一,花卉产品已成为国际大宗商品,消费量持续增加。主要花卉生产国,如荷兰、比利时、丹麦、哥伦比亚,仍保持世界出口的领先地位,发展中国家,如肯尼亚、津巴布韦、波多黎各、墨西哥、印度等国积极参加国际花卉市场竞争,以期占有一席之地。

(2)花卉植物园

可汇集多种花卉、经济植物和观赏植物的品种,保存野生植物资源和珍稀濒危植物,引进国外重要植物种类,合理配置,结合林草等优美景观的相间布局,使之成为种质资源丰富,园林景观优美,具有观赏游览、科研、科普教育功能的场所。

(3)农业大观园

这是一种以农业景观为基础的综合性观光游览区。如深圳的"青青世界"便是以农业景观为基础的综合性观光游览区。福州市鼓岭将百果园、百竹园、百花园、百树园、茶园与鼓山风景区、登云高尔夫球场等 20 多个风景点连在一起,大小村落点缀其间,构成一个综合性观光避暑游览地带。各地以展示名特优农产品的名义举办的各种活动,像北京市平谷县的桃花节、大兴县的西瓜节,河南洛阳的牡丹节,广东增城等地的荔枝节等,把宣传产品、交流技术、洽谈贸易与观光旅游融为一体,也是观光农业开发的有效方式。

参考文献

［1］陈聪,王立旭,沈守云.基于"生态都市休闲农业"发展下平潭海坛风景区农业园区规划设计的探索及研究[J].建筑与文化,2019(01):115－116.

［2］打造都市现代绿色农业高地[J].上海农村经济,2018(12):19－21.

［3］辜转.重庆市都市农业与旅游业融合发展研究[D].重庆工商大学,2018.

［4］柳苗.我国都市观光休闲农业发展现状[J].农业开发与装备,2018(11):5,17.

［5］罗雅丽.西安市都市农业结构演变及其优化研究[D].西北大学,2018.

［6］孟召娣,郝汉,蒋和平,等.城乡要素合理配置带动都市农业发展模式研究[J].农业现代化研究,2019,40(01):18－25.

［7］彭程.大巴黎地区都市农业空间分布的特征//中国城市规划学会、杭州市人民政府.共享与品质——2018中国城市规划年会论文集(18乡村规划)[C].中国城市规划学会,杭州市人民政府,2018:16.

［8］任婷婷,周忠学.农业结构转型对生态系统服务与人类福祉的影响研究——以西安都市圈两种农业类型为例[J].生态学报,2019(07):1－12.

［9］商建维.太原市农业发展空间布局研究[J].山西农经,2018(19):61－62.

［10］申合帅.郑州都市农业发展研究[J].合作经济与科技,2019(01):24－25.

［11］史慧俊.都市农业发展研究[J].乡村科技,2018(33):11－13.

［12］王怡婉,王怡文,郑丽娟.都市休闲农业规划设计研究进展[J].南方农业,2018,12(33):108－109.

［13］徐林峰.合肥都市现代农业发展研究[D].安徽农业大学,2018.

［14］张小峰.浅谈都市型农业发展的思路与对策[J].农民致富之友,2019(02):240.

［15］赵奇,杨玉珍,郭运宏,等.郑州都市农业科技发展对策研究[J].安徽农学通报,2018,24(18):9－10.

［16］赵天逸.都市农业景观在绿色基础设施中的应用研究[D].西北农林科技大学,2018.

第10章　农业生态工程经济社会评价

农业生态工程对当地的经济、生态环境和人文环境等所产生的影响是显著的,构建科学、合理、实用的指标体系是解决评价问题的关键,在此基础上才能对其综合效益进行评价,并为决策者提供科学依据。

10.1　农业生态工程评价指标体系构建

10.1.1　评价指标构建原则

要构建一套科学、合理并具有可操作性的农业生态工程综合效益评价指标体系,必须遵循以下基本原则。

(1)系统性原则:农业生态工程综合效益评价指标体系是一个多属性、多层次、多变化的体系,表现在空间层次上以及农业生态工程建设类型上。因此,评价标准和指标体系不仅要反映农业生态工程发生发展规律,而且还要反映对区域功能的促进,即经济效益与生态环境、社会效益系统的整体性和协调性。

(2)科学性原则:指农业生态工程效益评价指标体系要建立在科学的基础上,并能反映评价对象的本质内涵。每个指标应涵义明确,简便易算,评价方法易于掌握。

(3)可比性原则:指农业生态工程效益评价指标体系中的指标要具有可测性和可操作性,所需数据易于采集和统计。从时空而言,便于在不同区域对同一类型农业生态工程效益计量评价时进行比较。

（4）全面性原则：农业生态工程效益评价指标体系作为一个有机的整体，应能够反映和测度被评价系统的主要特征和状况，以全面正确地评价其综合效益。

（5）独立性与稳定性原则：在全面性的基础上，应力求简洁、实用，指标间应尽可能独立，尽量选择那些有代表性的综合指标和主要指标，辅之以一些辅助指标。同时，指标体系内容不宜变动过多、过频，应保持其相对的稳定性。

农业生态工程效益评价的标准与指标是进行效益评价的基础和工具。标准与指标将农业生态工程提供的社会、经济、生态与环境效益作为动态的系统来探讨，提供了描述和评价农业生态工程功能与效益的基本框架，并确定其理论和实践意义。

"标准"是指用于评价农业生态工程效益的类目，是一系列定期监测以评价效益变化的相关指标所表示的特征。包括农业生态工程的重要功能，如农业生态工程的改善小气候以及提供各种社会经济效益（项目村的健康状况等）。

"指标"是可以测量或描述的定量或定性变量，并可定期监测其变化的趋势。

指标通常是标准的某一方面的度量或描述，如：可以用经济评价指标来度量或描述农业生态工程的经济功能价值，用大气环境指标来反映生态环境效益，等等。

10.1.2　评价指标体系的构建方法

建立科学、合理的指标体系关系到评价结果的正确性，是评价工作的重要内容和基础工作。目前，国内外虽然提出了不少可持续发展评价的指标体系，但都存在一些局限性：一方面人们为追求指标体系的完备性，不断提出新指标，使指标体系数目不断增大；另一方面，由于缺乏科学有效的指标筛选方法，大都是靠评价者的经验选择指标，故存在很大的主观性。

10.1.2.1　指标筛选的思路

筛选评价指标时，必须遵循一定原则，即完备性、独立性、主成分性和针对性。不能仅由某一原则决定指标的取舍,而要综合考虑。同时,由于受认识水平的限制,对于指标的主成分性、针对性等目前还难以定量衡量,只能依赖评价者对农业生态工程效益内涵的理解程度及其对评价对象的了解程度做出选择。在指标的完备性方面同样缺乏定量的衡量方法。鉴于此,作者认为,指标筛选的思路一方面应吸收前人的研究成果中的优良指标,同时,根据评价对象的结构、功能以及区域特性,提出反映其本质内涵的指标,以便科学、公正地进行评价工作。

10.1.2.2　指标体系的筛选方法

指标体系的筛选是一项复杂的系统工程,要求评价者对评价系统有充分的认识及多方面的知识。目前,筛选指标的方法主要有专家咨询法、理论分析法和频度分析法等。采取这 3 种方法的综合,首先采取频度分析法,从国内外数篇研究文献中,对各种指标进行统计分析,选择那些使用频度较高的指标,同时,结合农业生态工程的背景特征、主要问题以及不同区域的社会经济条件等,进行分析、比较、综合选择那些针对性较强的指标。在此基础上,进一步征询有关专家意见,对指标进行调整,最终得到农业生态工程评价的指标体系(图 10 – 1)。

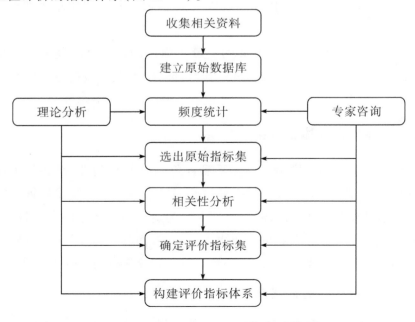

图 10 – 1　农业生态工程评价指标筛选程序图

10.1.2.3　指标评价方法

　　农业生态工程不仅从经济上增加了农民收入,而且改善了人们的生活环境状况,提高了人们的生活质量。经济效益评价指标是定量指标,本书是应用经济技术分析方法得出各个评价指标的表达式。由于农业生态工程的生态环境指标和社会效益评价指标很难从数量上给予评价,属于定性指标范畴,所以本书采用统计分析和评分法给予指标评判。各指标的评分值参照评价标准给出。在遵循农业生态工程建设项目综合评价指标构建原则的基础上,各评价标准的制定主要参考全国生态农业示范区建设试点工作丛书及相关资料和向专家咨询等方法,得出指标评分标准和评分等级（表 10 - 1）。

表 10 - 1　生态农业工程指标评价判据

评分	0 ~ 1	1 ~ 3	3 ~ 5	5 ~ 7	7 ~ 9
含义	V_1 很差	V_2 较差	V_3 一般	V_4 较好	V_5 很好

10.1.3　农业生态工程指标体系结构框架

　　关于生态农业工程效益的内涵,目前较为一致的看法是包括经济效益、环境生态效益、社会效益。在国内,不少研究人员对不同地区、不同类型的农业生态工程单方面效益进行了计量评价,提出了各自的评价指标。通过比较分析、专家咨询、问卷调查和实地考察,我们按农业生态工程的经济、生态、社会三大效益作为标准,在充分考虑了其经济功能、生态功能、及社会功能的基础上,建立了三级评价指标体系（图 10 - 2）。

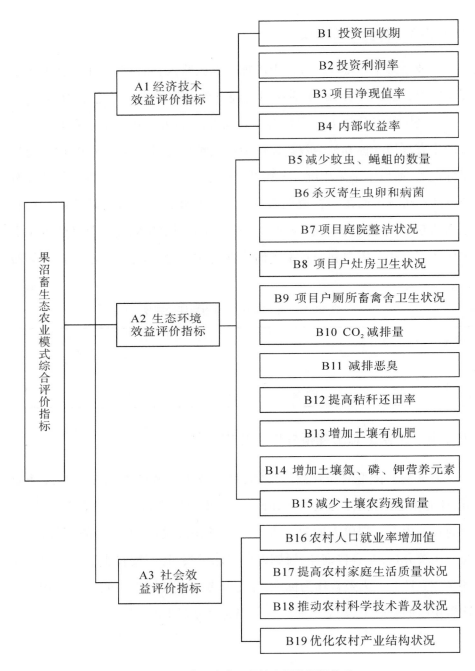

图 10 - 2 农业生态工程综合评价指标体系

10.1.3.1　经济效益指标分析

从农业生态工程建设出发,根据经济效益评价的特点,分析整个系统的投入产出指标,并全面分析各个指标所涉及的影响因素。

(1)建设投入指标

①沼气发酵子系统的建设投资:

A. 沼气发酵装置的建设及厨房配套设施投资:水泥、砂、卵石、砖、密封剂、进料管、抽渣管、钢筋、配套灶具、脱硫器、集水器、沼气输配管道,以及技工建池、安装、系统启动费用。

B. 厕所建设投资:砖、水泥。

C. 沼气发酵装置管理费和维修费:管理费包括每年大出料用工费;维修费包括维修材料、零件费用。

②太阳能暖圈建设投资:

A. 原料主要为砖、水泥、塑料薄膜。

B. 年养猪数量投入费用。

③集水滴灌子系统的建设投资:主要构件有储水池、水窖、水泵、引水管、砖、水泥、石灰投资费用。

④种植业建设投资:0.33 hm²(5 亩)成龄果园中,农药投入费用,化肥投入,果袋投入费用。

(2)产出效益指标

①沼气产出效益:沼气的价格以具有等量有用能的商品燃料的价值替代,按下式计算:

$$\Delta B_1 = 沼气的价格 = \frac{沼气的热值 \times 沼气灶热效率}{被替代燃料热值 \times 炉灶热效率} \times 替代燃料的价格$$

$$(10-1)$$

式中:沼气的热值为 20935 kJ/m³,沼气灶热效率为 60%。

②养殖业产出效益:在户用型"果沼畜"生态农业模式内饲养的猪出栏率高,户均每年出栏 n 头猪,由此可增加农户的纯收入,平均每头猪纯收入设为 m 元/年,则年纯收入为

$$\Delta B_2 = m \times n \qquad (10-2)$$

③沼肥产出效益:发酵原料经厌氧发酵产生完沼气后,残留的沼渣和

207

沼液统称为沼气发酵残留物,俗称沼肥。一个 8 m³ 的沼气池,设年产沼渣 a 千克,沼液 b 千克,沼渣的干物质含量为 18%,沼液的干物质含量为 0.4%,沼肥中全氮、全磷、全钾的含量分别为 6.35%、1.09% 和 4.64%,则相当于:

$$全氮:N = (a \times 18\% + b \times 0.4\%) \times 6.35\% \quad 千克 \quad (10-3)$$

$$全磷:P = (a \times 18\% + b \times 0.4\%) \times 1.09\% \quad 千克 \quad (10-4)$$

$$全钾:K = (a \times 18\% + b \times 0.4\%) \times 4.64\% \quad 千克。 \quad (10-5)$$

若当年国内市场含氮 46% 的尿素价格为 d 元/千克,含磷 46% 的五氧化二磷价格为 e 元/千克,含钾 60% 的氯化钾价格为 f 元/千克,则折合全氮、全磷、全钾的价值分别为:

$$全氮:M_1 = (d/0.46) \times N \quad (元) \quad (10-6)$$

$$全磷:M_2 = (e/0.46) \times P \quad (元) \quad (10-7)$$

$$全钾:M_3 = (f/0.6) \times K \quad (元) \quad (10-8)$$

则年产沼肥折合人民币 ΔB_3。

$$\Delta B_3 = M_1 + M_2 + M_3 \quad (10-9)$$

④种植业产出效益:由于使用了沼液沼渣等有机肥使得果品质量和产量都得以提高,单位产品的售价也随之提高,所产生的经济效益计算公式为:

$$\Delta B_4 = \Delta P_c \times A - C_4 \quad (10-10)$$

式中:ΔB_4 为年增量效益(元);

ΔP_c 为单位产品的售价(元/千克);

A 为年合格产品数量(千克);

C_4 为种植业投资。

10.1.3.2 经济效益评价指标

通过技术经济分析方法对农业生态工程所产生的经济效益进行技术经济分析,也就是计算农业生态工程实施后所取得的经济实效的数量指标,作为评价农业生态工程经济效益的理论依据。

(1)投资回收期

通过农业生态工程的净收益来回收总投资所需要的时间,这里所说的净收益主要指利润。投资回收期具有明确的经济意义。

$$Pt = C/\Delta B \qquad (10-11)$$

式中：Pt 为投资回收期(年)，从农业生态工程开始运行算起；

　　　C 为投资总额(元)；

　　　ΔB 为农业生态工程所增加的年利润(元/年)。

用此方法求出的为绝对回收期，可将它和国家规定的标准投资回收期 Pc 相比较，若 $Pt < Pc$，则项目可接受。

（2）投资利润率

农业生态工程所增加的年利润与总投资之比，所反映农业生态工程投资的盈利能力，也可称为经济收益率，投资收益率的经济含义是表明农业生态工程投资后单位投资所创造的净收益额，因此，它是进行财务能力分析和考察项目盈利水平的重要指标。即

$$\eta = \Delta B/C \qquad (10-12)$$

若收益率大于国家规定的或现行平均行业收益率，则农业生态工程是合理的。

（3）净现值

农业生态工程净现值是反映农业生态工程在建设期和生产服务年限内获利能力的综合性动态评价指标。净现值的优点在于它不仅考虑了资金的时间价值进行动态评价，而且也考察了整个计算期内的现金流量，因而它能比较全面地反映农业生态工程的经济效益状况。

先将农业生态工程的增量效益和增量费用折现到建设初期。设农业生态工程的建设期为 n 年，农业生态工程运行期为 m 年，基准收益率为 i_c（10%），农业生态工程净残值按 5% 的净残值率计算。

①累计增量费用的现值：

在农业生态工程实施前一次性投资 C，则累计增量费用现值为：

$$\Delta C_X = C - \frac{0.05C^{n+m}}{(1+i_c)} \qquad (10-13)$$

②累计增量效益的现值：

在农业生态工程运行的第一年增量效益为 ΔB，折合到农业生态工程

建设初期的现值为 $\Delta B (1 + i_c)^{-(n+1)}$；农业生态工程运行第二年增量效益还是 ΔB，折合到农业生态工程建设初期的现值为 $\Delta B (1 + i_c)^{-(n+2)}$；依此类推，农业生态工程运行第 m 年的增量效益 ΔB 折合到建设初期的现值为 $\Delta B (1 + i_c)^{-(n+m)}$。

则累计增量效益为：

$$\Delta B_X = \Delta B (1 + i_c)^{-(n+1)} + \Delta B (1 + i_c)^{-(n+2)} + \cdots + \Delta B (1 + i_c)^{-(n+m)}$$

$$= \Delta B (1 + i_c)^{-n} [(1 + i_c)^{-1} + (1 + i_c)^{-2} + \cdots + (1 + i_c)^{-m}]$$

整理后可得：
$$\Delta B_X = \Delta B \cdot \frac{(1 + i_c)^m - 1}{i_c (1 + i_c)^{m+n}} \tag{10-14}$$

所以农业生态工程净现值为：$FNPV = \Delta B_X - \Delta C_X$，若 $FNPV \geq 0$，则农业生态工程可以考虑接受。

（4）内部收益率

内部收益率即使农业生态工程的累计增量效益现值等于累计增量费用现值时的折现率。它反映农业生态工程所占用资金的盈利能力，是考察农业生态工程资金使用效率的重要指标。内部收益率就是投资的收益率，它表明了农业生态工程对所占用资金的一种恢复能力，农业生态工程的内部收益率越高，其经济性也就越好。

将上面计算累计增量效益现值和累计增量费用现值中的基准收益率 i_c 换成 i，并使 $\Delta B_X = \Delta C_X$，即：

$$FNPV = \Delta B \cdot \frac{(1 + i)^m - 1}{i (1 + i)^{m+n}} - C + \frac{0.05C}{(1 + i)^{n+m}} = 0 \text{（一次支付投资）}$$

$$\tag{10-15}$$

由上式求得 i 即为内部收益率 $FIRR$，将计算所得的 $FIRR$ 与行业基准收益率 i_c 比较，若 $FIRR \geq i_c$，则表明农业生态工程的盈利能力满足行业最低要求。

10.1.3.3 生态环境效益评价指标

（1）卫生环境指标

①减少蚊虫、蝇、蛆的数量：

在没有建农业生态工程之前,猪舍和厕所等周围是蚊蝇滋生的主要场所,蚊蝇数量的多少或是密度大小成为直接衡量猪舍和厕所卫生与否最直接的标志。农业生态工程建设后,利用厌氧发酵技术对人畜粪便进行处理,避免了人畜粪便的随意堆放,消灭了苍蝇的滋生环境,蚊蝇数量显著降低,同时厌氧发酵又杀灭了粪便中的蛆,使蚊蝇蛆的密度显著下降。家前屋后再也不见草堆、粪堆,改变了村容村貌。该指标评分标准见表 10-2。

表 10-2　指标评分标准(一)

评价指标	评分标准	评分
减少蚊虫、蝇、蛆 的数量	(1)蚊蝇蛆都没有发现	9
	(2)蚊蝇明显减少,蛆没有发现	7
	(3)蚊蝇减少,蛆很少发现	5
	(4)蚊蝇稍有发现,蛆偶尔发现	3
	(5)蚊蝇基本无变化,能看到蛆	1

②杀灭寄生虫卵和病菌:

农业生态工程地下标准化沼气池与地上的厕所、猪舍相配套,大量的寄生虫卵和病菌被杀灭。对寄生虫卵的杀灭程度是通过测定寄生虫卵沉降率来衡量的,以评价农业生态工程沼气池厌氧发酵处理畜禽粪便的效果。该指标评分标准见表 10-3。

表 10-3　指标评分标准(二)

评价指标	评分标准	评分
杀灭寄生虫卵和病菌	(1)95%以上达到粪便无害化卫生标准	9
	(2)90%以上达到粪便无害化卫生标准	7
	(3)80%以上达到粪便无害化卫生标准	5
	(4)70%以上达到粪便无害化卫生标准	3
	(5)60%以上达到粪便无害化卫生标准	1

③项目户庭院整洁状况:

反映农业生态工程户庭院环境卫生状况。结合系统的实施,改院、改路、改水、改园后,庭院净化、硬化、绿化、美化,布局合理、整洁卫生,环境优美、景色怡人。该指标评分标准见表 10-4。

表10-4 指标评分标准(三)

评价指标	评分标准	评分
项目庭院整洁状况	(1)净化、硬化、绿化、美化;窗明几净,井然有序;畜禽圈与庭院分离,不影响庭院;雨水不随意排放,能充分利用。	9
	(2)改路、改水、大部分硬化、绿化较好、较美观;庭院内外较整洁,什物摆放有序;畜禽能归圈,不满院乱跑;雨水能收集利用。	7
	(3)较干净,部分硬化,有一些花草树木;有作物秸秆、柴草堆放,什物摆放较不到位;畜禽有时不能归圈,有少许排泄物;改水较好。	5
	(4)未改路、没硬化,有少许庭荫树;作物秸秆柴草乱堆乱放;禽类放任,随意乱飞;改水效果不好。	3
	(5)不净化、硬化、绿化,什物凌乱放置;畜禽不归圈,满院乱跑,粪便随处可见;污水随意排放,不能充分利用。	1

④项目户灶房卫生状况:

反映农业生态工程户灶房卫生状况。农业生态工程实施后,大量使用沼气清洁能源,墙壁洁净、无烟熏黑迹;灶台光洁、灶下无杂物;无污水积存,无废物乱堆;无黑烟浊气缭绕,通风良好,有利于维护室内外空气质量和家庭成员身心健康。该指标评分标准见表10-5。

表10-5 指标评分标准(四)

评价指标	评分标准	评分
项目户灶房卫生状况	(1)墙壁洁净、无烟熏黑迹;灶台光洁、灶下无杂物;无污水积存,无废物乱堆;无黑烟浊气缭绕,通风良好。	9
	(2)墙壁较洁净、少许烟熏黑迹;灶台较光洁、灶下整洁;无污水积存,无废物乱堆;有时烟尘浊气缭绕,通风较好。	7
	(3)墙面少许被烟尘熏黑;灶台有污渍,灶下有少许柴草;有少量污水积存和废物堆放;有烟尘飘浮,通风有时不良。	5
	(4)烟尘熏黑面大;灶台未贴瓷片,有不洁感;柴草烧火较多,烟尘较多,通风较差;污水废物处理不及时。	3
	(5)墙壁不洁净、烟熏黑迹面广;灶台不光洁、烧火多用柴草;污水积存,废物乱堆;黑烟浊气缭绕,通风不畅。	1

⑤项目户厕所畜禽舍卫生状况

反映农业生态工程户厕所畜禽舍环境卫生状况。农业生态工程实施后,使用水冲厕所、标准畜禽舍;厕所清洁、无粪尿积存;畜禽粪便处理及时,无难闻臭味,极少蚊蝇飞舞;草料不乱堆乱放;无传染病流行,环境效益明显。该指标评分标准见表 10 - 6。

表 10 - 6 指标评分标准(五)

评价指标	评分标准	评分
模式户厕所畜禽舍卫生状况	(1)水冲厕所、户用型"果沼畜"生态农业模式畜禽舍;厕所清洁、无粪尿积存;畜禽粪便处理及时,无难闻臭味,极少蚊蝇飞舞;草料不乱堆乱放;无传染病流行	9
	(2)水冲厕所、户用型"果沼畜"生态农业模式畜禽舍;厕所无粪尿积存,有些许异味;畜禽粪处理较及时,有轻微臭味,少许蚊蝇飞舞;草料不乱堆乱放;无传染病	7
	(3)水冲厕所、户用型"果沼畜"生态农业模式畜禽舍;厕所无粪尿积存,有些许异味;畜禽粪便有时有积存,有臭味,少许蚊蝇飞舞;草料不乱堆乱放;无传染病	5
	(4)水冲厕所、户用型"果沼畜"生态农业模式畜禽舍;厕所有粪尿积存,有异味;畜禽粪便部分积存,有难闻气味,许多蚊蝇飞舞;草料乱堆放;无传染病	3
	(5)旱厕所、"不配套"畜禽舍;厕所粪尿积存、恶臭难闻;畜禽粪便随意堆放,臭气熏天,蚊蝇乱舞;草料胡乱堆放;有传染病流行	1

(2)大气环境指标

① CO_2 减排量:

农业生态工程沼气池建设减少温室气体的排放主要通过以下两种方式:与秸秆在田间地头焚烧相比,沼气发酵不产生 CO_2,而且提高了资源的利用率;二是以沼气代替秸秆、薪柴和煤炭等污染严重的常规能源,减少了温室气体的排放。

燃烧秸秆、薪柴、煤炭和沼气均产生 CO_2。

燃烧生物质燃料,如秸秆、薪柴的 CO_2 排放量计算公式为:

$$C_{BM} = B_M \times C_{cont} \times O_{frac} \times 44/12 \qquad (10-16)$$

式中：C_{BM} 为燃烧生物质燃料 CO_2 排放量，t；

B_M 为生物质燃料消耗量，t；

C_{cont} 为生物质燃料碳含量，%；

O_{frac} 为生物质燃料碳氧化率，%；

44/12 为 CO_2 分子量与 C 原子量之间的比值。

对于燃煤，CO_2 排放量的计算公式为：

$$C_{排放} = (C_P - C_S) \times C_O \times 44/12 \times M \qquad (10-17)$$

式中：$C_{排放}$ 为燃烧煤炭 CO_2 的排放量，t；

C_p 为燃煤碳含量，%；

C_S 为固碳量，%，；

C_O 为燃煤碳氧化率，%；

M 为燃煤消耗量，t。

所谓固碳量是指燃料作非能源用，碳分解进入产品而不排放碳或者不立即排放碳的部分。碳含量的计算为燃料的热值与碳排放系数之积。

对于沼气，CO_2 排放量的计算公式为：

$$C_{BG} = B_G \times Q \times C_O \times 44/12 \qquad (10-18)$$

式中：C_{BG} 为燃烧沼气 CO_2 的排放量，t；

B_G 为沼气消耗量，t；

Q 为燃烧沼气的热值，TJ/万 m^3；

C_O 为沼气碳排放系数，t/TJ；

44/12 为 CO_2 分子量与 C 原子量之间的比值。

②减排恶臭：

恶臭是指难闻的臭味，刺激人的嗅觉器官，令人感到不愉快。在猪圈和厕所容易产生恶臭的物质，通过沼气池密封发酵，对人畜粪便进行厌氧消化技术处理后，可以大大降低环境中恶臭气体浓度。该指标评分标准见表 10-7。

表 10-7 大气环境指标评分标准

评价指标	评分标准	评分
CO_2减排量	(1)比建池前减少90%以上	9
	(2)比建池前减少70%以上	7
	(3)比建池前减少50%以上	5
	(4)比建池前减少30%以上	3
	(5)比建池前减少10%以上	1
减排恶臭	(1)90%以上的农户认为恶臭明显减轻	9
	(2)70%以上的农户认为恶臭明显减轻	7
	(3)50%以上的农户认为恶臭明显减轻	5
	(4)30%以上的农户认为恶臭明显减轻	3
	(5)10%以上的农户认为恶臭明显减轻	1

(3)土壤环境指标

①提高秸秆还田率

发展农业生态工程既解决了农村燃料问题,又利于秸秆还田,随着农业生态工程数目的增多,秸秆还田率逐年提高。模式户使用沼气后,大约可以解决80%的生活燃料,原本在农村生活用能结构中占很大比例的秸秆用于还田。实施秸秆还田,一般能使作物平均增产10%以上。坚持常年秸秆还田不但在作物培肥阶段有明显的增产作用,而且后效十分明显,有持续的增产作用。因此,秸秆还田是保持和提高土壤肥力,使农业稳产、高产、高效,走可持续发展道路的重要途径。

②增加土壤有机肥

土壤有机质是土壤肥力的物质基础,是衡量土壤肥力高低的一个重要标志。它对土壤肥力起着多方面的作用,是植物养分的来源,所以提高土壤有机质含量能够改善土壤的结构和理化性质,实现土壤养分的良性循环。沼气发酵可使农作物秸秆和畜禽粪便有效还田,增加土壤有机质含量,而且具有适度的黏结性,能使黏土疏松,砂土黏结,是形成团粒结构的良好胶结剂。沼渣沼液中含有较全面的养分和丰富的有机质,沼渣有机质含量为30%~50%,本身还含有多种养料,能提高土壤的保肥、保水性能,也能缓冲土壤酸碱度变化,有利于微生物活动和作物生长。

土壤有机质增加总量计算公式为：

$$OM = n \times k \times m \times om\% \qquad (10-19)$$

式中：OM 为土壤有机质增加总量，t/a；

n 为户用沼气池个数，个；

k 为沼渣有机肥生产系数，$t/(\quad)a \cdot m^3(\quad)$；

m 为沼气发酵池池容，m^3；

$om\%$ 为沼渣有机肥中土壤有机质含量，%。

③增加土壤氮、磷、钾等营养元素

沼气池发酵产生的沼渣中除了含有丰富的有机质外，还含有丰富的氮、磷、钾等土壤营养元素，经过沼气发酵的粪肥有效氮含量提高40%，肥效可提高20%，长期施用沼渣、沼液等有机肥，可以改变中国土壤普遍缺少氮、磷、钾等营养元素的现状。

④减少土壤农药残留量

农药残留是指残存在环境及生物体内的微量农药，包括农药原体、有毒代谢物、降解物和杂质。土壤是农药残留的最终受体，残留在土壤中的农药会对土壤理化性质产生影响。被农药长期污染的农田土壤会出现明显的酸化，土壤养分（氮、磷、钾等）随着污染程度加重而减少，土壤孔隙度变小，从而造成土壤板结，肥力下降，作物产量下降，品质降低。中国农药利用率很低，普遍在20%左右，大量流失到大气、水体和土壤以及农产品中，其中土壤中残留的农药为30%~40%。经过沼气发酵后的沼渣、沼液破坏了病虫的生存场所，另外沼渣、沼液中含有的营养成分促进了作物的生长并增强了作物抗病虫害的能力，所以能有效抑制和防治病虫害，减少农药的使用量，必然减少农药的土壤残留量。该指标评分标准见表10-8。

表10-8 土壤环境指标评分标准

评价指标	评分标准	评分
提高秸秆还田率	（1）秸秆用于还田率达90%以上	9
	（2）秸秆用于还田率达70%以上	7
	（3）秸秆用于还田率达50%以上	5
	（4）秸秆用于还田率达30%以上	3
	（5）秸秆用于还田率达10%以上	1

评价指标	评分标准	评分
增加土壤有机质	(1)土壤有机质每年增加 7.5t/hm²	9
	(2)土壤有机质每年增加 6t/hm²	7
	(3)土壤有机质每年增加 4.5t/hm²	5
	(4)土壤有机质每年增加 3t/hm²	3
	(5)土壤有机质每年增加 1.5t/hm²	1
增加土壤营养元素	(1)土壤氮磷钾每年增加 2t/hm² 以上	9
	(2)土壤氮磷钾每年增加 1.6t/hm² 以上	7
	(3)土壤氮磷钾每年增加 1.2t/hm² 以上	5
	(4)土壤氮磷钾每年增加 0.8t/hm² 以上	3
	(5)土壤氮磷钾每年增加 0.4t/hm² 以上	1
减少土壤农药残留	(1)土壤农药残留每年减少 50kg/hm² 以上	9
	(2)土壤农药残留每年减少 40kg/hm² 以上	7
	(3)土壤农药残留每年减少 30kg/hm² 以上	5
	(4)土壤农药残留每年减少 20kg/hm² 以上	3
	(5)土壤农药残留每年减少 10kg/hm² 以上	1

10.1.3.4　社会效益评价指标

社会效益评价指标,主要反映农业生态工程实施后的社会效益。任何一个建设项目,若没有较好的社会效益,则不会得到政府的扶持和资助,也不会得到群众的认可和支持。农业生态工程也不例外。

(1)农业人口就业率增加值

反映农业生态工程剩余农业劳动力的转移吸纳情况。随着农村社会经济的快速发展,农村剩余劳动力转移将成为必然的过程。农业生态工程经济的发展,可吸纳一部分剩余劳动力在家创业;也可减轻外出务工者的后顾之忧,有利于农村的稳定和发展。

(2)提高农村家庭生活质量

农业生态工程使用沼气炊事烧水具有方便、快捷、卫生等优点,告别烟熏火燎的炊事环境,将农村妇女从繁重的家务劳动中解放出来。减轻劳动强度的同时,大大改善了农村居民的生活环境,提高了生活质量。农业生态工程建设使得村镇面貌发生了根本性的变化,城乡差别显著缩短。

(3)推动农村科学技术普及工作

农业生态工程是技术性很强的农业综合型生产方式,是改革传统农业生产模式,实现农业生产由单一的粮食生产向综合的多种经营方面转化的有效途径。因此,随着农业生态工程建设和沼气综合利用技术的快速发展,激发了农户学科学,用科学,将实用技术转化为现实生产力的积极性,极大地增强了农民的科技意识和技术水平,提高了农户的科技素质。农业生态工程的建设,推动了农村科学技术普及工作的发展,推动了农村精神文明建设。该指标评分标准见表10-9。

表10-9 社会效益指标评分标准

评价指标	评分标准	评分
农村人口就业率增加值	(1)农村人口就业率增加90% 以上	9
	(2)农村人口就业率增加70% 以上	7
	(3)农村人口就业率增加50% 以上	5
	(4)农村人口就业率增加30% 以上	3
	(5)农村人口就业率增加10% 以上	1
提高农村家庭生活质量状况	(1)90%农户认为提高了农村家庭生活质量	9
	(2)70%农户认为提高了农村家庭生活质量	7
	(3)50%农户认为提高了农村家庭生活质量	5
	(4)30%农户认为提高了农村家庭生活质量	3
	(5)10%农户认为提高了农村家庭生活质量	1
推动农村科技普及状况	(1)90%农户认为推动了农村教育科技发展	9
	(2)70%农户认为推动了农村教育科技发展	7
	(3)50%农户认为推动了农村教育科技发展	5
	(4)30%农户认为推动了农村教育科技发展	3
	(5)10%农户认为推动了农村教育科技发展	1
优化农村产业结构状况	(1)90%政府工作者认为优化了农村产业结构	9
	(2)70%政府工作者认为优化了农村产业结构	7
	(3)50%政府工作者认为优化了农村产业结构	5
	(4)30%政府工作者认为优化了农村产业结构	3
	(5)10%政府工作者认为优化了农村产业结构	1

（4）优化农业产业结构

农业生态工程沼气发酵系统是生态农业建设的核心,沼渣沼液的综合利用能够因地制宜地把农业生产有机结合起来,不断完善和优化农业产业结构,使农业发展更加趋向于合理性与可持续性。农业生态工程的建设将种植业和养殖业紧密结合,提高产量的同时大大改善了作物品质,促进了无公害农产品的生产和发展。

10.2 农业生态工程评价方法

农业生态工程所带来的效益主要包括:经济效益、生态环境效益和社会效益 3 个方面。对这 3 个方面进行综合评价是一个复杂的过程,通过查阅文献资料和分析比较,选择应用层次分析法和模糊数学的相关知识,定性分析和定量研究相结合的方法进行效益评价,提出了一种基于层次分析法和模糊综合评价的农业生态工程综合效益评价模型。

10.2.1 层次分析法及其应用

根据农业生态工程的特点,运用层次分析法原理,在总目标下按问题的性质和任务逐次分解,建立梯阶层次的指标体系。

层次分析是美国著名运筹学家,匹兹堡大学教授萨蒂于 20 世纪 70 年代中期提出的,简称 AHP,它是一种以一个梯阶层次结构模型求得每一个具体目标权重,进而解决多目标决策的数学模型优化方法,可将半定性、半定量的问题转化为定量计算。AHP 实质上是一种决策思维方式,具有分析、判断、综合的特征。由于层次分析法几乎不用高深的数学工具和复杂的运算,简明而且有效,因此自问世以来在分配、管理和冲突分析中,得到决策者的广泛应用。AHP 的基本步骤可分为建构模型和求解模型两大阶段,其中构建模型是 AHP 的核心和难点,而求解模型阶段两两比较的正确性则是决策评价正确的基础与前提。

农业生态工程项目按其效果可分为经济效益、生态环境效益和社会效益 3 个方面,而这 3 个方面又分别由一系列低一层次的指标所构成。

10.2.2　模糊层次综合评价模型构建

构成农业生态工程综合评价的指标体系中既有定量指标,又有定性指标;既有客观实测、预测的指标,又有主观、经验判断的指标,而且许多指标都具有不同程度的模糊性。为了确保能全面客观、公正进行评价,并尽可能减少工作量和难度,本书采用模糊层次分析法构建综合评价模型。

10.2.2.1　指标隶属函数的确定

隶属函数的构造本质上讲应该是客观的。但是对同一模糊现象每个人对它可能会有不同的理解,所以隶属函数的确定在很大程度上带有人为的主观任意性。迄今为止,隶属函数的构造还没有可靠的理论作为依据,大多数隶属函数的建立方法还停留在经验和实验的基础上。对于同一个模糊概念,不同的人会建立不完全相同的隶属函数。虽然形式不同,但只要能反映同一模糊概念,在解决实际问题中的效果是一样的。本研究采用的是模糊统计法和专家经验法来确定指标的隶属函数。

对于定量评价指标,可先根据行业有关规定和标准划分不同的等级,确定明确的分级标准。对分级无据可依的定量指标,可采用德尔菲法请决策者确定其分级标准。然后根据各评价指标的具体性质,采用模糊统计法和专家经验法来确定指标的隶属函数(见表 10 - 10),将调查数据对应于评价指标的参数值代入其隶属函数,即得相应的隶属度。

农业生态工程的综合评价指标体系中有 4 个定量指标,包括:投资回收期、投资利润率、项目净现值、内部收益率。

表 10 - 10　定量评价指标的隶属函数

评语 \ 指标	投资回收期		投资利润率(%)		项目净现值		内部收益率(%)	
V_1	1.0	$y_1 \geqslant 20$	1.0	$y_2 \leqslant 10$	1.0	$y_3 \leqslant 0$	1.0	$y_4 \leqslant 10$
	$\dfrac{y_1 - 15}{5}$	$15 \leqslant y_1 \leqslant 20$	$\dfrac{12 - y_2}{2}$	$10 \leqslant y_2 \leqslant 12$	$\dfrac{0.5 - y_3}{0.5}$	$0 \leqslant y_3 \leqslant 0.5$	$\dfrac{12 - y_4}{2}$	$10 \leqslant y_4 \leqslant 12$

续表

指标 评语	投资回收期		投资利润率(%)		项目净现值		内部收益率(%)	
V_2	$\dfrac{20-y_1}{5}$	$15 \leq y_1 \leq 20$	$\dfrac{y_2-10}{2}$	$10 \leq y_2 \leq 12$	$\dfrac{y_3}{0.5}$	$0 \leq y_3 \leq 0.5$	$\dfrac{y_4-10}{2}$	$10 \leq y_4 \leq 12$
	$\dfrac{y_1-10}{5}$	$10 \leq y_1 \leq 15$	$\dfrac{14-y_2}{2}$	$12 \leq y_2 \leq 14$	$\dfrac{1-y_3}{0.5}$	$0.5 \leq y_3 \leq 1$	$\dfrac{16-y_4}{4}$	$12 \leq y_4 \leq 16$
V_3	$\dfrac{15-y_1}{5}$	$10 \leq y_1 \leq 15$	$\dfrac{y_2-12}{2}$	$12 \leq y_2 \leq 14$	$\dfrac{y_3-0.5}{0.5}$	$0.5 \leq y_3 \leq 1$	$\dfrac{y_4-12}{4}$	$12 \leq y_4 \leq 16$
	$\dfrac{y_1-5}{5}$	$5 \leq y_1 \leq 10$	$\dfrac{16-y_2}{2}$	$14 \leq y_2 \leq 16$	$\dfrac{1.5-y_3}{0.5}$	$1 \leq y_3 \leq 1.5$	$\dfrac{18-y_4}{2}$	$16 \leq y_4 \leq 18$
V_4	$\dfrac{10-y_1}{5}$	$5 \leq y_1 \leq 10$	$\dfrac{y_2-14}{2}$	$14 \leq y_2 \leq 16$	$\dfrac{y_3-1}{0.5}$	$1 \leq y_3 \leq 1.5$	$\dfrac{y_4-16}{2}$	$16 \leq y_4 \leq 18$
	$\dfrac{y_1-1}{4}$	$1 \leq y_1 \leq 5$	$\dfrac{18-y_2}{2}$	$16 \leq y_2 \leq 18$	$\dfrac{2-y_3}{0.5}$	$1.5 \leq y_3 \leq 2$	$\dfrac{22-y_4}{4}$	$18 \leq y_4 \leq 22$
V_5	$\dfrac{5-y_1}{4}$	$1 \leq y_1 \leq 5$	$\dfrac{y_2-16}{2}$	$16 \leq y_2 \leq 18$	$\dfrac{y_3-1.5}{0.5}$	$1.5 \leq y_3 \leq 2$	$\dfrac{y_4-18}{4}$	$18 \leq y_4 \leq 22$
	1.0	$y_1 \leq 1$	1.0	$y_2 \geq 18$	1.0	$y_3 \geq 2$	1.0	$y_4 \geq 22$

　　对于难以定量评判的定性指标,无法用一定的数量概念来表示,可采用模糊统计方法确定其对评判集的隶属关系。即按照事先选取的指标,由参与咨询的各专家分析确定各评价指标的评分等级,然后根据确定的评分等级将调查结果依次统计并计算各评价指标的平均分数。利用指标的评分结果建立指标的隶属函数,进而确定其指标的隶属度(见表 10 - 11)。表中 y_i 为每个定性指标的分值($i = 5, 6, \cdots, 19$)。

表 10 – 11　定性评价指标的隶属函数

指标＼评语	V_1	V_2	V_3	V_4	V_5
y_i	$1.0 \quad y_i \leq 0$	$y_i \quad 0 \leq y_i \leq 1 \quad \dfrac{y_i-1}{2} \quad 1 \leq y_i \leq 3$	$\dfrac{y_i-3}{2} \quad 3 \leq y_i \leq 5$	$\dfrac{y_i-5}{2} \quad 5 \leq y_i \leq 7$	
y_i	$1 - y_i \quad 0 \leq y_i \leq 1$	$\dfrac{3-y_i}{2} \quad 1 \leq y_i \leq 3$	$\dfrac{5-y_i}{2} \quad 3 \leq y_i \leq 5$	$\dfrac{7-y_i}{2} \quad 5 \leq y_i \leq 7$	$1.0 \quad 7 \leq y_i \leq 9$

10.2.2.2　指标权重的确定

各个评价指标的权重,反映了多目标评价问题中各个指标的重要程度,其计算步骤如下:

(1)建立评价指标层次结构模型(见图 10 – 2)

(2)构造判断矩阵

为了提高判断的准确性,先不把所有因素放在一起进行比较,而是通过同一层次元素的两两比较,得出其判断矩阵,以表示针对上一层某因素,本层次与之有关因素之间的相对重要性,通常采用 1 ~ 9 标度法。其含义为:1 表示元素同样重要;3 表示一个元素比另一个元素稍微重要;5 表示前者比后者明显重要;7 表示前者与后者相比很重要,9 表示前者比后者极端重要;2,4,6,8 为上述两相邻判断的中值。对同一层次的 n 个指标 A_1, A_2,…, A_n,可得到判断矩阵:

$$A = (a_{ij})_{n \times n} \qquad (10 - 20)$$

根据前面建立的农业生态工程综合评价指标体系,通过专家咨询,资料汇总,分析研究,问卷调查分析和比较判断等方法,可得到各层指标的判断矩阵如下:

第一层:总目标 Z——农业生态工程综合评价。

指标包括: A_1——技术经济效益评价; A_2——生态环境效益评价; A_3——社会效益评价。可得到判断矩阵如表 10 – 12 所示。

表 10－12　判断矩阵 A

Z	A_1	A_2	A_3
A_1	1	1/2	2
A_2	2	1	4
A_3	1/2	1/4	1

第二层:分目标共 3 个,则对应的判断矩阵也有 3 个。

分目标 A_1——技术经济效益评价。

指标包括 B_1——投资回收期, B_2——投资利润率, B_3——项目净现值; B_4——内部收益率。其判断矩阵如表 10－13 所示。

表 10－13　判断矩阵 B_1

A_1	B_1	B_2	B_3	B_4
B_1	1	5	1/3	2
B_2	1/5	1	1/7	1/3
B_3	3	7	1	4
B_4	1/2	3	1/4	1

分目标 A_2——生态环境效益评价。

指标包括: B_5——减少蚊虫、蝇、蛆的数量; B_6——杀灭寄生虫卵和病菌; B_7——项目户庭院整洁状况; B_8——项目户灶房卫生状况; B_9——项目户厕所畜禽舍卫生状况; B_{10}——CO_2 减排量; B_{11}——减排恶臭; B_{12}——提高秸秆还田率; B_{13}——增加土壤有机肥; B_{14}——减少土壤农药残留量; B_{15}——增加土壤氮、磷钾等营养元素。其判断矩阵如表 10－14 所示。

表 10－14　判断矩阵 B_2

A_2	B_5	B_6	B_7	B_8	B_9	B_{10}	B_{11}	B_{12}	B_{13}	B_{14}	B_{15}
B_5	1	1/2	7	6	5	3	1/3	1/5	1/3	1/3	1/2
B_6	2	1	5	5	4	2	1/2	1/4	1/5	1/5	1/7
B_7	1/7	1/5	1	1/2	1/3	1/4	1/8	1/7	1/3	1/3	1/6
B_8	1/6	1/5	2	1	1/2	1/3	1/7	1/6	1/2	1/3	1/5

A_2	B_5	B_6	B_7	B_8	B_9	B_{10}	B_{11}	B_{12}	B_{13}	B_{14}	B_{15}
B_9	1/5	1/4	3	2	1	1/2	1/6	1/5	1/2	1/2	1/4
B_{10}	1/3	1/2	4	3	2	1	1/3	1/2	1/3	1/2	1/3
B_{11}	3	2	8	7	6	3	1	1/2	1/2	1/3	1/3
B_{12}	5	2	7	6	5	2	2	1	1/3	1/2	1/4
B_{13}	3	4	4	3	2	3	2	3	1	1/2	1/3
B_{14}	3	5	3	3	2	2	3	2	2	1	1/2
B_{15}	2	7	6	5	4	3	3	4	3	2	1

分目标 A_3——社会效益评价

指标包括：B_{16}——农业人口就业率增加值；B_{17}——提高农村家庭生活质量；B_{18}——推动农村科学技术普及工作；B_{19}——优化农业产业结构。其判断矩阵如表 10 - 15 所示。

表 10 - 15　判断矩阵 B_3

A_3	B_{16}	B_{17}	B_{18}	B_{19}
B_{16}	1	6	4	3
B_{17}	1/6	1	1/3	1/4
B_{18}	1/4	3	1	1/2
B_{19}	1/3	4	2	1

（3）求各层指标单权重

根据判断矩阵计算本层次与上一层某元素有关系的元素之间重要性程度的相对值。可对判断矩阵 A 求满足 $AW = \lambda_{\max}W$ 的特征向量，$\lambda_{\max}$ 为矩阵 A 的最大特征根，其相应的 W_i 即为各层元素的单排序权重值。

计算判断矩阵最大特征根及对应特征向量的方根法如下：

（A）计算判断矩阵每一行元素的乘积。即

$$M_i = \prod_{j=1}^{n} a_{ij}, i = 1, 2, \wedge, n \qquad (10 - 21)$$

（B）计算各行元素乘积的 n 次方根。

$$\overline{W}_i = \sqrt[n]{M_i} \qquad (10-22)$$

（C）对向量 $\overline{W} = \{\overline{W}_1, \overline{W}_2, \wedge, \overline{W}_n\}^T$ 正规化，即

$$W_i = \frac{\overline{W}_i}{\displaystyle\sum_{i=1}^{n} \overline{W}_i} \qquad (10-23)$$

则 $W = \{W_1, W_2, \wedge, W_n\}$ 即为所求的特征向量。

（D）计算判断矩阵的最大特征根 $\lambda_{\max}$。

$$\lambda_{\max} = \sum_{i=1}^{n} \frac{(AW)_i}{nW_i} \qquad (10-24)$$

式中：$(AW)_i$ 表示向量 AW 的第 i 个元素。

按照上述步骤对前边构造的四个判断矩阵求其特征向量，可得

判断矩阵 A：$W_A = (0.3256, 0.4250, 0.2494)$

判断矩阵 A_1：$W_{A_1} = (0.2672, 0.1262, 0.3986, 0.2080)$

判断矩阵 A_2：$W_{A_2} = (0.0934, 0.0822, 0.0420, 0.0494, 0.0604, 0.0779,$
$0.1162, 0.1140, 0.1080, 0.1120, 0.1445)$

判断矩阵 A_3：$W_{A_3} = (0.3865, 0.1422, 0.2122, 0.2591)$

（4）一致性检验

检验排序的一致性，在构造判断矩阵时，由于各种实际因素和主观倾向的干扰，元素两两比较时所用的判断标准可能并不统一，为了尽量减少人为主观上的不统一，使最终的结果趋于合理，必须对判断矩阵进行一致性检验。检验公式为：$CR = CI/RI$，其中：$CI = (\lambda_{\max} - n)/(n-1)$。式中 $\lambda_{\max}$ 为判断矩阵的最大特征根，n 为判断矩阵的阶数，RI 为平均随即一致性指标，可由相应表格查得（见表 10-16）。若 $CR < 0.10$ 时，即认为判断矩阵具有满意的一致性结果；否则，应调整判断矩阵。

表 10-16　RI 数值表

n	1	2	3	4	5	6	7	8	9	10
RI	0.00	0.00	0.58	0.90	1.12	1.24	0.32	1.41	1.45	1.49

按照上述公式分别对四个判断矩阵进行一致性检验，可得

矩阵 A：$CR = 0.0043 < 0.10$；矩阵 A_1：$CR = 0.0019 < 0.10$

矩阵 A_2：$CR = 0.0292 < 0.10$；矩阵 A_3：$CR = 0 < 0.10$

即检验结果均具有满意的一致性。

（5）指标总权重

假定 A 层元素 $A_k(k=1\sim n)$ 的单排序权重为 a_k，与 A_k 有关的 B 层元素有 m 个，其对于 A_k 的单权重分别为 $b_{1k},b_{2k},\cdots,\ b_{mk}$，则 $B_1,B_2,\cdots,B_m$ 的总权重为：$b_i = a_k \square b_{ik}(i=1,2,\cdots,m)$，由此可得下层目标的总权重向量 $B=(b_1,b_2,\cdots,b_{19})$。对总排序结果也要进行一致性检验，即总排序的随机一致性比率为：

$$CR = \frac{\sum_{k=1}^{n}(a_k CI_k)}{\sum_{k=1}^{n}(a_k RI_k)} \tag{10-25}$$

式中，CI_k 和 RI_k 分别为 B 层中与 A_K 有关元素的单排序一致性指标和平均随即一致性指标，同样应满足 $CR < 0.10$。

按照上述公式对最下层指标进行总排序，可得到其总权重向量为：

$B=(0.0870,0.0411,0.1298,0.0677,0.0397,0.0350,0.0178,0.0210,$
$0.0257,0.0331,0.0494,0.0485,0.0459,0.0476,0.0614,0.0964,0.0355,$
$0.0529,0.0646)$，总排序的一致性检验 $CR = 0.0043$。

即，$CR < 0.10$，层次总排序结果具有满意的一致性，所以所建立的判断矩阵不需要调整。

10.2.2.3　模糊综合评判

（1）建立评判对象指标集

$U = \{u_1,u_2,\cdots,u_{19}\}$

（2）建立评判集

$V = \{V_1,V_2,V_3,V_4,V_5\} = \{$很差,较差,一般,较好,很好$\}$

（3）进行单因素模糊评判

单因素模糊评判就是单独从一个评价指标（u_i）出发进行评判，确定被评价项目（或方案）对评判集各元素的隶属度。恰当的隶属度是模糊综合评判的关键，而确定隶属度要求对评判的对象有充分的了解，掌握其内在规律。根据农业生态工程综合评价指标体系的特点，可先将其分为两大类：定量评价指标和定性评价指标。

由此可得到单因素模糊评判矩阵 R

$$R = \begin{bmatrix} r_{11} & r_{12} & \cdots & r_{15} \\ r_{21} & r_{22} & \cdots & r_{25} \\ \vdots & \vdots & \vdots & \vdots \\ r_{m1} & r_{m2} & \cdots & r_{m5} \end{bmatrix}_{19 \times 5}$$

式中，r_{ij} 为第 i 个指标对评判集的隶属度。

（4）对农业生态工程进行模糊综合评价

$$C = B°R = (c_1, c_2, \cdots, c_5) \tag{10-26}$$

由于因素较多，且各指标权重之和等于 1，使得权重向量 B 的各分量很小，如果采用一般的取小、取大运算来合成，会失去大量有价值的单因素评判信息，以致最终达不到预期的评价效果，因此不宜用一般的取大、取小运算来合成。本研究采用积有界算法，即：

$$c_j = \min\{1, \sum_{i=1}^{19} b_i r_{ij}\}(j = 1, 2, \cdots, 5) \tag{10-27}$$

这样既考虑到所有因素的影响，又可保留单因素评判的全部有用信息，实际上当权重向量具有归一性时（ $\sum_{i=1}^{19} b_i = 1$ ），$\sum_{i=1}^{19} b_i r_{ij} \ll 1$，则积有界算法蜕化为一般的实数加法，即：

$$c_j = \sum_{i=1}^{19} b_i r_{ij}(j = 1, 2, \cdots, 5) \tag{10-28}$$

10.3　农业生态工程评价方法应用

评价模型的建立，评价方法的形成，为农业生态工程综合效益评价提供了理论依据。但是任何一种评价方法都应该更注重它的实践意义。鉴于此，为了验证该评价方法的可行性和科学性、客观性以及实用性，本书通过实地入户问卷调查的方式获取数据来验证该评价方法的现实性。

10.3.1　评价地区概况

西北黄土高原地处世界苹果黄金生产带，是全国优质苹果生产基地。澄城县苹果面积达 30 万亩，年产优质商品果 3 亿多斤，已跨入陕西省四强县、全国百强县行列,并成为陕西唯一的国家标准化示范区,该县苹果曾获得"中华名果"称号。

陕西省澄城县地处渭北旱塬东北部,距省会西安市约 180 km,是一个传统的农业县。全县辖 14 个乡镇 266 个行政村,总土地面积 1121 km^2,耕地面积 89 万亩,总人口 37.7 万人。全县现有苹果栽植面积 30 万亩,种植粮经作物 57 万亩,牛存栏 2.75 万头,生猪出栏 20 万头,是全国果品生产百强县,国家商品粮生产基地。陕西省秦川肉牛开发基地县。

近年来,陕西省澄城县委、县政府十分重视农村能源沼气建设,并且把"五配套"生态果园模式作为主要的推广模式,已取得了良好的综合效益。全县把它作为联接种植业和养殖业的重要纽带和基础工程;作为促进苹果、畜牧、经济林、设施农业的四大产业发展,提升农产品质量档次,增强市场竞争力的一条重要举措来抓。提出了"以沼促畜,以畜优果,以果富民"的发展思路。特别是在实施 2003 年农村沼气国债资金项目中,把它列为全县 20 个重点建设项目之一,明确领导,夯实责任,落实任务,限期完成。各项目实施乡镇、重点村和县农村能源办紧密配合,协同作战,精心组织,全力以赴开展了项目实施工作。通过组织开展宣传动员、技术培训、专业施工、技物配套、物业管理等服务,截至目前,全县 6 个乡镇 12 个项目村已完成建池 2500 口,"一池三改"全面配套,沼气利用率达到建池户的 90% 以上。通过辐射带动,全县沼气示范村已达到 22 个,累计建设沼气池 6310口。沼液喂猪、沼液浸种、沼液喷果等综合利用技术也已得到大力的推广应用,有力地促进了农业增效和农民增收。

10.3.2 计算依据

通过入户分发调查表让农户、政府工作人员填写、打分,以及调查人员实地调研的方式获取数据。对获取的数据采取汇总、统计分析和取平均值等方法进行数据处理,得到最终结果。

在陕西种植 0.33 km^2 苹果园,从栽树到果树老化,其寿命期一般为 15年。通过对陕西省澄城县的果园"五配套"模式调查表明,施用沼肥达到 5年以上的果园,其盛果期可延长 1 年,照此推算:如果在果园的整个生命周期中都施用沼肥(配合施用部分化肥),与以施用化肥为主(部分施用农家肥)的果园相比,其寿命至少可延长 3 年以上,即由一般果园平均 15 年的寿命提高到 18 年以上。由于本书是以成龄果园为研究对象,所以本书"五配套"模式户的果园经营周期按 14 年计。

10.3.3　案例分析

10.3.3.1　东马店村项目概况

东马店村地处城赵公路 5 km 处,2 个村民小组,总户数 138 户,560 口人,耕地面积 1450 余亩,其中苹果面积 500 亩,养猪、苹果为主导产业,2005 年人均纯收入达到 1200 元。2001 年实施"国家小型公益设施建设户用沼气"项目,全村共建"五配套"沼气池 123 口,占到总农户的 90%,2002 年 7 月顺利通过部、省级验收,并被各级领导誉为全省,乃至全国"沼气示范村",取得了很好的综合效益。

通过建设沼气池,带动了养殖业大发展。根据实际入户调查所知,生态果园模式户户均人口 4.91 人,户均果园面积 0.332 hm²,户均年出栏猪 11.61 头。

10.3.3.2　东马店村项目投资与产出分析

(1)生态果园建设投资分析

①沼气池发酵子系统的投资:

建设和配套设施费用如表 10 - 17 所示。

表 10 - 17　8 m³ 沼气池建设材料及费用

材料	425 号水泥	沙子	12 mm 卵石	砖	密封剂	进料管	抽渣管活塞	钢筋
用量	1000 kg	2.5 m³	1.0 m³	1300	1.5 kg	1 m	2 m	5 kg
费用(元)	280	130	60	250	20	20	20	20

由表 10 - 17 可知:合计材料价格为 800 元左右。配套灶具、脱硫器、集水器、管道等沼气输配系统需 250 元左右。建池挖土方 17 m³,5 元/m³,需 85 元;沼气建池技工建池、安装、启动需 6 个工,50 元/工,合计 300 元;建池小工 8 个,30 元/工,合计 240 元。因此,建一个 8 m³ 沼气池和配套设施的

总计费用为 1590 元左右。厕所建设投资 300 元。管理费和维修费,管理费包括每年大出料用工费;维修费包括维修材料、零件费用,共计 300 元/年。即,$C_1 = 2190$(元)。

②太阳能暖圈子系统投资:

建设太阳能暖圈原料主要为砖、水泥、塑料薄膜等,共计费用:700 元。年平均每户养猪数量为 12 头,每头投入平均为 680 元,共计费用为:8160 元/年。即,$C_2 = 8860$(元)。

③集水滴灌子系统的建设费用:

集水灌溉系统的主要构件有贮水池、水窖、水泵、引水管、砖、水泥、石灰等,共计费用:$C_3 = 1000$(元)。

④种植业投资费用:

0.33 hm^2 成龄果园中,平均每户农药投入 878 元,化肥投入 1120 元,果袋投入 919 元,其他投入共计 143 元。经计算,0.33 hm^2 果园年均投入 3060 元,即,$C_4 = 3060$(元)。

⑤项目总投资:

计算投资情况如表 10 - 18 所示。

表 10 - 18　项目投资分析表

费用类别	C_1	C_2	C_3	C_4
数额(元)	2190	8860	1000	3060

由上表可知项目一次性投资总额 $C = C_1 + C_2 + C_3 + C_4 = 15110$(元)。

(2)项目盈利情况

①沼气效益:

8 m^3 户用沼气池产气率以 0.2 $m^3/(m^3 \cdot d)$ 计,年产沼气 720 m^3,实际可利用沼气 550 m^3。

按下式计算:

$$\Delta B_1 = 沼气的价格 = \frac{沼气的热值 \times 沼气灶热效率}{被替代燃料热值 \times 炉灶热效率} \times 替代燃料的价格$$

式中,沼气的热值为 20935kJ/m^3,沼气灶热效率为 60%,煤的热值为 16748kJ/kg,煤炉的热效率为 35%,煤价 0.4 元/kg,则沼气的价格为 0.857 元/ m^3。

沼气年效益为：$\Delta B_1 = 550 \times 0.857 = 471$（元）。

②养殖业效益：

根据调查，平均每年出栏 12 头猪，每头猪纯收入为 110 元/年，则收入 $\Delta B_2 = 12 \times 110 = 1320$（元）。

③沼肥经济价值：

调查可知，一口 8m³ 沼气池全年沼肥产量 15906kg。其中：沼渣 4937kg，沼液 10969kg。2006 年 12 月，国内市场含氮 46% 的尿素价格为 1.9 元/kg，含磷 46% 的五氧化二磷价格为 2.0 元/kg，含钾 60% 的氯化钾价格为 2.3 元/kg，根据前面公式，全氮：$M_1 = (1.9/0.46) \times 59.2 = 244.52$（元），全磷：$M_2 = (2.0/0.46) \times 10.16 = 44.17$（元），全钾：$M_3 = (2.3/0.6) \times 43.39 = 166.33$（元）

则 $\Delta B_3 = M_1 + M_2 + M_3 = 455.02$（元）。

④果园经济效益：

由于施用沼肥以及种植三叶草，0.33 hm² 成龄果园年平均产商品果率 65%，商品果平均为 4136kg/a，平均单价为 2.06 元/kg，则 $\Delta B_4 = 4136 \times 2.06 - 3060 = 5460.16$（元）。

⑤项目总盈利：

由以上分析计算可得：

表 10－19　项目盈利效果分析表

指标	ΔB_1	ΔB_2	ΔB_3	ΔB_4
数额（元）	471	1320	455.02	5460.16

则项目年利润总额 $\Delta B = \Delta B_1 + \Delta B_2 + \Delta B_3 + \Delta B_4 = 7706.18$（元）。

10.3.3.3　经济技术分析

根据前面的指标分析和指标运算公式，通过计算可以得出各指标的值，如表 10－20 所示。

表 10－20　经济技术分析指标值

指标	投资回收期	投资利润率	项目净现值	内部收益率
结果	1.96 年	51%	4.20	29%

由表10－20可知,项目净现值 $FVPV > 0$,在财务上接受考虑,求得的内部收益率与行业基准收益率 $i_c = 10\%$ 比较,可得内部收益率 $FIRR > i_c$,表明该项目有很好的盈利能力。

10.3.3.4　生态环境效益分析

(1)卫生环境效益分析

根据入户调查结果,统计分析数据,采取平均值法,按照评分标准,得出指标分值。

表 10 – 21　卫生环境效益指标评分结果

指标	评分
减少蚊虫、蝇、蛆的数量	6.8
杀灭寄生虫卵和病菌	7.5
项目户庭院整洁状况	6.6
项目户灶房卫生状况	6.3
项目户厕所畜禽舍卫生状况	6.5

(2)大气环境效益分析

①CO_2减排量:

根据调查分析,生态果园沼气户节约的秸秆、薪柴和煤炭的量分别为:节约秸秆和薪柴的实物总量为 1.0588t/a,节约煤炭的实物总量为 0.102吨/年。对于秸秆和薪柴,含碳系数和氧化率均按照秸秆的计算,含碳系数为40%,氧化率为85%,根据式(3 – 16)计算得出沼气替代秸秆和薪柴所减排的 CO_2 的量为 1.32t;对于煤炭,热值为 16748 TJ /kg,碳排放系数为24.26t/TJ,民用的碳氧化率为80%,根据式(3 – 17)计算得出沼气替代煤炭所减排的 CO_2 的量为 0.18t;而对于沼气,热值 20935 TJ /m³,碳排放系数为15.3t/TJ,根据式(3 – 18)计算得出沼气燃烧所排放的 CO_2 的量为 0.45t。

减排温室气体 CO_2 的计算方法为:用沼气替代秸秆、薪柴和煤炭所减排的 CO_2 的量减去沼气燃烧所排放的 CO_2 的量,就是农村户用沼气池建设户均减排 CO_2 的量。所以,有沼气池家庭每年户均减排 CO_2 1.05t。调查计算得出未建沼气池前每年每户排放 CO_2 的量是 2.38t,减排率高达55.88%。根据评分标准,评分结果为5.5 分。

②减排恶臭：

在建池之前,农村饲养的畜禽粪便一般都是随意堆放,大量堆积后发酵产生含有氨、硫化氢、甲基硫等物质的有害气体,严重影响空气质量。建设沼气生态果园之后,粪便全部入池密封发酵处理,大大改善了空气质量,通过调查分析得知,82%以上的农户认为恶臭比建池前明显减轻,根据调查数据和评分标准,评分结果为8.2分。

（3）土壤环境效益分析

①提高秸秆还田率：

建设沼气生态果园系统有利于秸秆还田,从调查结果统计得出,2006年马家店村的秸秆还田率达66%,根据评分标准,评分结果为6.6分。

②增加土壤有机肥：

根据调查,一口 $8m^3$ 户用沼气池每年产风干的沼渣有机肥为1.5t,从风干沼渣中有机质含量为40% ~50%,按平均45%计算,根据式(3-19)可计算出一口 $8m^3$ 户用沼气池每年增加土壤有机质含量为0.55t,户均拥有果园 $0.33\ hm^2$,以沼肥全部施入果园来计算,可以得出建立沼气生态果园的家庭果园土壤有机质每年增加 $1.67t/hm^2$,评分结果为1.3分。

③增加土壤氮、磷钾等营养元素：

沼渣沼液中含有丰富的氮、磷、钾等营养元素,沼渣沼液中的全氮含量分别为:0.8% ~2.0% ,0.03% ~0.08% ;全磷含量分别为:0.4% ~1.2% ,0.02% ~0.07% ;全钾含量分别为0.6% ~2.0% ,0.05% ~1.40% ,取平均值计算。一口 $8m^3$ 户用沼气池年产沼渣沼液分别为1.2t 和10 m^3 。根据调查所知,农户将沼渣沼液都施在了果园里,按照有机质含量式(3-19)的计算方法,可以得出平均每公顷土壤增加氮、磷、钾等营养元素总量为 $0.42t/hm^2$,根据评分标准,评分结果为1.1分。

④减少土壤农药残留量：

沼渣沼液能抑制作物病虫害的发生,减少农药的使用,必然减少土壤农药的残留量。如果残留在土壤中的农药按均值35%计算,调查中农户普遍认为沼渣沼液施在果园里能够减少农药的使用,特别是沼液是一种很好的果面上色有机肥,根据调查所知,沼渣沼液对农药的替代平均为35%,每户每年平均节约农药1.25kg。按照沼渣沼液全部施在果园地里计算,可得出土壤中减少的农药残留量为 13.32kg/hm², 根据评分标准, 评分结果为 1.4 分。

10.3.3.5 社会效益分析

根据实地入户调查所知, 本村劳动力人口为 412 人, 其中务农人口中在家由于农活少又缺少技术经验而没有外出打工导致闲散劳动力人口有120 人, 建设生态果园系统之后, 其中有 55 人忙碌于果园养殖, 因此本项目的实施为该村提供了就业渠道, 增加了农民的收入, 根据评分标准, 评分为4.6 分。根据调查表统计, 有 75% 的人认为提高了农村家庭的生活质量, 有少数人认为生活变得太忙碌, 生产投资变大, 压力大, 所以没提高生活质量。有 80% 的政府工作人员和乡村干部认为优化了农业产业结构, 有的人认为应该更加全面地推广该项目, 力度还不够, 后续服务和管理不到位。64% 的农户认为定期培训班的开展和专业人员的辅导讲解提高了农村的科学技术及普及工作。有些村民则觉得培训次数过少, 还没有达到推动农村科学技术普及的目的。

通过对调查结果的总结, 依据评分标准, 对评分结果进行统计分析, 得出下表(表 10 - 22)数据。

表 10 - 22 社会效益分析结果

指标	评分
农业人口就业率增加值	4.6
提高农村家庭生活质量	7.5
优化农业产业结构	8
推动农村科学技术普及工作	6.4

表 10 - 23 评价指标隶属度(一)

指标	B_1	B_2	B_3	B_4	B_5	B_6	B_7	B_8	B_9	B_{10}
隶属度	$r_{14}=0.24$ $r_{15}=0.76$	$r_{25}=1$	$r_{35}=1$	$r_{45}=1$	$r_{54}=0.1$ $r_{55}=0.9$	$r_{65}=1$	$r_{74}=0.2$ $r_{75}=0.8$	$r_{84}=0.35$ $r_{85}=0.65$	$r_{94}=0.25$ $r_{95}=0.75$	$r_{104}=0.75$ $r_{105}=0.25$

表 10 - 24　评价指标隶属度(二)

指标	B₁₁	B₁₂	B₁₃	B₁₄	B₁₅	B₁₆	B₁₇	B₁₈	B₁₉
隶属度	$r_{115}=1$	$r_{124}=0.2$ $r_{125}=0.8$	$r_{132}=0.85$ $r_{133}=0.15$	$r_{142}=0.95$ $r_{143}=0.05$	$r_{152}=0.8$ $r_{153}=0.2$	$r_{163}=0.45$ $r_{164}=0.55$	$r_{175}=1$	$r_{185}=1$	$r_{194}=0.3$ $r_{195}=0.7$

10.3.4　项目综合评价

按照前面建立的综合评价指标体系及评价方法,对项目的各个指标进行分析计算,将各个指标分别代入其隶属函数,确定其对评判集的隶属度(表 10 - 23,表 10 - 24)。由以上各个指标的隶属度可以得到单因素模糊评判矩阵为:

$$
R = \begin{bmatrix}
0 & 0 & 0 & 0.24 & 0.76 \\
0 & 0 & 0 & 0 & 1 \\
0 & 0 & 0 & 0 & 1 \\
0 & 0 & 0 & 0 & 1 \\
0 & 0 & 0 & 0.1 & 0.9 \\
0 & 0 & 0 & 0 & 1 \\
0 & 0 & 0 & 0.2 & 0.8 \\
0 & 0 & 0 & 0.35 & 0.65 \\
0 & 0 & 0 & 0.25 & 0.75 \\
0 & 0 & 0 & 0.75 & 0.25 \\
0 & 0 & 0 & 0 & 1 \\
0 & 0 & 0 & 0.2 & 0.8 \\
0 & 0.85 & 0.15 & 0 & 0 \\
0 & 0.95 & 0.05 & 0 & 0 \\
0 & 0.8 & 0.2 & 0 & 0 \\
0 & 0 & 0.45 & 0.55 & 0 \\
0 & 0 & 0 & 0 & 1 \\
0 & 0 & 0 & 0 & 1 \\
0 & 0 & 0 & 0.3 & 0.7
\end{bmatrix}
$$

总权重向量为：

$B = (0.0870, 0.0411, 0.1298, 0.0677, 0.0397, 0.0350, 0.0178, 0.0210,$ $0.0257, 0.0331, 0.0494, 0.0485, 0.0459, 0.0476, 0.0614, 0.0964, 0.0355,$ $0.0529, 0.0646)$

按前边建立的数学模型及合成运算方式进行综合评价，即：

$C = B°R = (c_1, c_2, \cdots, c_5)$

其中：

$C_1 = 0$

$C_2 = 0.0459 \times 0.85 + 0.0476 \times 0.95 + 0.0614 \times 0.8 = 0.133$

$C_3 = 0.0459 \times 0.15 + 0.0476 \times 0.05 + 0.0614 \times 0.2 + 0.0964 \times 0.45 = 0.065$

$C_4 = 0.0870 \times 0.24 + 0.0397 \times 0.1 + 0.0178 \times 0.2 + 0.0210 \times 0.35 + 0.0257 \times 0.25 + 0.0331 \times 0.75 + 0.0485 \times 0.2 + 0.0964 \times 0.55 + 0.0646 \times 0.3 = 0.149$

$C_5 = 0.0870 \times 0.76 + 0.0411 \times 1 + 0.1298 \times 1 + 0.0677 \times 1 + 0.0397 \times 0.9 + 0.0350 \times 1 + 0.0178 \times 0.8 + 0.0210 \times 0.65 + 0.0257 \times 0.75 + 0.0331 \times 0.25 + 0.0494 \times 1 + 0.0485 \times 0.8 + 0.0355 \times 1 + 0.0529 \times 1 + 0.0646 \times 0.7 = 0.653$

评价结果为 $C = (0, 0.133, 0.065, 0.149, 0.653)$，根据最大隶属度原则可知该村"五配套"生态果园的综合效益很好，与实际情况相符合。

参考文献

［1］白玉清,孙云山,张立毅,等.信号处理中模糊隶属函数的选取方法［J］.科技情报开发与经济,2006,16(21):254－255.

［2］卞有生,金东霞,邵迎晖.国内外生态农业对比理论与实践［M］.北京:中国环境出版社,2000.

［3］卞有生,张凤延.中国农业生态工程的理论与实践［M］.北京:中国环境科学出版社,1999.

［4］方炎,王久臣.生态家园富民工程:寓生态环境改善于农民致富增收之中［J］.中国农村观察,2001(4):49－52.

［5］高春雨.西北地区生态家园模式研究［D］.中国农业科学院,2005.

[6] 杭德荣,颜维安,徐汉顺.农村沼气池处理粪便防病效果现状评价[J].中国沼气,1999,17(2):25-26.

[7] 侯荣华,张铁刚.西方微观经济学[M].北京:中国计划出版社,1998.

[8] 胡秉民.农业生态系统结构指标体系及其量化方法研究[J].应用生态学报,1992,3(2):144-148.

[9] 胡晓燕.农村户用沼气池建设效益评价[D].南京农业大学,2005.

[10] 华伯权.经济预测的统计方法[M].北京:中国统计出版社,1988.

[11] 焦庆余.以沼气为纽带北方庭院能源生态系统工程技术[J].农村能源,1995(2):17-19.

[12] 焦瑞莲,薛彦棠.五配套生态果园模式[J].农民科技培训,2004(05):11.

[13] 邝俊侠,龙涛.燃烧燃料排放系数的研究[M].北京:中国环境监测,2001.

[14] 黎昌政,李鹏翔.建设新农村须加强农村生态环境污染防治[J].农村农业农民(B),2006,(2):37-38.

[15] 李长风.经济计量学[M].上海:上海财经大学出版社,1999.

[16] 李春燕.论发展生态农业是农业经济可持续发展的主要途径[J].大众科技,2006:(6)15-16.

[17] 李纯忠.我国耕地生产潜力分析[J].土壤肥料,1996(1):1-5.

[18] 李典荣.沼气工程在"猪-沼-果"模式中的作用[N].农民日报,2004-1-10-07.

[19] 李健,万威武.模糊数学在项目评价中的应用[J].基建优化,1992,(2):10-14.

[20] 李坤望.经济增长理论与经济增长的差异性[M].山西:山西经济出版社,1998.

[21] 李菘,邱微,赵庆良,等.层次分析法应用于黑龙江省生态环境质量评价研究[J].环境科学,2006,27(5):1031.

[22] 李卫忠.公益林效益评价指标体系与评价方法的研究[D].北京林业大学,2003.

[23] 李艳,陈秀峰.渭北黄土高原"果-畜-沼-窖-草"生态果园模式初探[J].中国沼气,2003(4):46-47.

[24] 李志华.生态家园建设环境效益评价研究[D].西北农林科技大学,2006.

[25] 梁小民.西方经济学教程[M].北京:中国统计出版社,1998.

[26] 蔺宇,齐二石,王庆.高校学生工作者工作绩效的模糊综合评价[J].西安电子科技大学学报,2006,16(6):146-151.

[27] 刘丹.中国户用沼气池工程发展的量化模型初探[C].年国际农业生物与能源工程论坛论文集,2003,108-111.

[28] 刘东生.农村可再生能源建设项目环境影响评价方法及案例研究[D].中国农业大学,2005.

[29] 刘东生.农村可再生能源建设项目环境影响评价方法及案例研究[D].中国农业大学,2004.

[30] 刘新宪,朱道立.选择与判断——AHP(层次分析法)决策[M].上海:上海科学普及出

版社,1990.

[31] 刘月珍. 可持续农业及其评价指标体系[J]. 农业经济,1998(12):18.

[32] 骆世明. 农业生态学[M]. 北京:中国农业出版社,2001.

[33] 骆世明. 生态经济学[M]. 北京:中国农业出版社,2001.

[34] 马建萍. 浅析农村能源与生态环境建设的关系[J]. 能源与环境,2006(2):55-58.

[35] 马振华. 现代应用数学手册:运筹学与最优化理论卷[M]. 北京:清华大学出版社,1998.

[36] 牛叔文. 西北地区生态环境治理分区研究[J]. 甘肃科学学报,2003,15(2):13-15.

[37] 邱春娇. 树立科学的农业发展观 全面推进生态果园建设[J]. 江西园艺,2004(6):53-54.

[38] 邱凌,王久臣,郝先荣. "五配套"高效沼气生态果园模式结构与建设效应[J]. 农民科技培训,2002(01):8-9.

[39] 邱凌,谢惠民,张正茂,等. 自动循环沼气发酵装置与技术研究[J]. 干旱地区农业研究,2000,18(增刊):160-164.

[40] 邱凌,张正茂,李相运等. 高效沼气生态果园模式结构与建设效应[J]. 西北农业学报,1998,8(专辑):148-151.

[41] 邱凌,张正茂,谢惠民. 农村沼气工程理论与实践[M]. 西安:世界图书出版公司,1998.

[42] 邱凌. 果园"五配套"生态模式[J]. 河南农业,2003(7):33.

[43] 邱凌. 农村沼气工程理论与实践[M]. 西安:世界图书出版社,1998.

[44] 邱凌. 沼气生产工[M]. 北京:中国农业出版社,2004.

[45] 沈梅,唐嘉义. 改进农村生态环境促进生态农业经济发展[J]. 经济问题探索. 2002(5):79-82.

[46] 王大伟,冯英俊. 模糊多级综合评价模型与应用[J]. 系统工程与电子,2006,28(6):867-868.

[47] 王革华. 农村能源项目经济评价方法[M]. 北京:北京科学技术出版社,2003.

[48] 王宏起,毕克新. 模糊评价方法在高新技术产品评价中的应用[J]. 技术经济,1997(2)44-45.

[49] 王久臣. 中国农村可再生能源技术应用对温室气体减排贡献的研究[D]. 河南农业大学,2002.

[50] 王梦奎. 全面建设小康社会的中国:起点、目标和前景[N]. 中国经济时报,2003-3-24.

[51] 王石青,邱林,王志良,等. 确定隶属函数的统计分析方法[J]. 华北水利水电学院学报,2002,23(1):68-71.

[52] 王莹,鲁建华,王维和,等. 沼气生态农业技术评价[J]. 可再生能源,2003(2):39-42.

[53] 王勇民,刘荣厚,边志敏. 北方"三位一体"沼气生态模式经济评价[J]. 可再生能源,

2005(2):41.

[54] 王志东,杨松林,朱仁庆.船舶操纵性能优化中隶属函数及权重的确定方法[J].华东船舶工学院院报,2002,16(2):11-14.

[55] 吴艳文,漆晗东.论生态农业在西部大开发中的作用及其开发途径[J].农村经济,2004,(3):23-25.

[56] "五配套"生态果园工程模式优化设计[J].农村能源,2001(03):14-16.

[57] 席新明.乡镇企业节能评价系统的研究[D].西北农林科技大学,2000.

[58] 徐谦.我国化肥和农药非点源污染状况[J].农村生态环境,1996,12(2):39-43.

[59] 荀彦平,张有贤.对当前农村环境问题的深入研究[J].农业环境与发展,2006(4):45-46.

[60] 闫增强,刘小芳.中国发展生态农业经济面临的严重问题及对策[J].生态经济,2004,(3),14-15.

[61] 杨朝飞.加强畜禽粪便污染防治迫在眉睫[J].环境保护,2001(2):32-35.

[62] 杨少华,邢军.层次分析法在综合评价企业经济效益中的应用[J].系统工程理论与实践,1993(3):35-40.

[63] 袁从炜.农业技术的综合评价指标初探[J].农村生态环境,1995,11(1):48-51.

[64] 袁弘.项目环境影响评价理论与应用研究[D].北京科技大学,2001.

[65] 岳忠兴.陕西渭北果园沼气"五配套"技术内容与效益[J].中国沼气,1997,15(3):43.

[66] 张国强."五配套"生态果园模式[J].农家参谋,2002(04):32.

[67] 张陆彪,刘书楷.生态农业系统特性评价指标体系研究[J].自然资源学报,1999,14(2):175-182.

[68] 张全国,沈胜强,杨世观,等.以沼气为纽带的中部地区生态果园能量平衡研究[J].太阳能学报,2003,24(6):767-768.

[69] 张桃林,王兴祥.土壤退化研究的进展与趋向[J].自然资源学报,2000,15(3):280-284.

[70] 张雪绸.中国农村环境污染的现状及其保护对策[J].农村经济,2004,(9):87.

[71] 张艳丽.农村可再生能源项目的社会影响评价研究[D].中国农业大学,2002.

[72] 朱永松.层次分析法在多目标投资决策中的应用[J].科技创业周刊,2004(12):61.

[73] Beanlands G E,PN Duinker. An ecological framework for environmental impact assessment [J]. Environ Manage,1984,18:267-277.

[74] Francois Jardin. Ventricular interdependence:how does it impact on homodynamic evaluation in clinical practice. 2003,29(3):50.

[75] H D Cheng,J M Rong Chen. Automatially Detemine the Membership Function Based on the Maximum Entropy Principle[J]. Information Science,1997,(96):163-182.

[76] OAdeoti,MOIlori,TOOyebisi,et al. Engineering design and economic evaluation of a family-

sized biogas project in Nigeria[J]. Technovation 2000,20:103 – 108.

[77] Scott DB, Susan MB, James LF. Design principles for ecological engineering[J]. Ecological Engineering,2001,18:201 – 210.

[78] Smart S M. Ecological assessment of vegetation from a nature reserve using regional reference data and indicator scores. Biodiversity and Conservation,2000,7:61 – 69.

[79] Strijker D, Ststma F J, Wiersma D. Evaluation of nature conservation. Environmental and Resource Economics,2000,16:363 – 378.

[80] Tian Shi, Roderic Gill. Developing effective policies for the sustainable development of ecological agriculture in China: the case study of Jinshan County with a systems dynamics model[J]. Ecological Economics,2005,53:223 – 246.

第 11 章　农业生态工程环境影响评价

　　"果－沼－畜"农业生态工程作为一种典型的以沼气为纽带的循环农业模式,通过沼气发酵技术处理大量的废弃物(畜禽粪尿、农作物秸秆、农产品加工废弃物等),将种植业、养殖业和加工业紧密结合起来,实现了农业废弃物的循环利用,有效地防治了环境污染,多年来为我国在生态农业领域的实践提供了宝贵的素材。关于各类沼气系统的生命周期评价,目前国内的报道已相对丰富,但往往局限于评估单一的沼气模块,而以沼气为纽带的生态农业系统强调完整性和可持续性,且 LCA 是一种从系统的角度分析问题的标准评估方法,因此系统分析沼气生态农业模式具有重要意义。

　　国外学者早在 2006 年就开始使用 LCA 方法研究苹果种植系统,如 Canals 等于 2006 年对新西兰的五类商用苹果种植园进行了比较全面的环境排放及能耗分析,Mouron 等研究了管理方式对瑞士典型苹果生产系统的环境影响。自 2013 年至今,针对果园的生命周期评价又逐步成为农业领域 LCA 的研究热点,包括以生长阶段、果树品种和密集程度等为对象的评估案例,然而此类研究在国内鲜有报道。为了科学评估农业生态工程的环境友好及可持续发展能力,本书结合实际案例,运用 LCA 方法分析该模式的环境影响,以期为"果－沼－畜"等农业模式优化研究与应用推广提供理论参考。

11.1　评价目标与系统边界

　　LCA 通过对收集到的投入产出排放数据进行分析,实现对某一系统的环境表现综合评估,通常以 ISO 14040 作为标准评价框架,该标准提供了生命周期评价的原则与程序。本书通过计算农业生态工程系统全生命周期的环境负荷,确定主要的环境排放因子,以 Ecoinvent 3.0 数据库及中国本土基础数据库(CLCD)为基础数据库,对各个时期的环境影响进行对比分析,发现系统的内部协作规律及其运行为环境带来的各类影响,促进以沼气为纽带的农业复合系统良性发展。

图 11 - 1 给出了"果 – 沼 – 畜"农业生态工程研究的系统边界,即以农业生态工程建设阶段、生产阶段和利用阶段为划分界限,从原料、农资的生产到农业生态工程系统的建设(包括沼气池、太阳能暖圈及果园基础设施),再到农业生态工程运行、苹果生产,最后到沼气、沼肥等系统产物的利用,以及由此过程引起的能源替代。环境排放因子根据各自的功能划分为基础设施(IC)、田间管理(FM)、果园建设(OC)、沼气发酵(AF)、果园生产(OP)、沼气利用(BU)、燃煤替代(CS)及沼肥利用(BF)8 个类别。为便于对比分析,本书将农业生态工程系统运行 1 年作为功能单位。

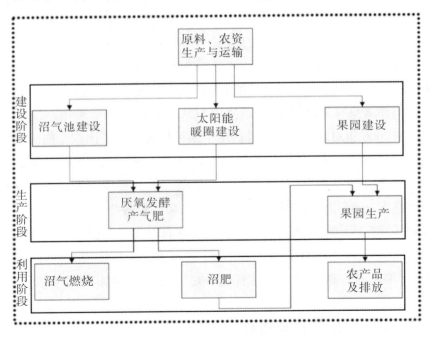

图 11 –1　LCA 系统边界示意图

11.2　生命周期清单分析

11.2.1　系统概况和 LCA 基本假设

　　农业生态工程研究区所在的延川县属于典型的黄土高原沟壑区,其平均海拔为 721 m,年平均气温 11.5℃,年降雨量 553 mm,昼夜温差大,是国家级生态示范县和无公害水果生产基地县。本书所述的农业生态工程系统是以一个面积 0.33 hm² 的苹果种植园为基础,就近配套日产沼气量 8～10m³ 的沼气池,以及水窖、卫生户厕、养殖温室、沼液滴灌设施等附属工程。为便于按照时间尺度的生命周期分析,将农业生态工程系统分为建设阶段、生产阶段和利用阶段。农业生态工程在建设初期,即果树未挂果阶段和沼气池、养殖系统建设期,认为系统无任何农产品产出,定义为建设阶段;生产阶段为沼气系统正常运转及果园正常挂果时期,一般为果园开发第 4～5 年;利用阶段即系统所产生的各类产物(如沼气、沼肥)的利用以及由此带来的能源替代。

　　清单分析是生命周期评价的关键步骤,采用由 Cerutti 等提出的常年生植物通用的影响分类和清单计算方法,并考虑到 LCA 对全面性和可靠性的要求,根据研究区的实际情况,需在执行 LCA 之前对农业生态工程系统做必要的假设和限定。由于所涉及的系统边界相对较广,且农业 LCA 有其固有的不均衡性(如不同农户间对劳动力、运输和生产资料的需求量等),假设:①根据实地调研及农户问卷调查,农业生态工程系统以 15 年为平均寿命;②研究区内各农户之间化肥、农药及农具等的年均使用量相同,且因缺乏可靠的历史检测数据,暂不考虑重金属排放;③沼气燃烧及沼肥利用中,除本书所进行的核算以外无其他泄露或浪费,且产物就近利用故不考虑运输问题;④研究区内普遍使用沼肥,且沼肥和化肥的施肥基于测土配肥原则,总量上保持历年一致。

11.2.2　建设阶段清单分析

　　农业生态工程系统建设阶段涉及沼气池及附属养殖工程的建设、果树培育营养输入、病虫害管理以及整地、运输等田间作业,具体投入则包括水泥、黏土砖、钢筋、肥料、农药、电力与柴油等原材料,除此之外系统还包括沙子、石块及部分薄膜、导气管等,但由于这些原材料主要采用人工运输且调查样本间农户用量不均,故不再逐一核算。不同材料的输入量与环境排放可见表 11-1,每种材料对 CO_2,CO,SO_2 等排放物的当量系数均可参考对应的来源文献。

表 11-1　农业生态工程系统建设阶段清单数据

项目	基准情景数据	主要环境排放物质	来源
水泥	425#硅酸盐水泥,80 kg	CO_2, CO, SO_2, NO_X, COD	[21]
黏土砖	强度为 MU7.5 或 MU10,70 标块	CO_2, CO, SO_2, NO_X, PM10	[22]
钢筋	I 级强度,0.67kg	CO_2, CO, SO_2, CH_4, NO_X	[23]
电力	47.02kWh	CO_2, CH_4, NO_2, PM10	[24]
除草剂	草甘膦,0.75 kg	COD, NH_3, Cl_2, CH_3Cl	[11]
杀虫剂	氯氰菊酯,0.049kg	COD, $N(CH_2COOH)_3$, $C_2H_3ClO_2$	[11]
化肥	氮肥 50kg,磷肥 50kg,钾肥 25kg	CO_2, CO, SO_2, CH_4, NH_3, NO_X, VOC	[25]
柴油	农用旋耕机整地 3 次,27L	CO, SO_2, NO_X, VOC, PM10, SO_X	[26]

11.2.3　生产阶段清单分析

表 11-2 为农业生态工程系统生产阶段的清单数据,包含田间管理、果园生产和沼气发酵等引起的环境排放。农业生态工程系统的生产阶段需维持果树的营养与农药供应,还需保证沼气池及其附属养殖工程的正常运行,因此化肥、农药、发酵原料、农具及柴油是主要的环境排放来源,其中柴油主要用于每年 2~3 次的拖拉机犁地和各类农资的运输,旋地作业以 100 马力的东方红 904 型拖拉机为标准计算,每亩地耗油量约为 1.8L;农具用于蔬果、修剪等田间管理工作。

表 11 – 2　农业生态工程系统生产阶段清单数据

项目	基准情景数据	主要环境排放物质	来源
化肥	氮肥 95.2 kg,磷肥 90.65 kg,钾肥 7.91 kg	CO_2、CO、SO_2、CH_4、NH_3、NO_X、VOC	[25]
杀虫剂	氯氰菊酯,0.075 kg	COD、$N(CH_2COOH)_3$、$C_2H_3ClO_2$	[11]
除草剂	草甘膦,0.45 kg	COD、NH_3、Cl_2、CH_3Cl	[11]
发酵原料	避免猪粪直接堆积,干物质 1460 kg	CH_4、NH_3、TN、TP、COD	[27]
柴油	犁地及肥料运输,73L	CO、SO_2、NO_X、VOC、PM10、SO_X	[26]
农具	炼制钢铁,4.77 kg	CO_2、CO、SO_2、CH_4、NO_X	[23]

11.2.4　利用阶段清单分析

农业生态工程利用阶段是主要的减排效益来源,沼气的利用和沼肥的还田,均可替代或避免一部分能源的投入。在农业生态工程系统中,沼气池年均产沼渣 4.9 t,沼液 11 t,相当于氮肥 59.2 kg,磷肥 10.16 kg 与钾肥 43.39 kg,其元素损失率及排放因子参考文献。根据能源热值及实地调研数据,系统运行 1 年生产的沼气量约为 390 m^3,其燃烧利用将替代 278.46 kg 标准煤。

11.3　环境排放影响评价

11.3.1　不同阶段的排放影响潜势

图 11 – 2 表示农业生态工程系统在建设期、生产期和利用期 3 个阶段的环境排放潜势,本书根据 CML2001 评价规则选取了常用的环境酸化(AP)、富营养化(EP)、光化学氧化(POCP)、人体毒性(HTP)、温室效应(GWP)和能源耗竭(FDP)6 大环境效应,分别以 SO_2、PO_4^{3-}、C_2H_4、1,4 – DCB、CO_2 和能量作为参照排放物质,不同排放物质间的转换系数可参照文献。

农业生态工程建设期与生产期的能源耗竭潜值分别是 4608MJ 和 8226MJ(图 11 – 2 – a),主要耗能项为田间管理和果园生产,这表明能源投入侧重于果园而非沼气环节,利用期的能耗是 $-8425MJ$,表明这一阶段为系统创造了可观的节能减排效益。对于温室效应(图 11 – 2 – b),农业生态工程建设期、生产期和利用期的环境排放潜值分别为 585kg、716kg 与 –1800 kg CO_2,主要排放仍来自田间管理,沼气池建设及沼气燃烧也略有影响。根据图 11 – 2 – c 和图 11 – 2 – d 中的数据,可以发现各阶段对环境酸化与富营养化的影响潜势类似,两者的环境减排效益均来源于生产期和利用期,且以沼气发酵为主要减排项。同样地,农业生态工程系统对光化学氧化与人体毒性的影响潜势也具有相似性,其中光化学氧化在各阶段的影响潜值分别为 0.23kg、1.41kg 与 –0.26 kg C_2H_4,果园生产过程造成的光化学氧化影响最为严重;如图 11 – 2 – e 与图 11 – 2 – f 所示,人体毒性影响潜值在 3 个阶段分别为 0.28kg、0.83kg 和 –1.58 kg 1,4 – DCB,田间管理和果园生产为主要排放来源。

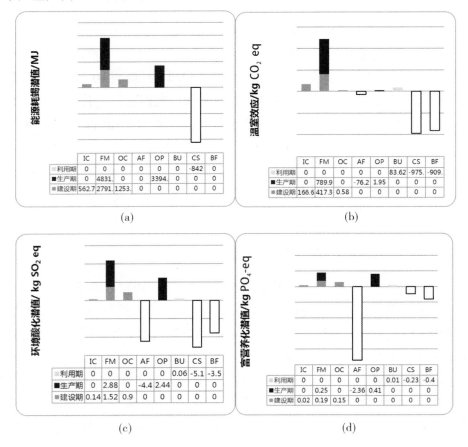

(a)   (b)

(c)   (d)

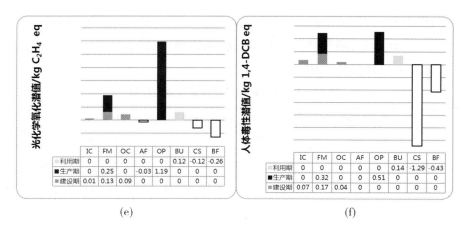

图 11 – 2　农业生态工程不同功能阶段的环境效应潜值

11.3.2　系统环境影响来源分析

表 11 – 3 揭示了农业生态工程各类环境影响的主要来源,系统将它们共划分为 8 项。六大环境效应中,温室效应、环境酸化、富营养化的生命周期影响潜值为负,光化学氧化、人体毒性和能源耗竭影响潜值为正,前者表明农业生态工程的运行对环境产生了良好的减排效益,而后者对环境造成了一定的消极影响。根据表中的数据,可以发现沼气发酵、燃煤替代与沼肥利用对六类环境效应的潜值均为非负数,是主要的环境减排效益来源。

在各类环境排放中,田间管理是造成 GWP、AP、EP 及 FDP 势的最显著过程,其造成四种环境潜势总排放量的比例分别达到 83%、55%、43% 及 59%,而化肥和农药的生产与使用是田间管理过程的主要内容,因此大力推行"有机肥替代化肥""果 – 沼 – 畜循环发展""一控两减三基本"等政策举措,逐步实现化肥、农药的减量化意义重大。果园生产主要包括肥料运输、旋地整地及农具生产,31% 的环境酸化效应由此过程产生,同时还造成了严重的富营养化(40%)、光化学氧化(66%)、人体毒性(41%)及能源耗竭(26%)等环境效应。

对于农业生态工程环境减排效益,由沼气燃烧带来的燃煤替代与沼肥还田分别占温室效应潜值的 50% 与 46%,占光化学氧化潜值的 29% 与 63%,是主要的环境效益来源。燃煤替代、沼气发酵及沼肥利用三者对环境酸化的贡献率基本相当,而沼气发酵对富营养化潜势的贡献率高达

79%;燃煤替代对人体毒性潜势的贡献率达75%,并贡献了全部的能量减排效益,由此可见,沼气燃烧及其引起的燃煤替代,对农业生态工程的环境减排具有不可替代的作用。

表 11 - 3　生命周期全过程环境效应潜值

	GWP(kg CO₂ eq)	AP(kg SO₂ eq)	EP(kg PO₄³⁻ eq)	POCP(kg C₂H₄ eq)	HTP(kg 1,4 - DCB eq)	FDP(MJ)
基础设施	166.67	0.14	0.02	0.01	0.07	562.73
田间管理	1207.29	4.4	0.44	0.38	0.49	7623.33
果园建设	0.58	0.9	0.15	0.09	0.04	1253.13
沼气发酵	-76.27	-4.47	-2.36	-0.03	0	0
果园生产	1.95	2.44	0.41	1.19	0.51	3394.09
沼气利用	83.62	0.06	0.01	0.12	0.14	0
燃煤替代	-975.03	-5.13	-0.23	-0.12	-1.29	-8424.76
沼肥利用	-909.35	-3.56	-0.40	-0.26	-0.43	0
合计	-501.75	-5.22	-1.96	1.38	0.85	4408.52

11.3.3　系统可持续性分析

为便于不同苹果生产模式的标准化对比,采用 2000 年世界人均环境排放量作为基准值,其能源耗竭、温室效应、环境酸化、富营养化、光化学氧化和人体毒性潜力分别为 56877.88MJ、7192.98 kg CO_2、56.14 kg SO_2、10.70kg PO_4^{3-}、34.72 kg C_2H_4 和 20.14 kg 1,4 - DCB 当量(表 11 - 4)。表 11 - 4 的相关数据表明,单一苹果种植模式与农业生态工程具有明显的不同,单一苹果种植模式对环境的排放潜值均为正值,而农业生态工程的 GWP、AP 与 EP 为负值,值得一提的是,同等果园规模下两种苹果生产方式对 GWP 效应的排放量与减排量相当,均占世界人均 GWP 排放量的 7% 左右。除环境减排效应外,农业生态工程 POCP 和 FDP 效应的环境排放指数也明显低于单一苹果种植模式,而农业生态工程对人体毒性的环境排放指数(4%)略高于单一苹果种植系统(1%),这可能是由于沼气燃烧和沼肥还田导致了更多 NO_2 的排放。沼气作为联结种植业与养殖业的纽带,其引入能够为整个农业生态工程系统创造显著的环境减排效益,应在不断探索中加强系统优化和生产推广。

表 11 – 4　两类苹果生产模式的环境排放指数

	"果 – 沼 – 畜" 模式	环境排 放指数	单一苹果 种植模式	环境排 放指数
GWP(kg CO$_2$ eq)	– 501.75	– 0.07	505.75	0.07
AP(kg SO$_2$ eq)	– 5.22	– 0.09	11.60	0.21
EP(kg PO$_4^{3-}$ eq)	– 1.96	– 0.18	2.21	0.21
POCP (kg C$_2$H$_4$ eq)	1.38	0.04	4.61	0.13
HTP (kg 1,4 – DCB eq)	0.85	0.04	0.26	0.01
FDP(MJ)	4408.52	0.08	8679	0.15

注:传统果园同样以 5 亩果园运行 1 年作为对照,其苹果产量约为 7.89 t 。

11.4　评价结论与启示

(1)建设期、生产期与利用期的能源耗竭潜值分别是 4608 MJ、8226 MJ 和 – 8425 MJ,系统主要能耗集中于田间管理和果园生产等过程,且侧重于果园子系统而不是沼气子系统,利用期避免了大量的能源投入,为生态果园系统创造了良好的节能效益。

(2)生态果园系统的六种环境效应中,温室效应、环境酸化、富营养化的生命周期影响潜值为负,光化学氧化、人体毒性和能源耗竭影响潜值为正,沼气发酵、燃煤替代与沼肥利用对六类环境效应的潜值均为非负值,是主要的减排效益来源。

(3)系统田间管理包括化肥、农药的生产与施用过程,是 GWP、AP、EP 及 FDP 四类效应的主要排放来源,其造成这 4 种效应总排放量的比例分别达到 83%、55%、43% 及 59%,因此大力推行"有机肥替代化肥""两减一增"等措施将有效缓解农业生态系统的环境问题。生态果园的生产过程主要包括肥料运输、旋地整地及农具生产,31% 的环境酸化效应由它导致,且该过程还造成了严重的富营养化(40%)、光化学氧化(66%)、人体毒性

（41%）及能源耗竭（26%）等问题。

（4）根据标准化分析结果,单一苹果种植系统的全部环境排放潜值均为正值,而生态果园系统的 GWP、AP 与 EP 为负值。沼气燃烧及其引起的燃煤替代,对整个生态果园系统的环境减排具有不可替代的作用,除环境减排效益外,延川县黄土高原沼气生态果园系统的 POCP 和 FDP 也明显低于单一苹果种植系统,表明生态果园系统具有更优的环境可持续发展能力。

（5）系统的集合经济效益 IBE 为 $ 2544.25,在建设期、生产期和利用期分别为 $ – 255.11、$ 2447.67 及 $ 351.47,且其综合可持续指标 ISI 的绝对值为 1.41×10^5,表明系统具有整体上的经济可持续性,今后应更加注重集环境、社会与经济于一体的综合评价指标研究。

参考文献

[1] 陈绍晴,宋丹,杨谨,等. 户用沼气模式生命周期减排清单与环境效益分析[J]. 中国人口·资源与环境, 2012 , 22（8）:76 – 83.

[2] 邓南圣, 王小兵. 生命周期评价[M]. 北京:化学工业出版社, 2003:134 – 149.

[3] 龚志起,张智慧. 水泥生命周期中物化环境状况的研究[J]. 土木工程学报,2004,37（5）:86 – 91.

[4] 刘畅, 涂国平. 农村沼气工程能源消耗及环境影响的 LCA 分析[J]. 西南师范大学学报(自然科学版), 2017, 42(6): 47 – 53.

[5] 罗楠. 中国烧结砖制造过程环境负荷研究[D]. 北京工业大学,2009.

[6] 邱凌. 黄土高原果园"五配套"生态模式效益评价[J]. 农村能源, 1998,77(1):24 – 27.

[7] 王明新,夏训峰,柴育红,等. 农村户用沼气工程生命周期节能减排效益[J]. 农业工程学报, 2010 , 26（11）:245 – 250.

[8] 王效琴,梁东丽,王旭东,等. 运用生命周期评价方法评估奶牛养殖系统温室气体排放量[J]. 2012 , 28（13）:179 – 184.

[9] 邢爱华,马捷,张英皓,等.生物柴油环境影响的全生命周期评价[J].清华大学学报:自然科学版,2010(6):917 – 922.

[10] 许海川,张春霞. LCA 在钢铁生产中的应用研究[J]. 中国冶金, 2007, 17(10): 33 – 36.

[11] 尹娟, 费良军, 田军仓,等. 水稻田中氮肥损失研究进展[J]. 农业工程学报, 2005, 21(6):189 – 191.

［12］张培栋,李新荣,杨艳丽,等.中国大中型沼气工程温室气体减排效益分析［J］.农业工
程学报,2008,24(9):239－243.

［13］张艳丽,任昌山,王爱华,等. 基于 LCA 原理的国内典型沼气工程能效和经济评价
［J］. 可再生能源, 2011 , 29（2）:119－124.

［14］钟珍梅,黄勤楼,翁伯琦,等. 以沼气为纽带的种养结合循环农业系统能值分析［J］.
农业工程学报, 2012 , 28（14）:196－200.

［15］Alaphilippe A, Boissy J, Simon S, et al. Environmental impact of intensive versus semi －
extensive apple orchards: use of a specific methodological framework for Life Cycle Assess-
ments（LCA）in perennial crops［J］. Journal of Cleaner Production, 2016,127:555
－561.

［16］Blanke M M. International Symposium on Sustainability Through Integrated and Organic
Horticulture held at the 27th International Horticultural Congress［C］. Seoul: Acta Horti-
culturae, 2008.

［17］Canals L M I, Burnip G M, Cowell S J. Evaluation of the environmental impacts of apple
production using Life Cycle Assessment（LCA）: Case study in New Zealand［J］. 2006,
Agriculture Ecosystems & Environment, 2006, 114(2－4): 226－238.

［18］Cerutti A K, Bruun S, Donno D, et al. Environmental sustainability of traditional foods:
the case of ancient apple cultivars in Northern Italy assessed by multifunctional LCA［J］.
Journal of Cleaner Production, 2013,52: 245－252.

［19］Consoli F, Allen D, Boustead I, et al. Guidelines for life cycle assessment:A code of prac-
tice ［M］. Pensacola:Society of Environmental Toxicology and Chemistry(SETAC), 1993:
1－3.

［20］DENG Nan－sheng, WANG Xiao－bing. Life cycle assessment［M］. Beijing:Chemical
Industry Press, 2003:134－149.

［21］Frischknecht R,Jungbluth N,Althaus H J, et al. The ecoinvent database: overview and
methodological framework［J］. International Journal of Life Cycle Assessment, 2004, 10
（1）:3－9.

［22］Ge Yunshan,Zhang Shiying,Hao Lijun,et al. On the application of bio － diesel fuel in a
diesel engine ［J］.Combustion Engine Engineering,2004,25(2):12－14.

［23］Gong Zhiqi, Zhang Zhihui. A study on embodied environmental profile during the life cycle
of cement［J］. China Civil Engineering Journal, 2004, 37(5):86－91.

［24］Goossens Y, Annaert B, De Tavernier J, et al. Life cycle assessment（LCA）for apple or-
chard production systems including low and high productive years in conventional, integrat-
ed and organic farms［J］. Agricultural Systems, 2017, 153: 81－93.

［25］Guinée J B,Gorrée M, Heijungs R, et al. Life Cycle Assessment: An operational guide to the ISO Standards[M]. The Netherlands: Spatial Planning and Environment(VROM) and Centre of Environmental Science(CML), Den Haag and Leiden, 2001.

[26] Jun Hou, Weifeng Zhang, Pei Wang, et al. Greenhouse gas mitigation of rural household biogas systems in China: a life cycle assessment[J]. Energies, 2017, 10(2): 239 –239.

[27] Keyes S, Tyedmers P, Beazley K. Evaluating the environmental impacts of conventional and organic apple production in Nova Scotia, Canada, through life cycle assessment[J]. Journal of Cleaner Production, 2015, 104:40 –51.

[28] Longo S, Mistretta M, Guarino F, et al. Life Cycle Assessment of organic and conventional apple supply chains in the North of Italy[J]. Journal of Cleaner Production, 2017, 140: 654 – 663.

[29] Luo Nan. Research on Environmental Impact of Sintered Brick Production in China [D]. Beijing University of Technology, 2009.

[30] Mouron P, Nemecek T, Scholz RW, et al. Management influence on environmental impacts in an apple production system on Swiss fruit farms: Combining life cycle assessment with statistical risk assessment[J]. Agriculture Ecosystems & Environment, 2006, 114(2 – 4): 311 –322.

[31] Sleeswijk A W, Oers LFCMV, Guinée J B, et al. Normalisation in product life cycle assessment: an LCA of the global and European economic systems in the year 2000[J]. Science of the Total Environment, 2008, 390 (1) :227 –240.

[32] Vinyes E, Asin L, Alegre S, et al. Life Cycle Assessment of apple and peach production, distribution and consumption in Mediterranean fruit sector[J]. Journal of Cleaner Production, 2017, 149:313 –320.

[33] Xing Aihua, Ma Jie, Zhang Yinghao, et al. Biodiesel full life cycle environmental impact assessment [J]. Tsinghua University: Natural Science Edition, 2010 (6):917 –922.

[34] X Liu, H Wang, J Chen, et al. Method and basic model for development of Chinese reference life cycle database [J]. Acta Scientiae Circumstantiae, 2010 , 30 (10) : 2136 –2144.

[35] YIN Juan, FEI Liang –jun, TIAN Jun –cang, et al. Research advance of nitrogen fertilizer losses from paddy field[J]. Transactions of the CSAE, 2005, 21(6):189 –191.

[36] Zhang Peidong, Li Xinrong, Yang Yanli, et al. Greenhouse gas mitigation benefits of large and middle –scale biogas project in China[J]. Transactions of the CSAE, 2008, 24(9): 239 –243.

第 12 章　农业生态工程可持续性评价

1987 年,挪威前首相布伦特兰夫人在《我们共同的未来》报告中正式提出了可持续发展的概念:"能满足当代人的需要,又不对后代人满足其需要的能力构成危害的发展。"随后可持续发展理念不断与各学科领域融合发展,如可持续农业、生态可持续、土地利用可持续、经济可持续发展、农村可持续发展等。2012 年,我国学者牛文元在联合国里约环保大会 20 周年纪念大会上,对可持续发展理论进行了回顾,指出可持续发展强调"人与自然"外部响应和"人与人"内部响应协调平衡,并明确提出"发展、协调、持续"是可持续发展的本质。可持续发展具有显著的时空特征,随着时代背景和空间地域的变化,可持续发展的目标导向和建设内容将有所区别。当前,我国正处于经济结构转型的关键时期,城镇化发展从"数量导向"向"质量优化"阶段过渡,城乡关系进入了"以城带乡、以工促农"的统筹发展阶段。

在这种背景下,农业可持续发展需妥善处理农村经济、社会、空间、生态、文化和政治各系统间的关系,减小或消除彼此间的矛盾和冲突,促进新型城镇化的稳步推进,逐步引导农用地向规模化经营主体集中,逐步推进农村居民点整合和重组,提高土地利用效率。加快农村公共服务设施配套,实现城乡服务设施均等化发展。最终实现农村"经济繁荣、生活富裕、空间集约、设施均等、风貌彰显、民主治理、生态宜居"。

12.1　可持续发展的内涵和基本内容

(1)共同发展

地球是一个复杂的巨系统,每个国家或地区都是这个巨系统不可分割

253

的子系统。系统的最根本特征是其整体性,每个子系统都和其他子系统相互联系并发生作用,只要一个系统发生问题,都会直接或间接影响到其他系统的紊乱,甚至会诱发系统的整体突变,这在地球生态系统中表现最为突出。因此,可持续发展追求的是整体发展和协调发展,即共同发展。

（2）协调发展

协调发展包括经济、社会、环境三大系统的整体协调,也包括世界、国家和地区三个空间层面的协调,还包括一个国家或地区经济与人口、资源、环境、社会以及内部各个阶层的协调,持续发展源于协调发展。

（3）公平发展

世界经济的发展呈现出因水平差异而表现出来的层次性,这是发展过程中始终存在的问题。但是这种发展水平的层次性若因不公平、不平等而引发或加剧,就会因为局部而上升到整体,并最终影响到整个世界的可持续发展。可持续发展思想的公平发展包含两个纬度:一是时间纬度上的公平,当代人的发展不能以损害后代人的发展能力为代价;二是空间纬度上的公平,一个国家或地区的发展不能以损害其他国家或地区的发展能力为代价。

（4）高效发展

公平和效率是可持续发展的两个轮子。可持续发展的效率不同于经济学的效率,可持续发展的效率既包括经济意义上的效率,也包含着自然资源和环境的损益的成分。因此,可持续发展思想的高效发展是指经济、社会、资源、环境、人口等协调下的高效率发展。

（5）多维发展

人类社会的发展表现出全球化的趋势,但是不同国家与地区的发展水平是不同的,而且不同国家与地区又有着异质性的文化、体制、地理环境、国际环境等发展背景。此外,因为可持续发展又是一个综合性、全球性的概念,要考虑到不同地域实体的可接受性,因此,可持续发展本身包含了多样性、多模式的多维度选择的内涵。因此,在可持续发展这个全球性目标的约束和制导下,各国与各地区在实施可持续发展战略时,应该从国情或区情出发,走符合本国或本区实际的、多样性、多模式的可持续发展道路。

12.2　农业可持续发展

中国农业可持续发展探讨已有 20 多年的历史,特别是 20 世纪 70 年代末到 80 年代初,我国召开了多次"生态农业"研讨会,一些农业科技人员开始以户村为单位进行试点,探索和实践生态农业的理论,进行农业生态工程与技术的实践。我国 20 世纪 80 年代就开始进行"生态农业"的试点,并提出相应的理论,这已触及农业可持续发展的领域。

中国的农业生态工程技术除了强调和突出生态学原理指导外,还很好地继承了中国自古以来就独有的正确处理人和自然关系的哲理观念,这是西方可持续发展学者十分羡慕的。中国的生态农业同国际农业可持续发展是趋同的。中国的生态农业运动在中国推行 20 多年,已有较完整的纲领、试点网络、专家和专业技术人员和大批参与的农民队伍,完全可以在此基础上推进中国的农业可持续发展的研究。但是作为提出农业可持续发展战略的标志是 1992 年国家计委等部门联合参与编制的《中国 21 世纪人口环境与发展白皮书》。它在对世界未来发展走向的充分把握和对中国国情的深刻分析的基础上,在国内国际总体发展趋势的大背景下提出了可持续农业。20 世纪 90 年代以来,中国农业界和科技界的许多有识之士根据世界农业可持续发展的大趋势,结合中国国情开创了中国农业可持续发展的新领域,取得了很大进展,并在国际上占有一席之地。1994 年国际持续农业与农村发展研讨会在北京成功举行。会上提出中国将走"现代集约持续农业"之路,受到国际学术界的关注。1994 年中国作为一个发展中国家第一个制定《中国 21 世纪议程——中国 21 世纪人口、环境与发展白皮书》,将农业作为可持续发展的优先领域。1997 年中国共产党的十五大将可持续发展与科教兴国列为国民经济和社会发展的两大战略,更加明确了中国经济发展的模式。1998 年中国国家农业部制定了《中国 21 世纪议程农业行动计划》,提出农业领域贯彻可持续发展的纲领,并开始投入资金选点进行生态农业示范。虽然可持续农业研究、开发在中国兴起、发展的时间不长,但已经开始行动并显示出强劲的发展势头和充满希望的前景。2015 年,农业部联合发改委、科技部发布了《全国农业可持续发展规划

（2015—2030年）》，提出要大力推动农业可持续发展，农业可持续发展是实现"五位一体"战略布局和建设美丽中国的必然选择，也是中国特色新型农业现代化道路的内在要求。

12.2.1　中国农业可持续发展的内涵

农业可持续发展涉及面极为广泛，包括人口、经济、资源、环境和社会等方面。1991年在荷兰召开的国际农业与环境会议上，国际粮农组织把农业可持续发展确定为"采取某种使用和维护自然资源的方式，实行技术变革和体制改革，以确保当代人类及其后代对农产品的需求得到满足，这种可持续的农业能永续利用土地、水和动植物的遗传资源，是一种环境永不退化、技术上应用恰当、经济上能维持下去、社会能够接受的农业"。《中国21世纪议程》对中国农业可持续发展进一步明确为：保持农业生产率稳定增长，提高食物生产和保障食物安全，发展农村经济，增加农民收入，改变农村贫困落后状况，保护和改善农业生态环境，合理、永续地利用自然资源，特别是生物资源和可再生资源，以满足逐年增长的国民经济发展和人民生活的需求。从农业资源角度来理解，农业可持续发展就是充分开发、合理利用一切农业资源（包括农业自然资源和农业社会资源），合理地协调农业资源承载力和经济发展的关系，提高资源转化率，使农业资源在时间和空间上优化配置达到农业资源永续利用，使农产品能够不断满足当代人和后代人的需求。由此可见可持续农业具有丰富的内涵，它应包括以下几层含义：

（1）农业可持续发展就意味着农业的发展，特别是要保持农业生产率稳定增长，提高食物生产的产量，保障食物安全。中国作为发展中国家，只有发展才能满足人们日益增长的农产品需求。这种需求不仅指数量增加上的满足，而且还指农产品质量提高上的满足。

（2）要保护与改善生态环境，合理、永续地利用自然资源，以满足人们生活和国民经济发展的需要。农业可持续发展关键在于保护农业自然资源和生态环境。农业可持续发展就是要把农业发展、农业资源合理开发利用和资源环境保护结合起来，尽可能减少农业发展对农业资源环境的破坏和污染，置农业发展于农业资源的良性循环之中。

（3）农业可持续发展还包含有效控制农村人口，提高人口素质。努力控制农村人口过快的增长速度，以便减轻农业人口对资源和环境的压力。大力发展文化科技教育事业，提高农村人口素质是农业可持续发展的保证，是形成自觉保护资源环境的前提。

（4）农业可持续发展还指农村经济和社会经济全方位的持续发展。实现农业可持续发展不是单纯地追求数量上的增加，而是要实现农民日益富裕、农业社会全面进步，使农村的资源、环境、人口、经济和社会相互协调，共同发展。

12.2.2　中国农业可持续发展的特征

农业可持续性是农业可持续发展中一个关键性概念。由于不同学者所从事研究的学科背景不同，其对农业可持续性的认识角度也有所不同。但总体上农业可持续性的内容基本都包括生态、经济与社会 3 个方面，并具有以下特征。

（1）公平性

在可持续发展中，公平主要有 2 个方面的含义：①代内公平，即当代人之间的横向公平。也就是说，要满足全体人民的基本要求和给全体人民以同等机会，满足他们较好的生活愿望。②代际公平，即当代人与后代人之间的纵向公平。可持续发展要求人们认识到，人类赖以生存的自然资源是有限的，当代人不能因为自己的发展与需求而损害人类世世代代满足需求的基本条件——自然资源与环境。农业可持续发展就是要求农业系统发展的公平性，即农业生产不能以牺牲后代及其他地区人的长远利益为代价，从而剥夺他人的生存发展权利。农业发展既要消除农村贫困，同时也要注意保护农业生态资源和环境。

（2）持续性

农业可持续性包括生态可持续性、经济可持续性与社会可持续性 3 个方面。资源与环境是人类生存与发展的基础和条件，资源的永续利用和生态系统的持续性保持是人类可持续发展的首要条件。因此，农业发展不能超越资源与环境的承载能力。农业发展要在合理利用和保护自然资源的同时，保持农业经济长期、稳定的增长，满足人们对农产品的需求。

（3）协调性

农业可持续发展要注重经济效益、生态效益、社会效益的协调统一。农业生产率的提高，必须遵循自然生态规律，促进生态平衡；农业发展必须在开发、利用、保护和重新培植资源与环境动态过程中来实现，决不能以牺牲资源、环境为代价。

12.3 农业生态工程的可持续发展

从可持续农业的概念和内涵可看出，可持续农业把生产、资源、环境三者相结合，全面考虑人类的当前和长远利益，从而把生态合理性、经济可行性和社会可接受性统一起来。这和中国农业生态工程强调生态、经济和社会效益统一的本质是一样的，换句话说，追求"可持续发展"是中国生态农业的目的，讲究"生态效益"仅仅是实现这个目的的手段。1990年9月，美国持续农业代表团在中国考察时也承认，中国生态农业基本上等同于西方的可持续农业，如果说二者之间存在不同的话，就在于中国生态农业强调农业的可持续发展基础上达到生态的协调，而可持续农业则是在保护资源和环境的前提下促进农业可持续发展。因此可以说，中国生态农业为世界可持续农业提供了一个良好的发展模式。

从研究深度和广度看，中国生态农业以生态学普遍原理为依据，在全国各地的实践中也证明适合于我国的基本国情，因此，有关可持续农业取代中国生态农业在"科学园的典范"位置的论断尚要商榷。且从理论基础角度看，可持续农业和现代生态学的理论是分不开的，因而与中国生态农业也是分不开的。

生态农业在我国已经有了20多年的发展，涌现了大批不同层次、不同类型的生态农业典型。如北京市大兴县留民营的生态农业村、广东省珠江三角洲的桑基鱼塘水陆生态系统、安徽省阜阳地区的各种生态农业群等，实践经验证明，生态农业能够把中国传统农业的精华和现代科学技术有机地结合起来，形成具有中国特色的农业模式。

它既重视农业生态系统的建设，实现高产稳定、保证农业效益的提高，又加强对农业资源的合理开发利用的建设；既重视生态系统的良性循环，保护生态环境,又不排斥现代科技成果的合理使用,促进了农村经济发展的需要。

(1)农村国土资源得到合理开发利用

要在包括农业生态系统和自然生态系统在内的整个农村国土中,对农、林、草、山、水、园进行因地制宜的区划和建设,扬长避短,尽可能充分发挥资源优势。要按照生态规律来协调利用与保护、适应与改造的关系,既使国土资源的潜在生产力能够得到合理开发,又能确保资源再生和生态良性循环。

(2)农村产业结构合理,以综合经营为特点的大农业结构得以形成

由于农业生产和整个农村经济的发展是相互促进、互为因果的,因此,在农业内部,应改单一农业为农、林、牧、副、渔各业并举。在整个农村经济中,应实行农、工、商、运(输)、建(筑)、服(务业)即一、二、三产业的综合经营,最终使整个农业和农村经济逐步发展成为区域经济大系统的有机组成部分。

(3)多种作物种植和畜禽饲养业得到发展

单一的种植业和饲养业(包括种类、品种的单一化),由于不能充分合理地利用与适应复杂多变的资源环境条件,难以形成协调稳定的生态结构和良性循环,因而也难以保持长久的较高生产效率和社会经济效率。而多样化的作物、畜禽种类和品种构成的合理化配置,则有助于充分合理地利用农业生态系统内部的多种时空资源条件,能够有效地抑制病虫害和调养地力,并能协调社会效益、经济效益和生态效益的矛盾,促进农业生态循环,增强农牧业的稳定。

(4)形成立体种养结构

为了充分利用有限面积和空间的土肥水、光热气和食物资源,可以通过劳动、知识和技术的集约化投入,建立起具有不同空间层次的农业生物群落结构,达到少投入(物质投入)、高产出(高单位面积产出、高效益和高资源利用率)的目的。我们应当在精耕细作、集约经营的传统经验的基础上,进一步合理配置农林、林草及粮果间作,以及在农田、温室、庭院搞密集栽培和立体种养等,这些做法具有实现增产增收与生态环境改善双重目标的效果。

（5）建立起"种植－养殖－加工"配套一条龙的生产体系

通过建立种、养、加这样一条生产链,可使农产品的质量和价值得到提高,从而促进商品生产与流通,提高农业的有效利益。并且,建立起种、养、加体系,还可以充分利用农业废弃物与闲散剩余劳动力,错开并延长生产季节与供销季节,繁荣农村经济。

（6）组建起合理的有机物循环系统

有机物循环是我国传统农业增强农业后劲,净化环境,促进生态平衡的有效方法。因此,应建立起一种系统,使绿色植物合成的一切有机物质,使经人类消费及养殖、加工过程中剩余及排出的一切废弃物,均归还农田,使土壤增肥,完成有机物循环的全过程。同时,组织合理的有机物循环系统,对于建立城乡之间互利的物质交换关系,也具有重大意义。

（7）将简单地增加农业投入数量改为优化投入内容,提高投入效率

为了实现农业可持续发展,应当在应用现代科学技术促进生产发展的同时,采取综合措施防止滥用化肥和农药所产生的恶果,以保护土壤肥力,控制污染,降低成本。还应推行以有机无机相结合为中心的植物养分综合管理体系,推行以合理耕作、轮作、生物防治和品种改良为基础的病虫草害等综合防治体系,推行以保护水资源,持续增产为目标的节水农业体系。

（8）多途径开发农村生活和生产所需能源

我国农村燃料短缺,是导致生态失衡的关键问题。因此,从多种途径满足农村群众生活消费和经济发展对燃料的需求,是推行可持续农业并取得成效的必要条件。目前来看,因地制宜开发生物质能、日光能、风能、小水电等可再生能源,是农村能源开发建设的战略重点。

（9）建立健全农业资源环境监测管理的体制与法规

围绕建设高产稳产的基本农田,应运用工程措施与生物措施相结合的办法,改造易旱、易涝、易蚀、风沙、盐碱以及其他荒弃地,改善农业生态环境;还要控制农业、工副业、牧业、渔业和农村生活废弃物污染以及城市、工矿、交通"三废"污染的影响,保持农村清新、洁净的气、水、土环境。

12.4 农业生态工程的可持续发展评价

以黄土高原地区为例,从系统的结构、功能及运行机制出发,在深入掌

握其功能原理及综合效益的基础上,运用能值分析方法研究农业生态工程系统,从能量的视角探讨该模式的生产效率及可持续发展潜力。

12.4.1　评价背景与方法

12.4.1.1　"果 – 沼 – 畜"模式系统结构分析

以延川县梁家河村户用型农业生态工程系统为例,对"果 – 沼 – 畜"生态农业工程系统的结构和功能进行分析。该系统由沼气发酵子系统、太阳能暖圈子系统、集水贮水子系统、节灌保墒子系统、苹果种植子系统构成,形成以农户耕地为基础,以太阳能保温为动力,以户用沼气发酵系统为纽带,形成"以农带牧、以牧促沼、以沼促果、果牧结合、持续发展"的农业生态系统。各子系统的基本构架方式如图 12 – 1 所示,即在种植面积约 0.33hm^2 的成龄果园基础上,建一体积为 8 m^3 的沼气池,一座占地 12 m^2 的猪圈(该猪圈与卫生户厕共同构成太阳能暖圈子系统),一套由水窖和滴灌管道构成的节水滴灌系统,形成能源 – 生态 – 经济综合效益良性发展的循环农业系统。

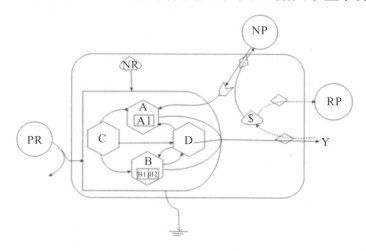

图 12 – 1　农业生态工程系统能值流

注:RR——可更新自然资源;NR——不可更新自然资源;NP——购买的不可更新工业辅助能;RP——购买的可更新有机能;A——苹果种植子系统;A1——节灌保墒子系统;B——太阳能暖圈子系统;B1——猪舍;B2——卫生户厕;C——集水贮水子系统;D——沼气发酵子系统;Y——产出。

在农业生态工程系统中,作为种植业和养殖业之间纽带的沼气发酵子系统,为果树的生长发育提供了优质的沼肥——沼渣和沼液,它们是富含氮磷钾元素的有机肥,施用该有机肥后,苹果果树树势强壮,叶色浓绿,果实的商品率平均高达85%,且售价高于市场均价的25%左右。该模式的大规模推广,能够产生多方面的有益价值:拉动研究区种植业与养殖业的大力发展,增加农民收入并解决农村能源短缺问题,改善当地农业生态环境以及促进农村精神文明建设等。

12.4.1.2 "果–沼–畜"模式系统能值分析

农业生态工程隶属于农业复合生态系统的范畴,因此其能值分析亦应遵循农业复合生态系统的一般规则和程序。按照如下步骤对该系统进行能值分析:①根据 Odum 提出的"能量系统语言"绘制农业生态工程系统能值流图,对流经复合系统与各子系统的环境资源、购买的可更新有机能与不可更新工业辅助能、流经市场的物质能量及系统反馈资源加以可视化表达;②进行复合系统及各子系统的原始数据搜集并输入计算机进行存储,分析能量在各子系统间的流动特征;③建立农业生态工程系统的能值分析表,该表应包含序号、原始数据、太阳能值转化率或物质能量转换系数、计算单位、太阳能值与文献等;④建立反映系统不同性能的评价指标体系,对各指标予以解释和分析,并针对数据所反映的问题提出相应的策略或建议,为农业生态工程的未来发展提供参考。

12.4.1.3 系统可持续性及生产效率性能评价

为了便于分析农业生态工程的能值流动特征,按照以"促进资源减量化、提高环境承载力、提升生产效率以及综合可持续发展"为农业生态工程系统发展目标的指标选取原则,引进以能值投入比重、能值产出率、能值投资率、环境负荷率、可持续发展指数等指标为主的系统可持续评估体系,如表 12 –1 所示。

表 12 - 1　农业生态工程可持续性评价指标

能值指标	公 式	备 注
可更新资源能值流	R = RR + RP	可更新资源能值
不可更新资源能值流	N = NR + NP	不可更新资源能值
可更新资源比率	R(%) = R/T	可更新资源占总投入比重
不可更新资源比率	N(%) = N/T	总投入中不可更新能值比重
购买能值比率	P(%) = (RP + RP)/T	总投入中辅助能值投入比重
能值自给率	ESR = (RR + NR)/T	系统自然环境能值投入比重
净能值产出率	EYR = Y/(RP + NP)	总产出与辅助能值投入之比
产出能值反馈率	FYE = B/(RP + NP)	反馈能值与辅助能值之比
能值废弃率	EWR = W/T	废弃能值占总投入比重
环境负荷率	ELR = (N + FN)/(R + FR)	不可更新投入相对使用效率
能值投资率	EIR = (RP + NP)/(RR + NR)	辅助能值与环境能值之比
系统可持续性指数	ESI = EYR/ELR	系统产出对环境的依赖程度

12.4.1.4　资料收集与数据处理方法

采用实地入户调查和查阅报表年鉴的方式获取项目原始数据,农业生态工程运行期间的气象数据通过当地气象局、农业局等部门获得,利用 Excel 等软件进行数据的核算与分析,太阳能值计算中所需能值转换率或物质折能系数参考相关文献。

12.4.2 评价结果与分析

12.4.2.1 "果－沼－畜"模式系统能值流分析

农业生态工程系统的能值流动情况如图 12－1 所示,整个系统的能量流入主要依靠自然资源、购买的有机能和工业辅助能,而系统的能量流出方向主要是货币市场和自然环境,一部分产出能值又反馈给系统继续利用,在户用型农业生态工程系统内部各子系统之间也同时进行着大量的能量交换。西北农业生态工程系统包含沼气发酵、太阳能暖圈、集水贮水、节灌保墒以及苹果种植 5 个子系统,其中沼气发酵子系统是连接养殖与种植系统的纽带,建于畜禽舍和卫生户厕下方,太阳能暖圈子系统(包括卫生户厕和猪舍)产生的人畜粪便及冲洗水经进料管道进入沼气池,根据对延川县梁家河村的调查和计算,太阳能暖圈子系统日产发酵原有利于该模式在研究区内的大规模推广。

12.4.2.2 "果－沼－畜"模式能值投入产出分析

农业生态工程系统的能值核算情况如表 10－2 所示,系统的能值总投入为 $6.65E+17sej/a$,其中包含可更新自然资源投入 $8.60 \times 10^{16} sej/a$,不可更新自然资源投入 $2.96 \times 10^{16} sej/a$,购买的可更新有机能投入 $4.68 \times 10^{17} sej/a$,购买的不可更新工业辅助能投入 $8.18 \times 10^{16} sej/a$,分别占总投入的 12.93%、4.45%、70.38% 及 12.30%。在可更新自然资源能值投入中,由降雨引起的能值贡献率高达 67.91%,可见在农业生态工程系统中,降水是影响苹果种植产业发展的最显著环境因子。在购买的不可更新工业辅助能投入中,沼气池、水窖、太阳能暖圈及附属工程的建设与维护为主要项目,因此工业辅助能值投入集中于沼气发酵子系统、太阳能暖圈子系统与集水滴灌子系统,其余少量能值用于苹果种植子系统,如化肥、农药等。

综合而言,购买的可更新有机能对农业生态工程系统的能值贡献最大,包括仔猪、饲料、人力和果苗等项目,而这些投入主要分布于养殖业子系统。在系统总能值投入中,购买能值(包括购买的可更新有机能与不可更新工业辅助能)投入占 82.6%,自然资源能值投入仅占 17.4%,因此在短期内,农业生态工程系统的经济效益并不会立即显现,比较适合以政府投资为主体的中长期生态建设方案。此外,系统的可更新能值投入共计 5.54×10^{17} sej/a,约占系统总能值投入的 83.3%,说明农业生态工程系统可更新能力较强。

表 12 - 2　农业生态工程系统能值核算表

分类	项目	单位	原始数据	转换系数	太阳能值/sej
可更新环境资源	太阳光	J	1.80E + 15	1.00E + 00	1.80E + 15
	雨水化学能	J	1.02E + 12	1.54E + 04	1.57E + 16
	风能	J	2.98E + 12	1.47E + 03	4.38E + 15
	地球旋转能	J	7.38E + 11	2.90E + 04	2.14E + 16
	雨水势能	J	4.80E + 12	8.89E + 03	4.27E + 16
	小计				**8.60E + 16**
不可更新自然资源	表土层净损失	J	4.74E + 11	6.25E + 04	2.96E + 16
	小计				2.96E + 16
购买可更新投入	人力	J	1.54E + 11	3.08E + 05	4.73E + 16
	苹果种苗	J	2.55E + 10	3.49E + 04	8.90E + 14
	仔猪	J	2.12E + 11	1.71E + 06	3.63E + 17
	饲料	J	8.35E + 11	6.80E + 04	5.68E + 16
	小计				**4.68E + 17**
购买不可更新投入	水窖建设费	US	1.43E + 03	4.94E + 12	7.06E + 15
	农业机械	J	1.00E + 08	7.50E + 07	7.50E + 15
	沼气池建设费	US	6.23E + 03	4.94E + 12	3.08E + 16
	维修	US	4.29E + 02	1.16E + 13	4.98E + 15
	农药	J	8.78E + 02	1.62E + 09	1.42E + 12

分类	项目	单位	原始数据	转换系数	太阳能值/sej
购买不可更新投入	化肥	J	1.12E+03	2.80E+09	3.14E+12
	暖圈建设费	US	1.61E+03	4.94E+12	7.96E+15
	附属工程	US	1.52E+02	4.94E+12	7.51E+14
	燃油	J	4.92E+08	6.60E+04	3.25E+13
	电力	J	1.43E+11	1.59E+05	2.27E+16
	小计				**8.18E+16**
系统反馈	沼气（自用）	J	1.69E+10	4.17E+05	7.05E+15
	猪粪	J	1.76E+12	2.70E+04	4.75E+16
	尿及冲洗水	J	2.95E+08	6.38E+06	1.88E+15
	沼肥（折氮肥）	g	1.59E+07	4.62E+09	7.36E+16
	沼肥（折磷肥）	g	5.12E+05	1.78E+10	9.12E+15
	沼肥（折钾肥）	g	1.43E+03	2.96E+12	4.23E+15
	小计				**1.43E+17**
产出	生猪	J	3.21E+11	3.36E+06	1.08E+18
	沼气	J	9.23E+11	4.17E+05	3.85E+17
	苹果	US $	9.31E+05	4.94E+12	4.60E+18
	苹果枝叶	J	2.39E+10	3.49E+04	8.35E+14
	小计				**6.07E+18**

12.4.2.3 "果－沼－畜"模式能值产出结构分析

延川县梁家河村户用型农业生态工程系统总能值产出 6.07×10^{18} sej/a，其中生猪、沼气、苹果和苹果枝叶分别占 17.79%、6.34%、74.50% 和 1.38%，因此苹果种植业和生猪养殖业是该模式的主要能值产出来源，两者对系统总产出的贡献率高于 90% ,而其中能值产出最高的是苹果,说明农业生态工程系统的主要盈利来源是苹果产业。根据计算可以发现,果园残枝作为系统的废弃资源未被反馈利用,由此造成了约 12.6% 的能值废弃率(废弃资源能值占总投入能值的比重),因此农业生态工程系统应探索苹果枝叶等废弃物的资源化利用,如通过炭化还田、腐化制有机肥等途径反馈到苹果种植子系统。

12.4.2.4　"果－沼－畜"模式反馈能值分析

为了方便农业生态工程系统的特征分析,对比研究了其他两类以沼气为纽带的复合系统——"猪－沼－粮"系统与"沼气生态村"系统,以及一类单一苹果种植系统,三类对照系统的能值投入产出情况见表 12－3。延川县梁家河村户用型农业生态工程系统的反馈能值为 1.43×10^{17} sej/a,占系统能值总投入的 17.70% ,整体上反映了农业生态工程系统具有较强的资源利用效率和自我更新能力,能够在较大程度上提高循环农业系统的能值效益,然而与其他沼气循环生态系统相比,具有某些方面相对明显的差异。

"猪－沼－粮"、沼气生态村和单一果业系统的反馈能值占系统能值总投入的比例,分别为 11.27% 、22.62% 和 0% (表 12－3)。"猪－沼－粮"系统(图 12－2)和"沼气生态村"系统的反馈能值结构(图 12－3),不同系统反馈能值的组分与所占比重各异,尽管它们同为沼气循环系统,反馈流却随着系统内部构成的复杂性不同而存在差异。户用型农业生态工程系统与"猪－沼－果"系统、沼气生态村系统均是以沼气为纽带的农业生态工程系统,但其反馈能值比率却高于"猪－沼－粮"系统,低于沼气生态村系统,产生较大差异的原因主要是由系统循环产业链和系统内的物种生物多样性的不同造成的,如在沼气生态村系统中,由花卉苗木、果园和特色种植所生产的大量有机饲料反馈到养殖业子系统,且整体上其循环产业链的长度明显大于农业生态工程系统,从而形成相对"果－沼－畜"生态农业工程系统更高比率的反馈能值以及系统稳定性。而在单一果业系统中,反馈能值为 0,可见以沼气为纽带的生态农业工程系统由于连通了养殖业与种植业,形成了一定的能值反馈流,从而可以更为高效地实现部分农牧业产品及其他废弃物的资源化利用,提高系统的资源利用率与生产效率。

表 12 – 3　三类对照系统的投入产出能值分析表

能值项目	"猪 – 沼 – 粮"模式	沼气生态村模式	单一苹果种植模式
可更新自然资源 RR	1.42×10^{14}	1.35×10^{18}	1.97×10^{19}
不可更新自然资源 NR	2.49×10^{12}	1.15×10^{17}	4.82×10^{18}
可更新有机能 RP	2.77×10^{16}	3.72×10^{19}	4.44×10^{20}
不可更新工业辅助能 NP	4.72×10^{15}	5.75×10^{18}	5.65×10^{21}
系统反馈能值	4.14×10^{15}	1.83×10^{19}	0
能值总投入	3.26×10^{16}	6.26×10^{19}	6.12×10^{21}
能值总产出	3.86×10^{17}	1.91×10^{20}	5.37×10^{20}

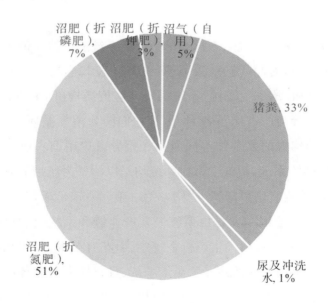

图 12 – 2　"猪 – 沼 – 粮"系统的反馈能值结构

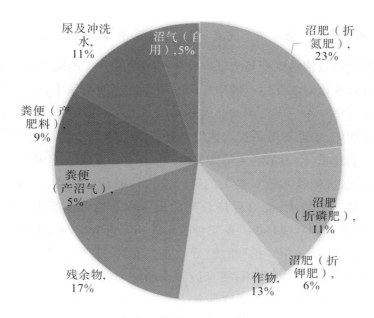

图 12 - 3　沼气生态村系统的反馈能值结构

12.4.2.5　"果 - 沼 - 畜"模式环境友好发展性能分析

农业生态工程系统与"猪 - 沼 - 粮"系统、沼气生态村系统、单一果业系统的能值评价指标见表 12 - 4。随着"减量化、再利用和再循环"原则在我国农业发展进程中的不断深化,环境友好发展已成为表征农业生态系统综合能力的重要体现。农业生态工程系统可更新率高达 83.3%,除可更新购买的有机能值投入,人畜粪便和沼液、沼渣等有机物的反馈也为整个系统的可更新能力做出了不可忽视的贡献,农业生态工程系统与"猪 - 沼 - 粮"系统、沼气生态村系统的系统可更新率基本相当,均高于 80%,且相比单一苹果种植系统均有明显提高,这体现了以沼气为纽带的农业复合生态系统在自我更新方面的优越性,同时也表明种养产业结合的系统要比单一产业系统具有更强的活力和可持续性。农业生态工程系统的环境负荷率与"猪 - 沼 - 粮"模式、沼气生态村基本持平,但明显低于单一苹果种植系统的环境负荷率,表明农业生态工程系统能够取得良好的生态效益,但三类沼气农业复合生态系统的 ELR 均处在较低水平,表明该类系统的科技水平目前尚低,未来的研发建设应该更加注重沼气物联网、智慧农业等前沿科技的引进。

12.4.2.6 "果－沼－畜"模式资源利用及清洁生产分析

资源利用及清洁生产是表征农业生态系统综合发展能力的重要表现，也是现阶段我国对农业生产效率和产品质量提出的新要求，它不仅要求农业生产过程中注重一次资源的高效利用以及二次资源的重复利用，还要求不以更多化肥、农药等资源投入代价。能值自给率反映了系统建设中环境资源投入的比重，由表 12－4 可知，农业生态工程系统的 ESR 明显高于其他三类系统，说明该系统对购买的资源投入依赖程度较小，从自然环境中获取的资源比重较大，能够保持长期的发展稳定性。从废弃能值角度来看，农业生态工程系统与单一苹果种植系统相当，EWR 均约为 1.3%，高于沼气生态村和"猪－沼－粮"系统，导致这一现象的原因主要是苹果种植产生的残枝落叶未被有效利用，将来应考虑利用生物质炭化还田、腐化制成有机肥、提高系统内生物多样性等方法充分利用该类资源。

表 12－4　不同生态农业工程系统能值指标分析

能值指标	果－沼－畜	猪－沼－粮	沼气生态村	单一苹果种植
系统可更新率(%R)	83.30	84.97	86.77	26.48
能值自给率(ESR)	0.17	5.0×10^{-3}	3.30×10^{-2}	0.23
能值废弃率(EWR)	1.26×10^{-2}	0	3.94×10^{-3}	1.33×10^{-2}
环境负荷率(ELR)	0.16	0.17	0.15	2.77
能值反馈率(FYR)	0.26	0.17	0.43	0
能值投资率(EIR)	4.76	193.93	29.34	3.37
净能值产出率(EYR)	11.10	11.89	4.46	2.69
可持续发展指数(ESI)	69.10	69.93	43.16	0.97

12.4.2.7 "果－沼－畜"模式提升生产效率性能分析

对于大部分农业复合生态系统，唯有获取源源不断的经济效益才能从根本上解决发展的问题，使农户增收，提高农业生产的积极性，因此需要在模式设计和实施中不断尝试提升系统的生产效率，获取更高的产品价值回报。农业生态工程系统具有较高的能值产出率，相当于沼气生态村系统的 2.5 倍、单一苹果种植系统的 123.3 倍，这说明在投入同等能值的情况下，农业生态工程系统的产出能值更高,产品所带有的价值量更高,由于农业生态工程系统所生产的苹果大量采用有机肥,较少使用化肥而具有更高的品质效益,所生产的苹果口感和营养均优于其他地区。由表 12 - 4 可知,农业生态工程系统的能值投资率明显低于其他系统,EIR 是表征系统对环境资源依赖程度的能值指标,该结果说明其能值投入中需要购买的能值比重相对其他三类系统较低,通过对能值投入结构的分析发现,农业生态工程系统需要更多的太阳能和雨水能投入,这与太阳能暖圈子系统和集水贮水子系统的功能特征有关,这些子系统易受温度、水分等自然条件的影响,因此需要大量的能值投入以维持其正常运转。

12.4.2.8　"果 - 沼 - 畜"模式可持续发展性能分析

系统的可持续性和稳定性是衡量农业生态工程系统综合性能的根本体现,也是研究所有生态系统能值评估的落脚点。农业生态工程系统、"猪 - 沼 - 粮"生态系统、沼气生态村复合系统和单一苹果种植系统的的可持续发展指数分别是 69.10、69.93、43.16 与 0.97,由此可见,农业生态工程系统与"猪 - 沼 - 果"生态农业工程系统类似,其 ESI 相当于沼气生态村系统的 1.6 倍、单一苹果种植系统的 71 倍,相比沼气生态村系统和单一苹果种植系统具有更强的环境可持续性,充分体现了农业生态工程系统良好的系统活力和发展潜能。

参考文献

[1] Battista F, Camacho YSM, Hernández S, et al. LCA evaluation for the hydrogen production from biogas through the innovative BioRobur project concept. International Journal of Hydrogen Energy 42.

[2] Boldrin, A., Baral, K. R., Fitamo, T., Vazifehkhoran, A. H., Jensen, I. G., Kjærgaard, I., Lyng, K. - A., van Nguyen, Q., Nielsen, L. S., Triolo, J. M., 2016. Optimised biogas production from the co - digestion of sugar beet with pig slurry: Integrating energy, GHG and economic accounting. Energy 112, 606 - 617.

[3] Brown, M. T., Raugei, M., Ulgiati, S., 2012. On boundaries and 'investments' in Emergy Synthesis and LCA: A case study on thermal vs. photovoltaic electricity. Ecological

Indicators 15, 227 – 235.

[4] Brown, M. T. , Ulgiati, S. , 2002. Emergy evaluations and environmental loading of electricity production systems. Journal of Cleaner Production 10, 321 – 334.

[5] Buonocore, E. , Vanoli, L. , Carotenuto, A. , Ulgiati, S. , 2015. Integrating life cycle assessment and emergy synthesis for the evaluation of a dry steam geothermal power plant in Italy. Energy 86, 476 – 487.

[6] Campbell, D. E. , Brandt – Williams, S. L. , Cai, T. , 2004. Current Technical Problems in Emergy Analysis, Emergy Synthesis 3, Theory and Applications of the Emergy Methodology.

[7] Campbell, D. E. , Ohrt, A. , 2009. Environmental accounting using emergy: Evaluation of Minnesota. USEPA Project Report.

[8] Chen, S. , 2014. Energy efficiency and sustainability of complex biogas systems: a 3 – level emergetic evaluation. Applied Energy 115, 151 – 163.

[9] Chen, S. , Chen, B. , 2012. Sustainability and future alternatives of biogas – linked agrosystem (BLAS) in China: An emergy synthesis. Renewable & Sustainable Energy Reviews 16, 3948 – 3959.

[10] Chen, S. , Chen, B. , Song, D. , 2012. Life – cycle energy production and emissions mitigation by comprehensive biogas – digestate utilization. Bioresource Technology 114, 357.

[11] Cheng, H. , Chen, C. , Wu, S. , Mirza, Z. A. , Liu, Z. , 2017. Emergy evaluation of cropping, poultry rearing, and fish raising systems in the drawdown zone of Three Gorges Reservoir of China. Journal of Cleaner Production 144, 559 – 571.

[12] Geng, Y. , Liu, K. , Xue, B. , Fujita, T. , 2013. Creating a "green university" in China: a case of Shenyang University. Journal of Cleaner Production 61, 13 – 19.

[13] Ingwersen, W. W. , 2010. Uncertainty characterization for emergy values. Ecological Modelling 221, 445 – 452.

[14] Institution, B. S. , 2006. BS EN ISO 14040:2006 Environmental management – Life cycle assessment – Principles and framework.

[15] Ishikawa, S. , Hoshiba, S. , Hinata, T. , Hishinuma, T. , Morita, S. , 2006. Evaluation of a biogas plant from life cycle assessment (LCA). International Congress 1293, 230 – 233.

[16] ISO, 2006. Environmental Management – Life Cycle Assessment – Principles and Framework. EN ISO 14040.

[17] Jin, Y. , Chen, B. , 2014a. Emergy analysis of a biogas – linked agricultural system in rural China – A case study in Gongcheng Yao Autonomous County. Applied Energy 118, 173 – 182.

[18] Jin, Y. , Chen, B. , 2014b. Global warming impact assessment of a crop residue gasifica-tion project—A dynamic LCA perspective. Applied Energy 122, 269 – 279.

[19] Kursun, B. , Bakshi, B. R. , Mahata, M. , Martin, J. F. , 2015. Life cycle and emergy based design of energy systems in developing countries: Centralized and localized options. Ecological Modelling 305, 40 – 53.

[20] Larsen, H. N. , Pettersen, J. , Solli, C. , Hertwich, E. G. , 2013. Investigating the Car-bon Footprint of a University – The case of NTNU. Journal of Cleaner Production 48, 39 – 47.

[21] Li, D. , Wang, R. , 2009. Hybrid Emergy – LCA (HEML) based metabolic evaluation of urban residential areas: The case of Beijing, China. Ecological Complexity 6, 484 – 493.

[22] Liu, H. , Wang, X. , Yang, J. , Zhou, X. , Liu, Y. , 2017. The ecological footprint eval-uation of low carbon campuses based on life cycle assessment: A case study of Tianjin, China. Journal of Cleaner Production 144.

[23] Ma, C. R. , 2009. Research on the building model of rural eco – campus in Shaanxi Prov-ince: A case study of Xidazhai Middle School in Yangling District. Xi′an: Xi′an University of Architecture and Technology.

[24] Odum, H. T. , 1996. Environmental accounting: EMERGY and environmental decision making. Child Development 42, 1187 – 1201.

[25] Roberts, K. G. , Gloy, B. A. , Joseph, S. , Scott, N. R. , Lehmann, J. , 2010. Life Cycle Assessment of Biochar Systems: Estimating the Energetic, Economic, and Climate Change Potential. Environmental Science & Technology 44, 827 – 833.

[26] Silva, D. A. L. , Oliveira, J. A. D. , Saavedra, Y. M. B. , Ometto, A. R. , Pons, J. R. I. , Durany, X. G. , 2015. Combined MFA and LCA approach to evaluate the metabolism of service polygons: A case study on a university campus. Resources Conservation & Recy-cling 94, 157 – 168.

[27] Song, Q. , Wang, Z. , Li, J. , 2013. Sustainability evaluation of e – waste treatment based on emergy analysis and the LCA method: A case study of a trial project in Macau. Ecologi-cal Indicators 30, 138 – 147.

[28] Ulgiati, S. , Raugei, M. , Bargigli, S. , 2006. Overcoming the inadequacy of single – cri-terion approaches to Life Cycle Assessment. Ecological Modelling 190, 432 – 442.

[29] Wang, X. L. , Chen, Y. Q. , Sui, P. , Gao, W. S. , Qin, F. , Zhang, J. S. , Wu, X. , 2014. Emergy analysis of grain production systems on large – scale farms in the North Chi-na Plain based on LCA. Agricultural Systems 128, 66 – 78.

[30] Wang L. Y. , 2008. Studies of rural biogas eco – campus model and evaluation of its com-prehensive benefit. Yangling: Northwest A&F University.

[31] Wei, X. M. , Chen, B. , Qu, Y. H. , Lin, C. , Chen, G. Q. , 2009. Emergy analysis for 'Four in One' peach production system in Beijing. Communications in Nonlinear Science & Numerical Simulation 14, 946 – 958.

[32] Wilfart, A. , Prudhomme, J. , Blancheton, J. P. , Aubin, J. , 2013. LCA and emergy accounting of aquaculture systems: towards ecological intensification. Journal of Environmental Management 121, 96 – 109.

[33] Williamson, T. R. , Tilley, D. R. , Campbell, E. , 2015. Emergy analysis to evaluate the sustainability of two oyster aquaculture systems in the Chesapeake Bay. Ecological Engineering 85, 103 – 120.

[34] Wu, K. – Y. , Wey, W. – M. , Ou – Yang, C. , Chung, Y. , Lin, 2008. Evaluation of the Sustainable Ecological Pond Management in Campus, Miaoli, Taiwan.

[35] Wu, X. , Wu, F. , Tong, X. , Wu, J. , Sun, L. , Peng, X. , 2015. Emergy and greenhouse gas assessment of a sustainable, integrated agricultural model (SIAM) for plant, animal and biogas production: Analysis of the ecological recycle of wastes. Resources Conservation & Recycling 96, 40 – 50.

[36] Xu, Y. , Hu, J. , Ying, Q. , Hao, H. , Wang, D. , Zhang, H. , 2017. Current and future emissions of primary pollutants from coal – fired power plants in Shaanxi, China. Science of the Total Environment 595, 505 – 514.

[37] Zhang, B. , Chen, B. , 2016. Sustainability accounting of a household biogas project based on emergy. Applied Energy.

[38] Zhang H, Brandle J R. A model to evaluate the windbreak protection efficiency. Agroforestry Systems,1995(29):87 – 96. [39] Zhou, S. Y. , Zhang, B. , Cai, Z. F. , 2010. Emergy analysis of a farm biogas project in China: A biophysical perspective of agricultural ecological engineering. Communications in Nonlinear Science & Numerical Simulation 15, 1408 – 1418.